The Concise Industrial Flow Measurement Handbook

A Definitive Practical Guide

工业流量测量简明手册：

权威实用指南

[南非] 迈克尔· A.克拉布特里 著

Michael A. Crabtree

宁英豪 曾 波 苗 芊 主译

郑州大学出版社

The Concise Industrial Flow Measurement Handbook: A Definitive Practical Guide 1st Edition / by Michael A. Crabtree / ISBN: 978-1-03-208498-5

备案号: 豫著许可备字-2024-A-0089

图书在版编目(CIP)数据

工业流量测量简明手册 : 权威实用指南 / (南非) 迈克尔 · A. 克拉布特里著 ; 宁英豪, 曾波, 苗芊主译. 郑州 : 郑州大学出版社, 2024. 12. -- ISBN 978-7-5773-0815-9

Ⅰ. P332.4-62

中国国家版本馆 CIP 数据核字第 2024RG9846 号

工业流量测量简明手册 : 权威实用指南

GONGYE LIULIANG CELIANG JIANMING SHOUCE : QUANWEI SHIYONG ZHINAN

策划编辑	祁小冬	封面设计	王 微
责任编辑	刘永静	版式设计	王 微
责任校对	王红燕	责任监制	朱亚君

出版发行	郑州大学出版社	地 址	郑州市大学路 40 号(450052)
出 版 人	卢纪富	网 址	http://www.zzup.cn
经 销	全国新华书店	发行电话	0371-66966070
印 刷	广东虎彩云印刷有限公司		
开 本	787 mm×1 092 mm 1 / 16		
印 张	21.75	字 数	438 千字
版 次	2024 年 12 月第 1 版	印 次	2024 年 12 月第 1 次印刷

书 号	ISBN 978-7-5773-0815-9	定 价	89.00 元

本书如有印装质量问题, 请与本社联系调换。

译者名单

主　译

宁英豪　曾　波　苗　芊

副主译

杨荣超　黄　华　史占东

崔　廷　于千源　王国萍

张鹏飞　贺　琛　曹海兵

译　者

张　勍　杨国涛　丁　雪

程东旭　梁　毅　杨　琦

张　君　应　伟　宁　宁

周　炜　赵春元　李　江

张欣敏　李世杰　王　龙

目录 CONTENTS

5 容积式流量计

目录 CONTENTS

6 压头损失流量计

9 电磁流量计

10 超声波流量计

11 科里奥利质量流量计

12 热式质量流量计

目录 CONTENTS

13 明渠流量测量

14 多相流量计

15 流量计检定

16 通用安装规范

17 流量计选型

前 言

《工业流量测量简明手册：权威实用指南》一书具有三大特点：其一，它算得上是一本“入门教材”，讲解流量测量的基础知识；其二，它全方位介绍了当今所使用的各种流量测量技术；其三，它还是一本“权威指南”，凝聚了作者多年来在系统集成领域积累的经验，以及4 000余位参与作者的研讨会的技术人员和工程师的宝贵意见。

本书所注重的不在“专精”，而在“广博”，这使得本书成了一本独一无二的工具书。

本书的内容编排采用要素法（BBA），以满足两类截然不同的读者之需，即零基础的初学者以及较高层次的技术人员之需。

本书部分内容涉及数学讲解，前后分别标以符号▶和◀，以示区别。这部分内容面向的是较高层次的读者，对初学者不做要求，在学习时可以略过。

本书采用的是公制单位，即国际单位制（SI）。除了美国之外，全世界仍在使用英制单位［又称英尺-磅-秒（FPS）单位制，根据英国1824年《度量衡法案》确定的单位制］的国家还有缅甸和利比里亚等。

对于这两种单位制，作者尽可能做到兼顾，为此，在本书的正文之前列了一个单位换算表。以下仅列出部分单位的换算关系：

1 bar（巴）= 100 kPa ≈ 1 atm（标准大气压）≈ 14.7 psi

1 in（英寸）= 25.4 mm

20 ℃ = 68 °F

100 ℃ = 212 °F

最后，本书的英文版采用的是英式英语：

英式英语	美式英语	中文
Metre	Meter	米
Litre	Liter	升
Fibre	Fiber	纤维
Colour	Color	颜色

免责声明

本书在编写过程中已尽可能确保文字描述、观点、程序、列表、软件和图的准确易用，但对于任何个人、组织或其他实体因使用本书的内容或是与之相关的工具或软件而造成的任何直接和间接的损失和损害，作者和出版商概不承担任何法律责任。

凡提及任何商品之处，并不表示作者和出版商推荐使用该商品，也不意味着可以方便地获得该商品。在使用任何商品时，如相关制造商的产品说明与本书内容存在不一致之处，须以制造商的产品说明为准。

关于作者

迈克尔（迈克）· A. 克拉布特里（Michael A. Crabtree）曾在英国皇家空军接受飞机仪器仪表和制导导弹方面的培训，之后在英国国防部任技术写作人员。退役后于 1966 年侨居南非，在当地一家从事工业过程控制、数据采集与监控系统（supervisory control and data acquisition，SCADA）和可编程逻辑控制器（programmable logic controller，PLC）系统的制造和系统集成公司工作多年。

此后，他在一家业内领先的工程类月刊杂志任编辑和副主编。在此期间，他撰写并发表了上百篇关于工业过程控制的文章，出版了《流量测量》《温度测量》《在线分析测量》《压力与液位测量》《阀门》《工业通信》和《Profibus 完整手册》等 8 本技术资料手册。

此后，他又创办了自己的公关广告公司，与多家过程控制行业的头部公司合作，包括霍尼韦尔、费希尔-罗斯蒙特、科隆、米超力以及 AEG。除了撰写这些公司的新闻稿和文章，他还负责概念策划，并制作了诸多广告文案和数据表以及通信文章。

近 12 年来，他一直从事技术培训和咨询工作，在世界各地举办了多个工业仪器仪表和网络的研讨会，遍及美国、加拿大、英国、法国、非洲、特立尼达和多巴哥、中东、远东、澳大利亚、新西兰。

在此期间，他带领 5 000 余位工程师、技术人员和科学家，举办了一系列培训研讨会，所涉及的领域包括过程控制（环路调谐）、过程仪器仪表、数据通信、现场总线、安全仪器仪表系统、项目管理、在线液体分析以及技术写作和通信。

迈克本人的专长技术领域有：

- 技术与非技术文档撰写
- 课程开发
- 面对面培训引导
- 一对一指导
- 指导计划制订
- 远程教育和在线教育

数年前他回到英国，现居威尔士卡迪夫市郊。

迈克在哈德斯菲尔德大学获得硕士学位。业余爱好是骑自行车、远足、历史和阅读。

单位换算表

物理量	国际单位制	美国惯用单位
距离	25.4 mm(毫米)	1 in(英寸)
	1 mm(毫米)	0.03937 in(英寸)
	1 m(米)	39.37 in(英寸)
	1 m(米)	3.281 ft(英尺)
	0.9144 m	1 yd(码)
面积	1 m^2(平方米)	1550 in^2(平方英寸)
	1 m^2(平方米)	10.76 ft^2(平方英尺)
	1 mm^2(平方毫米)	0.00155 in^2(平方英寸)
体积	1 m^3(立方米)	61.02 in^3(立方英寸)
	1 m^3(立方米)	35.31 ft^3(立方英尺)
	0.02832 m^3(立方米)	1 ft^3(立方英尺)
	1 L(升)	61.02 in^3(立方英寸)
	1 L(升)	0.03531 ft^3(立方英尺)
	1 L(升)	0.2642 gal(加仑)
	3.785 L(升)	1 gal(加仑)
质量	1 kg(千克)	2.205 lb(磅)
	454 g(克)	1 lb(磅)
力	1 N(牛顿)	0.2248 lbf(磅力)
	4.448 N(牛顿)	1 lbf(磅力)
压力	1 bar(巴)	14.504 lbf/in (psi)(磅力每英寸)
	1 kPa (kN/m^2)(千帕)	0.145 lbf/m^2(psi) (磅力每平方米)
	6.895 kPa(千帕)	1 psi
温度	K(开尔文)	1.800 °R
	℃(摄氏度)	摄氏度×1.8+32=华氏度
流量	1 m^3/h(立方米每小时)	4.403 gal/min (gpm)(加仑每分钟)
	1 kg/h(千克每小时)	2.205 lb/h(磅每小时)

原油度量单位

1 桶(bbl):42 美制加仑=158.9873 L

1 背景和历史

1.1 简介

近 60 年来,流量测量变得愈发重要,其不仅在会计核算方面得到广泛利用(例如从 1
供应端到使用端的流体保管传输),还应用在了制造过程中。与此同时,对测量的要求也在不断提高,包括其可靠度、准确度[*]、线性、可重复性乃至量程。这些要求给人造成了巨大压力。

造成这种压力的因素来自两个方面:一是制造过程的革新,二是外部环境的剧变。例如,燃料原材料的成本节节攀升、减排减污的呼声日益高涨、健康安全的法律法规日趋严格。

涉及流量测量与控制的行业有:

- 食品饮料
- 医药
- 矿产冶金
- 油气运输
- 油气化工
- 固体气动和液压运输
- 电力
- 制浆造纸
- 物流

行业不同,所涉及的流体性质也不同。这种差异表现在流体的毒性、可燃性、磨粒性、放射性、易爆性和腐蚀性上。有单相流体,例如不含杂质的油、气、水;也有多相流体,例如各种浆料、含水蒸气、出井石油、含尘气体。

输送流体的管道管径不一,小到不足 1 mm,大到若干米。流体的温度各异,下到接

---

* 在过程仪器仪表领域,“准确度”的一般定义是指误差相对于量程或实际值的百分比。在严格意义上,“准确度”一词只是一个一般性的表述,而不是规范的表述(规范的表述应该用“误差”)。只不过,绝大多数仪器仪表制造商仍沿用“准确度”一词。

近绝对零度，上到上百摄氏度。如果看压力，有高真空管道，也有上千巴的高压管道。

由于流体性质的多变和应用场景的多样，如今已有了各种各样的流体计量技术，以满足各种场景的特殊需求。但在目前既有的这诸多技术中，只有少数几种得到了广泛应用，而且无法做到一种流量计就解决所有的应用需要。

1.2　为什么要测量流量?

2 对这个问题，不同的人，答案也不同。一般来说，流量测量都是关乎“有多少”的问题：产了多少、用了多少。如果量小，一般可以说体积，比如一“杯”啤酒；但如果量大，就得论体积流量，比如在加油站加油。

不过，绝大多数油泵在校准时需要用到量油壶，这个时候又论的体积。因此，夏天如果要加油，最好是早上去，因为这个时间温度较低，每升油的质量更大。而对加油站来说，要避免这个问题，最好的办法就是改成按质量收费。

流量测量系统还可用于过程控制。在闭环监管控制中，很多时候重在测量结果的可重复性，而准确度倒在其次。譬如级联系统，最主要的目标是按照主设备的需求，将内环控制在某个绝对值，而不能随意地增减。再如缓冲罐的液位控制，其要求是将液位的变动控制在设定的最高值和最低值之间，从而对上游来液的波动起到缓冲作用，以免下游设备受到影响。在这些情况下，相对而言，准确度就不是那么重要了。

但在有些情况下，准确度却又是非常重要的，比如配比控制、物料分批，当然还有保管传输计量和会计计量。这是因为，在流体测量中，保管传输计量要涉及某种液体或气体的售卖或者所有权的改变；而会计计量要涉及征税，其实还是关于液体或者气体的生产或售卖。

1.3　背景

斯宾克（L. K. Spink）的《流量计工程原理与实践》（*Principles and Practice of Flow Meter Engineering*）一书于 1930 年首次发行，被公认为是第一本（在之后的多年里也是唯一的一本）关于工业流量测量知识体系的著作。该书再版九次，最后一版的印刷时间是 1978 年，此时距斯宾克逝世已经过去了 21 年。

该书最新一版的扉页上写道：本书涵盖了“流体测量的最新发展”。不过，《流量计工程原理与实践》一书其实已经有点跟不上时代了，因为它“主要讲解根据液体流经管线上的节流装置（例如孔板）时产生的压差来测量流量的差压流量测量法的特征”。

该书虽然多达575页，绝对算得上是一本大部头，但电磁流量计只占一页，涡轮流量计一页，超声波流量计、热式流量计和涡街流量计只一段话草草带过，而这些技术如今已经是流量测量的主力技术。电动压力变送器在1978年已经普遍使用，只占一页。与之相对的，大量篇幅讲的是各种机械气动变送器。

第九版的扉页上称书中有“关于靶式流量计的新数据”，但此内容其实还不到两页。3
书中关于低损失管的新数据方面的内容其实也只有差不多一页半。

当然，斯宾克这本书可谓凝聚了作者在油气行业工作大半辈子的丰富经验，并且在美国天然气协会的早期充当了一本无可替代的工具书。但油气行业有守旧之风。譬如美国，绝大多数油气设备工程师大学学的用的都是公制单位，可等工作之后，接受了老师傅的作法，没两年就满脑子只有英制单位了。

被公认为是斯宾克的后继者的米勒(R. W. Miller)写了《流量测量工程手册》(*Flow Measurement Engineering Handbook*)一书，有1 000多页，至今仍是关于确定孔板尺寸的标准工具书。在1989年发行的第二版中，关于电磁流量计、超声波流量计和科里奥利(Coriolis)流量计的内容也只有区区15页。

有这么一些测量仪器和系统，已经使用了很长的时间，有很多的工程师使用过，积累了很多经验，已经形成了一种太大的惯性，不愿改变。“宁可忍受老系统的千般不是，也不肯拥抱新系统的万般好。”时至今日，距离斯宾克过世已有50多年，孔板流量计仍在大量使用。这绝不是因为它在技术上一骑绝尘，而只是因为行业不愿意接受新的思想、新的技术。

1.4 流量测量的历史

最早的流量测量，是为了解决“他得了多少”“我得了多少”这样的纷争。早在公元前5000年，两河流域的苏美尔人为了管理水渠分水的问题，于是开始测量水的流量。但当时的办法非常简单，就是按时间，比如：日出到日中，水是去你家；日中到日落，水是去我家。罗马人也许不大懂流量测量的原理，但也想出了一套向公共浴场和民宅收取水费的办法，那就是看水管的粗细。

流量测量技术发展的第一个里程碑是1738年，瑞士物理学家丹尼尔·伯努利(Daniel Bernoulli)出版了著名的《流体力学》(*Hydrodynamica*)。在这本书中，他提出了流体的能量守恒原理和公式，即当流体的流速增大，其动能也会增大，而静压能则会相应减小。因此，节流装置会导致流速增大，而静压相应减小。这正是今天差压流量测量的根据。

第二个里程碑是涡轮流量计的出现。涡轮(turbine)一词源自拉丁语,本意是陀螺。古希腊人会用低水位水轮来磨面,而直到 1970 年人们才用转子或者涡轮来测量流量。当时,德国工程师莱因哈德·沃尔特曼(Reinhard Woltman)发明了世界上第一台叶片式涡轮流量计,用来测量河流和沟渠的水流速度。

此后又出现了各式各样的涡轮流量计。19 世纪头十年的末期,莱斯特·佩尔顿(Lester Pelton)发明了一个装置,用加压水来冲击水轮外的一圈水桶,这就是世界上第一台佩尔顿水轮机。1916 年,佛瑞斯特·内格尔(Forrest Nagler)设计出了世界上第一台固定叶片式螺旋桨涡轮机。

第三个里程碑是 1832 年,迈克尔·法拉第(Michael Faraday)的一次试验,他利用电磁感应定律来测量流量。为了测量泰晤士河的水流量,法拉第在电流计的两头分别连了一个金属电极,然后将这两个电极沉入滑铁卢大桥下的河水中,用来测量水流过地球磁场而产生的感应电压。不过,或许是因为电磁干扰以及电极极化,这次试验并不成功。

一直到瑞士英格堡(Engelberg)修道院的本笃会修士博纳文图拉·图尔曼(Bonaventura Thürlemann)神父的《流体的流速电测方法》(*Methode zur elektrischen Geschwindigkeitsmessung in Flüssigkeiten*)(图尔曼,1941)一书出版,才真正奠定了这一技术的基础。

只可惜,基础归基础,但当时的技术水平却还达不到,没办法投入使用。直到 20 世纪 50 年代中期,电子学已经有了长足的发展,终于能够造出一种低压、无干扰、灵敏度高且无漂移的测量放大器。虽然电磁测量技术具有很多优势,但墨守成规之风却令其迟迟得不到认可,无法在行业中推广应用。直到 1962 年,希克里夫(J. A. Shercliff)的《电磁流量测量理论》(*The Theory of Electromagnetic Flow-Measurement*),终于为电磁流量计的原理打下了坚实的理论基础。受此影响,后来才有了越来越多的研究,认可度也越来越高。

最后一个里程碑是在法拉第试验的短短三年之后,1835 年,加斯帕尔·古斯塔夫·德·科里奥利(Gaspar Gustav de Coriolis)发现了我们今天所知的科里奥利效应(科氏力)。大约 150 年后,一种高精度直接测量式质量流量计——科里奥利流量计诞生了。

1.5 流量计量技术分类

流量计量技术有多种分类办法。一种办法是只划分两类:有压头损失的和无压头损失的。这种划分简单明了,只不过太过笼统了,而且有点轻视现在出现的一些新技术。

另一种办法是划分为传统技术流量计和新技术流量计。但这种划分又轻视了包括压头损失流量计在内的传统技术。有些传统技术之前由于自身的缺陷,导致应用上存在限制,但后人通过大量的改进革新,如今已不可同日而语。不过,本书并未采用前述思路对技术进行分门别类,而是尽量分别讨论每一种技术,并从整个工业(而不是某个工业部 5
门)的角度出发,评述它们的重要性。本书要讨论的技术有:

- 容积式流量计
- 压头损失流量计
- 间接容积式流量计
- 振荡式流量计
- 电磁流量计
- 超声波流量计
- 科里奥利质量流量计
- 热式质量流量计
- 明渠流量计

这九大类共包括近 50 个不同的技术。

2 流体力学

2.1 简介

7 流体力学是一门研究流体内部作用力和流动的学科。行业不同,所涉及的流体性质也截然不同。这种差异表现在流体的毒性、可燃性、磨粒性、放射性、易爆性和腐蚀性上。有单相流体,例如不含杂质的油、气、水;也有多相流体,例如各种浆料、含水蒸气、出井石油、含尘气体。输送流体的管道管径不一,小到不足 1 mm,大到若干米。流体的温度各异,下到接近绝对零度,上到上百摄氏度。如果看压力,有高真空管道,也有上千巴的高压管道。

2.2 质量与重量

任何液体或气体最基本的性质之一就是其质量。这就引出了一个问题:质量和重量有什么区别? 很多人不了解这其中的差别,因此也经常用错词。

先说"质量"。质量是关于物体中所含物质的量的基本度量,与物体中原子的数量和种类有直接关系(图 2.1)。显然,同样的体积,图 2.1(a)中所包含的原子比图 2.1(b)多,因此它包含的物质更多,质量也更大。

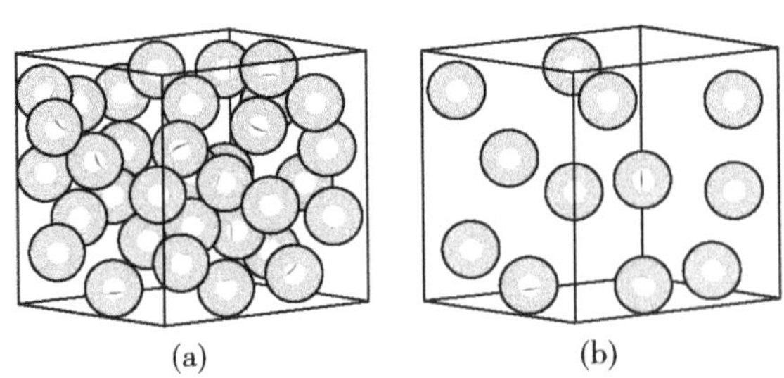

图 2.1 同样的体积,(a)中所包含的原子比(b)多,因此它包含的物质更多。

而"重量"是一定质量的物体所受引力大小的度量,可以用以下公式表示:

$$w = m \cdot g \tag{2.1}$$

其中：

w——重量；

m——质量；

g——重力加速度。

由此我们可以得出一个结论：无论在哪里测量，一个物体的质量始终不变。而它在月球上的重量只有在地球上测得的重量的1/6，因为月球的引力大小只有地球的1/6。

关于质量和重量的计量单位有两种：

- 国际单位制或公制单位
- FPS 单位制，又称“美国惯用单位制”“标准单位制”，甚至错误地（尤其是在美国）称为“英制”单位

2.2.1 国际单位制

在国际单位制中，质量的单位是千克（kg），而重量是一种力，所以重量的单位是牛 8
（N）。

▶根据牛顿第二定律，质量和重量之间的基本关系是：

$$F = m \cdot a \tag{2.2}$$

其中：

F——力，N；

m——质量，kg；

a——加速度，m/s^2。

因此，对于一个质量为 1 kg 的物体：

$$F = 1\ \text{kg} \times 9.807\ \text{m/s}^2 = 9.807\ \text{N}$$

其中：

$9.807\ \text{m/s}^2$ = 国际单位制中地球附近的标准重力。◀

2.2.2 FPS 单位制

如果使用正确的单位，那么 FPS 单位制也同样简单明了。其中，质量单位是斯勒格（slug），力、重量单位是磅或磅力（lb）。

斯勒格是由磅力得来的导出单位，定义为当 1 磅力作用在其上时，可每秒加速 1 ft/s 的质量：

$$1\ \mathrm{lb}=(1\ \mathrm{slug})\cdot(1\ \mathrm{ft/s^2})$$

换句话说，在 1 slug 的质量上施加 1 lb 的力，会产生 1 $\mathrm{ft/s^2}$ 的加速度。

由于 FPS 单位制中的标准重力（g）= 32.174 05 $\mathrm{ft/s^2}$，因此 1 slug 的质量即重 32.174 05 lb。

9 遗憾的是，由于并未做到标准化，质量的基础单位为磅-质量（$\mathrm{lb_m}$ 或 lbm），而力的单位为磅力（$\mathrm{lb_f}$ 或 lbf）。

2.3 密度

物体的密度就是单位体积的质量，最常用的符号是希腊字母 ρ。

在数学上，密度定义为质量与体积之商：

$$\rho=\frac{m}{V} \tag{2.3}$$

其中：

ρ——密度；

m——质量；

V——体积。

同样，对比图 2.2（a）和（b），如果一个给定体积中同时包含两种物质，同样的体积，2.2（a）中所包含的原子比图 2.2（b）多，因此它的质量更大，密度也更大。

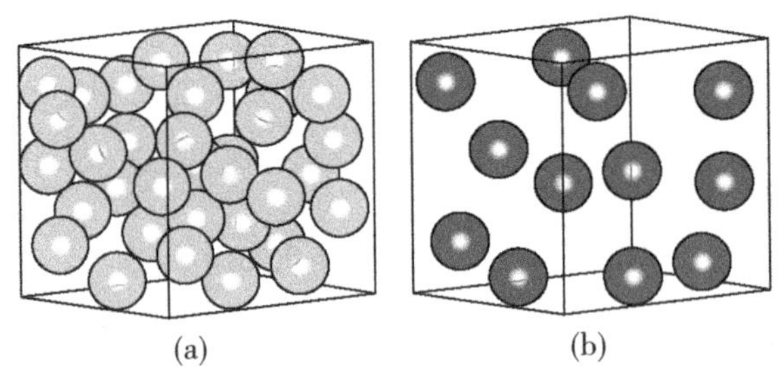

图 2.2　同样的体积，（a）中所包含的原子比（b）多，因此它的质量更大，密度也更大。

在国际单位制中，密度的单位通常为 $\mathrm{kg/m^3}$，还有几个导出单位：$\mathrm{g/cm^3}$ 或 kg/L。

在 FPS 单位制中，密度的单位也很多，包括：$\mathrm{lb/ft^3}$、$\mathrm{lb/in^3}$ 和 lb/gal。

2.4 比重

比重(SG,也有称相对密度)是一个无量纲的量,指的是材料相对于水的密度——简单地说,比水重还是比水轻。

由于样品和水的密度随着温度和压力而变化,因此必须指定测定密度的温度和压力。比如,通常指定压力条件为 1 个标准大气压(1 013.25 mbar)。然而,由于比重通常与高度不可压缩的流体有关,因此由压力引起的密度变化通常忽略不计。

关于温度条件,水的密度通常取其密度最大的温度(3.98 ℃ ≈ 4 ℃)。表 2.1 列出了各种不可压缩液体的一些典型比重值。

表 2.1 各种不可压缩液体的一些典型比重值 10

流体	温度/℃	比重(SG)
乙醇	25	0.787
甲醇	25	0.791
氨	25	0.826
苯	25	0.876
丁烷(液态)	25	0.601
原油(加州)	15.55	0.918
原油(德州)	15.55	0.876
乙烷	-89	0.572
乙醚	25	0.716
乙二醇	25	1.100
己烷	25	0.657
煤油	15.55	0.820
甲烷	-164	0.466
辛烷	25	0.701
戊烷	25	0.755
丙烷	25	0.495
海水	25	1.028
甲苯	25	0.865
松节油	25	0.871
纯水	4	1.000

2.5 密度/比重的测量

密度/比重的在线测量仪器虽然很多，但都需要利用某种形式的实验室原器(standard)进行校准。最常见的两种原器就是比重瓶和液体比重计。

2.5.1 比重瓶

关于密度和/或比重的测量，标准的实验室校准方法是用比重瓶(pycnometer，源自希腊语 puknos，意思为“密集的”)。它由一个玻璃烧瓶组成，带有一个配套的有贯通的毛细孔的磨砂玻璃瓶塞(图 2.3)。

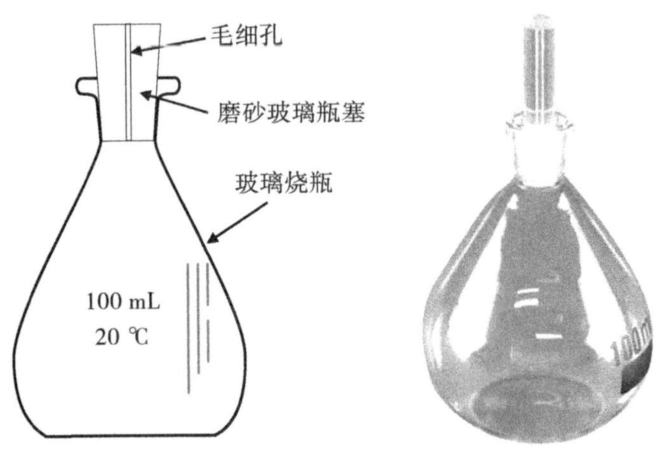

图 2.3 用于测量密度和/或比重的比重瓶，由一个玻璃烧瓶组成，带有一个配套的，并且有贯通的毛细孔的磨砂玻璃瓶塞。

塞上瓶塞后，毛细孔会释放出多余的液体或空气，从而可以高精度获得给定体积的流体。然后就可以用分析天平，并以水为参照物，准确测量液体的密度或比重。

2.5.2 液体比重计

11 液体比重计是一种间接测量办法，需要校准，但也是用得最多的办法。它由一个密封的长颈玻璃球组成，球内装有水银或铅，使其直立漂浮，然后浸入待测液体中(图 2.4)。

漂浮时的浸没深度就指示了液体的密度，可通过校准颈部，读取密度、比重或一些其他相关特征量。

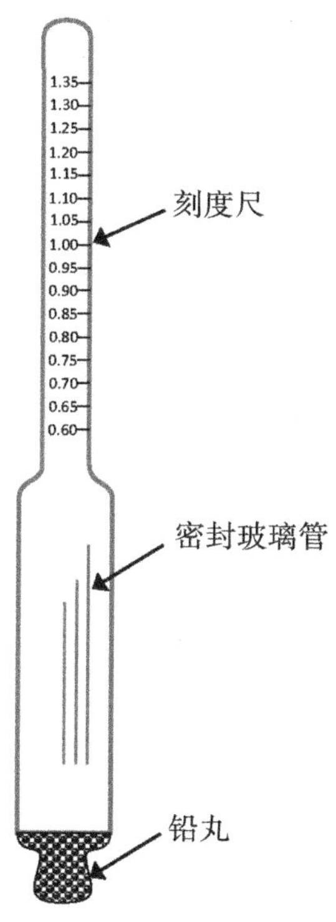

图2.4　液体比重计通常由一个密封的长颈玻璃球组成，球内装有水银或铅，当其浸入待测液体中时，可以以直立的姿态漂浮。

2.6　密度计

2.6.1　波美比重计

最早的比重计是1768年法国药剂师安东尼·波美(Antoine Baumé)开发的波美比重计，用它测得的液体比重称为波美度，一般记为°B或°Bé。

传统上，波美比重计一直用于根据比重计读数间接测定溶液浓度的行业，例如酿酒、蜂蜜生产、制酸以及早期的石化工业。由于澄清之后的葡萄汁的波美度与葡萄汁发酵至干型程度时的潜在酒精度密切相关，因此它在葡萄酒业中的应用仍然十分广泛。

实际上，波美比重计又分两种，二者不相关联且相互排斥(非重叠)。一种叫重表，用于比重大于1.0的液体；一种叫轻表，用于比重小于1.0的液体。蒸馏水的波美度为0 °Bé。

对于比水重的液体：

0 °Bé = 比重计在纯水中的下沉距离；

15 °Bé = 比重计在质量分数为 15% 的氯化钠(盐，NaCl)溶液中的下沉距离。

12 ▶波美度与 60 °F 比重的换算关系：

$$SG=\frac{145}{145-°Bé} \tag{2.4}$$

◀

对于比水轻的液体：

0 °Bé = 比重计在质量分数为 10% 的氯化钠(盐，NaCl)溶液中的下沉距离；

10 °Bé = 比重计在纯水中的下沉距离。

▶波美度与 60 °F 比重的换算关系：

$$SG=\frac{140}{130-°Bé} \tag{2.5}$$

◀

注意，在表述波美度时，要说明用的是重表还是轻表，因为这两种表不重叠：30 °Bé(重)和 30 °Bé(轻)并不相等。

2.6.2 API 比重计

13 如前所述，石化行业传统上使用波美比重计测量原油。实际上，在 1916 年，美国国家标准局[后来的美国国家标准学会(ANSI)]规定，以波美比重计为测量密度小于水的液体比重的标准。

只可惜，后来的调查发现，盐度和温度方面的重大误差造成了严重的变差。然而，美国生产和销售的比重计一般的模数为 141.5，而波美比重计的模数为 140。因为，到 1921 年，这种比重计已经成型固化了。为此，美国石油学会(API)的解决办法是，推出 API 比重计。

本质上，API 度表示石油液体与水相比的轻重程度。如果其 API 度大于 10，则较轻，浮于水上；如果小于 10，则较重，下沉。

更具体地说，API 度衡量的是原油在特定温度下的密度，并与标准温度 60 °F 下水的密度进行比较。

比重和 API 度之间的换算关系：

$$\text{API 度}=\frac{141.5}{60\ °F\ \text{时的 SG}}-131.5 \tag{2.6}$$

API 度在比重计上的刻度单位是度，其设计使得大多数值介于 10°和 70°API 度之间。

因此,比重为1.0(即在60 °F时与纯水密度相同)的重油的API度为:

$$\text{API 度}=\frac{141.5}{1}-131.5=10°\text{API} \tag{2.7}$$

原油分为:

轻质原油:API度高于31.1°API;

中质原油:API度介于22.3°API和31.1°API之间;

重质原油:API度低于22.3°API;

超重原油:API度低于10.0°API。

一般来说,API度越高,商业价值就越大。这一一般规则仅适用于不超过45°API的情况——超过该值,分子链变得更短,对炼油厂来说价值较低。

在常温下或不稀释时不流动的油称为沥青。加拿大艾伯塔省油砂矿床中提取的沥青的API度约为8°API,“升级”后API度为31°~33°API,称为合成油。

2.7 压力

固体自身就能保持固定的形状,而液体和气体(统称为流体)则不同,能够流动,往往 14
会填充任何容纳它们的固体容器。当气体处于一个密闭容器中时,其分子将持续地做随机运动,且平均速度随着温度的升高而增大。在移动过程中,分子会发生弹性碰撞——不仅相互碰撞,还会与容器壁发生碰撞(图2.5)。

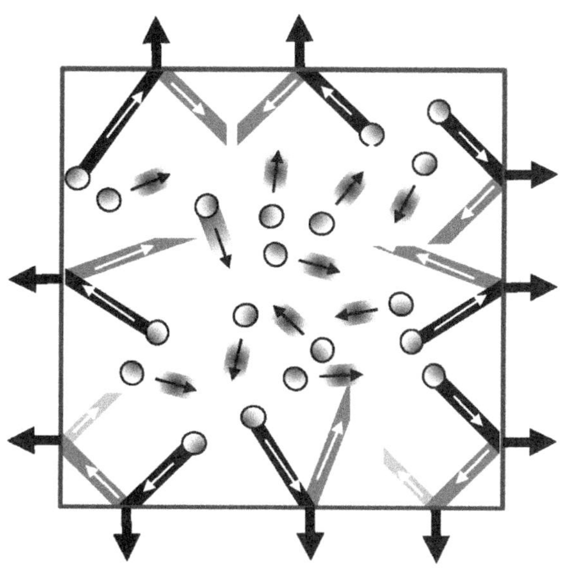

图2.5 压力来自原子或分子与容器内壁的碰撞,是碰撞力的总和。

在给定区域内发生的所有碰撞结合在一起，产生一个力，该力分布在容器的整个内部区域。现在考虑一下流体在受到外部压力作用时的情况，如图 2.6 所示。

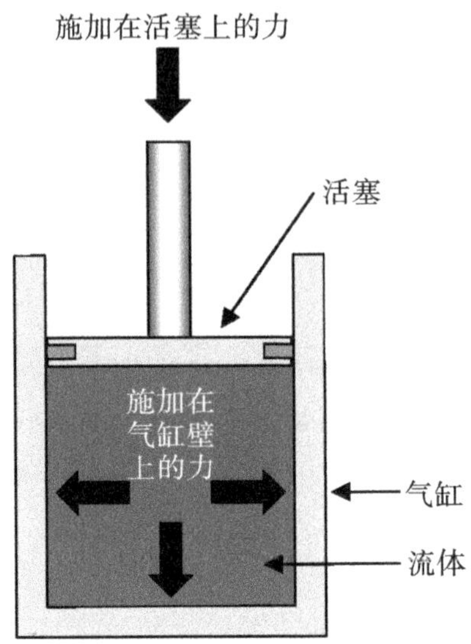

图 2.6　当流体受到外部压力作用时，流体会向气缸内壁的各个方向移动。

由于流体分子的自由移动，任何外部压力都将直接作用在气缸的内表面上。由于液体实际上是不可压缩的，活塞将保持在其静止位置。另一方面，随着外力的增大，气体压缩，活塞下移。

无论如何，施加在流体上的力均匀地分散到所有方向的容纳表面上，压力(P)等于施加在物体上的力(F)除以物体的受力面积(A)：

$$P=\frac{F}{A} \tag{2.8}$$

15 由于压力定义为单位面积上所受的力，对于许多人来说，psi 单位制的定义似乎比国际单位制的压力单位(帕斯卡)更能反映压力。

乍一看可能认为，我们可以用更具描述性的国际单位制单位如 kg/m^2(千克每平方米)来表示压力。但其实，在国际单位制中，千克是质量的单位，而不是力的单位，力的单位是牛顿。因此，压力的单位是牛顿每平方米(N/m^2)，也称帕斯卡(帕)。

更实用的单位是 bar(巴)，因为它接近大气压(1.013 bar = 1 atm，1 bar = 100 kPa)。因此，德国标准化学会(DIN)的标准中压力的单位几乎全部用 bar，其应用在国际上也得到了推广，特别是在欧洲标准中。

压力也可以用液柱的高度来表示。如果将 1 slug 水倒入横截面积为 1 in^2 的玻璃管中,则在玻璃管底部该区域上水的重量是 1 lb,因此压力为 1 psi。在 39 °F 时,水柱高度为 27.68 in,记为 27.68″ WC(水柱),或简化为 27.68″ H_2O。对于比水重的液体,压力会增大,例如,只需要 2.036″汞柱就可以产生 1 psi 的压力(图 2.7)。通常记为 2.036″ Hg。

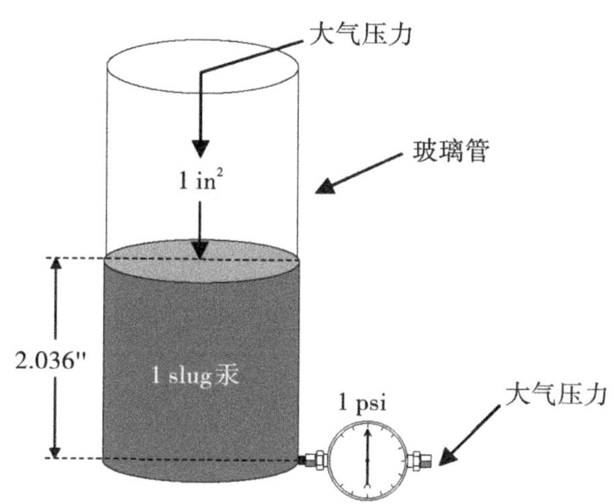

图 2.7　如果将 1 slug 汞倒入横截面积为 1 in^2 的玻璃管中,只需要 2.036″的高度就可以产生 1 psi 的压力。通常记为 2.036″ Hg。

如果使用公制单位,英寸替换为毫米,那么 1 psi 相当于 703.07 mmH_2O 或 51.714 9 mmHg。1 mmHg(≈1/760 atm)也被称为托(Torr),是根据埃万杰利斯塔·托里拆利(Evangelista Torricelli)命名,纪念他早期在压力测量方面所做的大量工作及发明了气压计。不同压力单位之间的换算关系见表 2.2。

表 2.2　不用标准之间的压力换算

	psi	kPa	in. H_2O	mmH_2O	in. Hg	mm Hg	bar	mbar	kg/cm^2	g/cm^2
psi	1	6.894 8	27.729 6	704.332	2.036 0	51.714 9	0.068 9	68.947 6	0.070 3	70.307 0
kPa	0.145 0	1	4.021 8	102.155	0.295 3	7.500 6	0.010 0	10.000 0	0.010 2	10.197 2
in. H_2O	0.036 1	0.248 6	1	25.400 0	0.073 4	1.865 0	0.002 5	2.486 4	0.002 5	2.535 5
mmH_2O	0.001 4	0.009 8	0.039 4	1	0.002 9	0.073 4	0.000 1	0.097 9	0.000 01	0.099 8
in. Hg	0.491 2	3.386 4	13.619 5	345.936	1	25.400	0.033 9	33.863 9	0.034 5	34.532
mm Hg	0.019 3	0.133 3	0.536 2	13.619 5	0.039 4	1	0.001 3	1.333 2	0.001 4	1.359 5
bar	14.503 0	100.00	402.184	10 215.5	29.530 0	750.062	1	1 000	1.019 7	1 019.72

续表 2.2

	psi	kPa	in. H_2O	mmH_2O	in. Hg	mm Hg	bar	mbar	kg/cm^2	g/cm^2
mbar	0.014 5	0.100 0	0.402 2	10.215 5	0.029 5	0.750 1	0.001	1	0.001 0	1.019 7
kg/cm^2	14.223 3	98.066 5	394.408	100 018	28.959 0	735.559	0.960 7	980.665	1	1 000
g/cm^2	0.014 2	0.098 1	0.394 4	10.018 0	0.029 0	0.735 6	0.001 0	0.980 7	0.001	1

16 ▶我们已经知道，由于压力定义为单位面积上所受的力，容器内液体产生的压力取决于流体的横截面积(A)和重力(w)：

$$P=\frac{w}{A} \tag{2.9}$$

我们也已经知道，重量等于质量乘以加速度[式(2.1)]。因此，作用在物体上的重力(w)为：

$$w=m\cdot g \tag{2.10}$$

由此可得：

$$P=\frac{m\cdot g}{A} \tag{2.11}$$

正如我们所知道的，物体的密度(ρ)就是其单位体积的质量，即质量除以体积：

$$\rho=\frac{m}{V} \tag{2.12}$$

因此，我们也可以说：

$$m=\rho\cdot V \tag{2.13}$$

18 体积(V)等于液体高度(h)乘以横截面积(A)：

$$m=\rho\cdot h\cdot A \tag{2.14}$$

因此

$$P=\frac{\rho\cdot h\cdot A\cdot g}{A} \tag{2.15}$$

或

$$P=\rho\cdot h\cdot g \tag{2.16}$$

◀

这意味着，如图 2.8 所示，液体压头所产生的压力[即压头(P)或静压力]，仅由液体高度(h)、其密度(ρ)和重力加速度(g)决定。

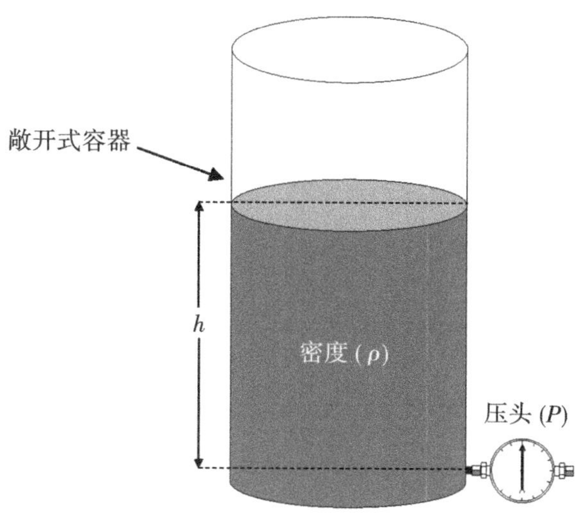

图2.8　压头(P)由液体高度(h)、其密度(ρ)和重力加速度(g)决定。

因此,如果流体是水,那么1 ft深度(h)的水产生的压力相当于0.4333 psi(根据水的密度和1 ft深的水在水箱底部施加的力计算而得)。

2.8　压力基准

在压力测量中,有三种常用的基本压力基准,即刻度上的零点。

2.8.1　绝对压力

绝对压力以绝对零点(即真空)为基准,因此所有绝对压力测量值都是正值。以 19
前,绝对压力测量值常用"a"来缩写,例如10 psia或10 bara。在国际单位制中,不应使用缩写,因此应表示为10 kPa(绝对值)。

U形管压力计用于说明图2.9中的这一原理,其中Δh是由于零压力(基准)和施加的压力P_1引起的高度差。

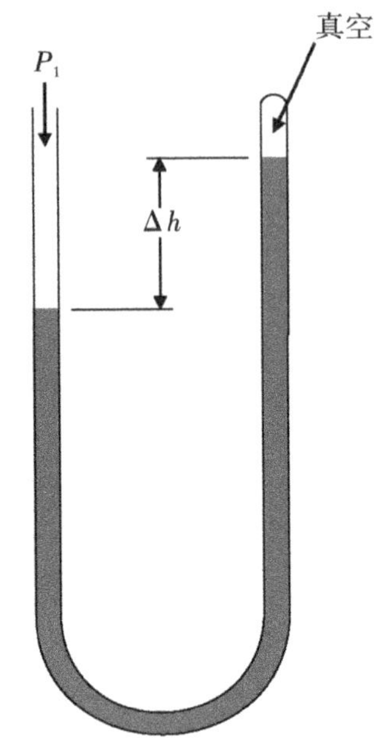

图2.9 Δh 由零压力(基准)和施加的压力 P_1 的差值决定。

2.8.2 表压

表压是指测得的压力与环境大气压力之间的差值,因此忽略了天气、海拔或深度变化的影响。同样,表压测量值以前用“g”来缩写,例如 10 psig 或 10 barg。在国际单位制中,应表示为 10 kPa(表压)。

以表压为基准的传感器通常通过在压力传感器上开一个孔来构造,以便环境大气压力可以进入装置,并与正在测量的压力相对抗。这个基准孔或“通气”孔通常被指定为“干”孔,只允许清洁干燥的气体进入。

在图 2.10 中,Δh 是由于大气压力(基准)和施加的压力 P_1 的差值而产生的高度差。

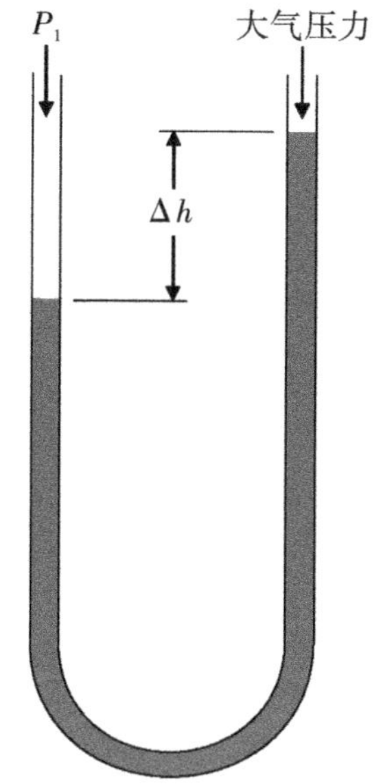

图 2.10　Δh 由大气压力（基准）和施加的压力 P_1 的差值决定。

2.8.3　压差

压差测量值是两个未知压力之间的差值，因此，当两个压力相同时（无论大小），输出 20
为零。

压差通常有多种缩写形式：DP、dP 或 ΔP。同样，国际单位制更喜欢用 10 kPa（差值）这样的形式来表示。

三种常用压力基准的比较如图 2.11 所示。

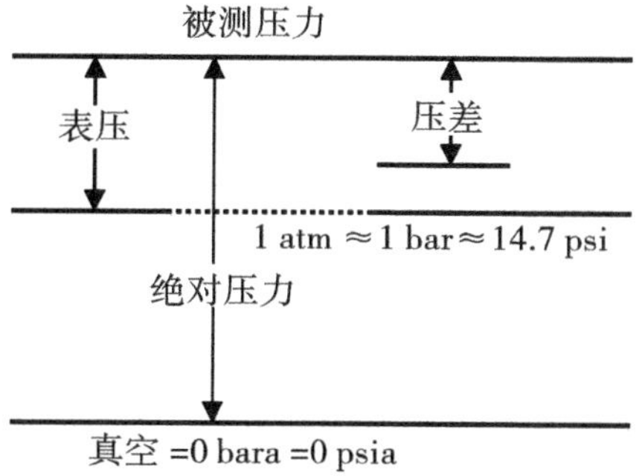

图 2.11　三种常用压力基准的比较。

2.9 气体压力

21 我们在前面已经知道，气体充满整个空间（称为气体膨胀）的趋势是由所谓的分子流动性造成的。这也意味着施加在容器某一点上的压力会平均分配到容器的各个面。

当气体加热时，其平均分子速度增加，气体压力上升。

▶玻意耳定律描述了体积（V）和压力（P）之间的关系，该定律指出，当温度恒定下，气体的体积与其压力成反比：

$$V \propto \frac{1}{P} \tag{2.17}$$

查理定律指出，如果压力不太高并保持恒定，气体的体积随温度呈线性变化：

$$V \propto T \tag{2.18}$$

盖吕萨克定律指出：

$$P \propto T \tag{2.19}$$

综合考虑这些因素，得出理想气体定律：

$$PV = nRT \tag{2.20}$$

其中：

n——摩尔数（缩写“mol”）；

R——通用气体常数[8.315 J/(mol · K)]。

注：1 mol＝含有与 12 g 碳-12 相同数量原子或分子的物质的量。◀

2.10 液体压力

在大多数情况下，可以假设液体是不可压缩的（即体积不随压力变化），当在封闭容器中加压时，压力均匀分布到各面——与气体一样。

然而，在通常认为是不可压缩的流体（如油）中，我们预计响应速度几乎是瞬时的。实际上，所有流体都有一定程度的可压缩性，这可能导致响应延迟，例如，要得到上游流体压缩之后，制动器才会动。

22 流体会压缩的这一特征可以用可压缩性的倒数（如果愿意，也可以称为“不可压缩性”）来描述，即所谓的体积模量，它等于均匀施加外部压力所导致的极小体积减小的比率。

压力与体积变化之间的关系在给定温度下并不是线性的。图 2.12 说明了恒定温度下流体压力和相应体积之间的关系。

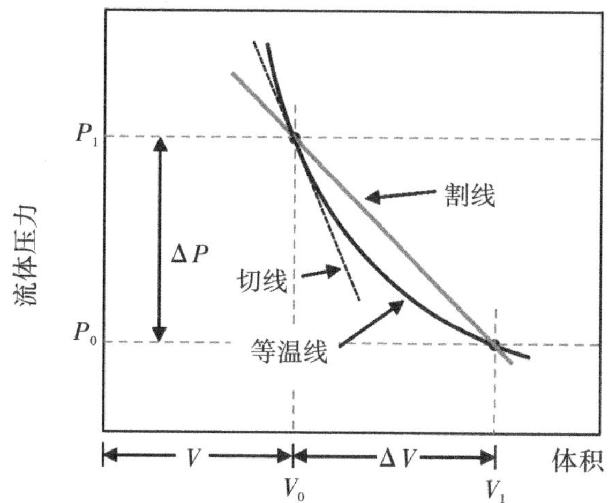

图 2.12　当流体处于压缩状态时,体积变化不是线性的。

必须认识到,受压的流体不遵循胡克定律,并且随着压力的增大,所有流体的体积模量最初会因分子间隙的减小而迅速增加。然而,随着压力的进一步增大,分子会相互接触,体积模量值的增加速度也会降低。

因此,在给定压力 P_1 下,体积模量可以定义为曲线在 P_1 处的切线的斜率,称为切线体积模量(K_T):

$$K_T = V \cdot \frac{\Delta P}{\Delta V} \tag{2.21}$$

其中:

V——压缩后的油体积,m^3;

ΔV——油体积变化,m^3;

ΔP——压力变化,Pa。

由于切线体积模量只规定了固定压力下的值,因此一个更有用、更容易确定且适用于较大压力变化的值,是在给定范围内所取的平均值。

这称为割线体积模量(K_S),由 P_1 和 V_1 两点处切割曲线的直线斜率给出:

$$K_S = -V_0 \cdot \frac{\Delta P_1}{\Delta V_1} \tag{2.22}$$

其中:

V_0——油的初始体积,m^3。

负号表示对于大多数正常流体,体积的负变化会导致压力增加。

然而，对于在高达约 830 bar(12 000 psi)的压力范围内的矿物油，体积模量可以表示为压力的线性函数。

因此，在给定压力 P 下，体积模量可以定义为连接 P 到原点的直线斜率，其可视为从 P_0 到 P 范围内的体积模量的平均值（称为割线体积模量），或者定义为 P 处曲线的正切斜率（称为切线或瞬时体积模量）。

虽然切线体积模量更正确，因为它是从流体（液体）的近似状态方程中推导出来的，但最常用的是割线体积模量，因为它更容易确定。

2.10.1 压力对体积模量的影响

当流体受压时，温度通常会升高，这对大多数流体来说都意味着体积模量值会减小。因此，通常参考等温体积模量，其中的变化非常缓慢，足以让系统以温度保持恒定的方式不断调整。

实际上，大多数液压应用都与快速移动的系统有关，在这些系统中，压缩速度会导致温度升高。因此，体积模量称为绝热模量或等熵模量。从上文可以明显看出，除非体积模量是在特定的压力和温度下给出的，否则它几乎是一个无意义的值。不幸的是，这在很多情况下都会发生。

2.11 黏度

流体（液体或气体）最重要的基本性质之一是黏度——它是流动或物体通过的阻力。从概念上讲，黏度可以认为是流体的“厚度”。本质上，它是流体不同层之间相互移动时的内摩擦力。在液体中，这是由分子之间的内聚力引起的，而在气体中，则是由分子之间的碰撞引起的。因此，水是“稀的”，具有低黏度，而植物油是“稠的”，具有高黏度。

如果把流体看成是一个又一个移动板块的集合体，那么当流体受到作用力时，就会发生剪切，而黏度就是相邻板块之间的层所提供阻力的量度。

图 2.13 展示了夹在区域 A 的两块金属平板之间的薄层流体——下面一块板静止，上面一块板以速度 v 移动。与每块金属板直接接触的流体通过流体分子和金属板分子之间的黏附力保持在表面。因此，流体的上表面以与上面一块板相同的速度 v 移动，同时与固定板接触的流体保持静止。由于流体的静止层阻滞了其正上方层的流动，而该层
24 又阻滞了下一层的流动，因此速度从 0 变化到 v，如图 2.13 所示。

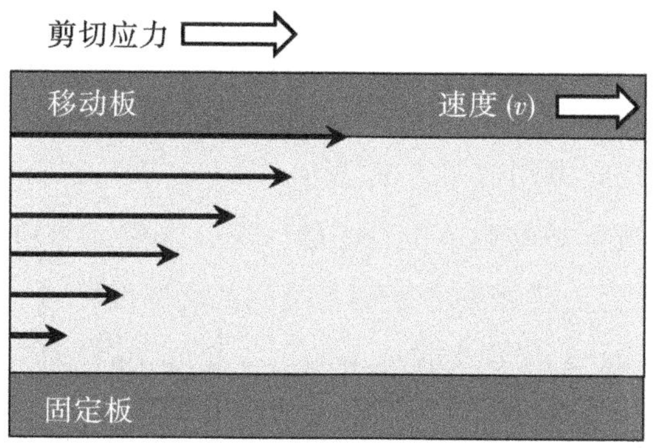

图 2.13　当一薄层流体夹在两块金属平板之间时，会发生剪切，流体的上表面以与上面一块板相同的速度移动，而与固定板接触的流体则保持静止。

作用在各层上的相对力称为剪应力（单位面积上的力）。图 2.13 中，流体在上面一块板运动产生的剪应力作用下流动。很明显，下面一块板施加了相等且相反的剪切应力，以满足下部静止表面的“无滑移”条件。

因此，在流体中的任何一点，各层相对运动的速度（称为剪切速率）都与剪切应力成正比（图 2.14）。

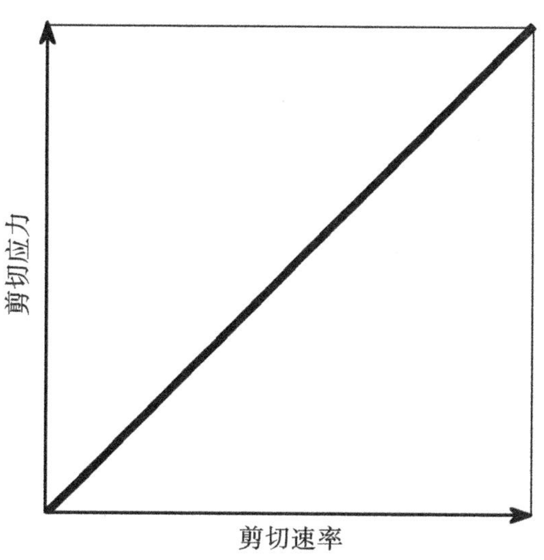

图 2.14　剪切速率与剪切应力成正比。

因为：

$$剪切应力 \propto 剪切速率 \tag{2.23}$$

25 我们也可以说：

$$剪切应力 = \mu \cdot 剪切速率 \tag{2.24}$$

其中：

μ——动力黏度，剪切应力和剪切速率之比。

动态（绝对）黏度的国际单位制单位为帕秒（Pa·s），定义为：在 1 s 内将板移动一段距离所需的剪切应力（压力），该距离等于两板之间的层厚度。

如图 2.15 所示，流体的黏度很大程度上取决于温度，并且通常随着温度的升高而降低。然而，气体表现出相反的特性，黏度随着温度的升高而增加。

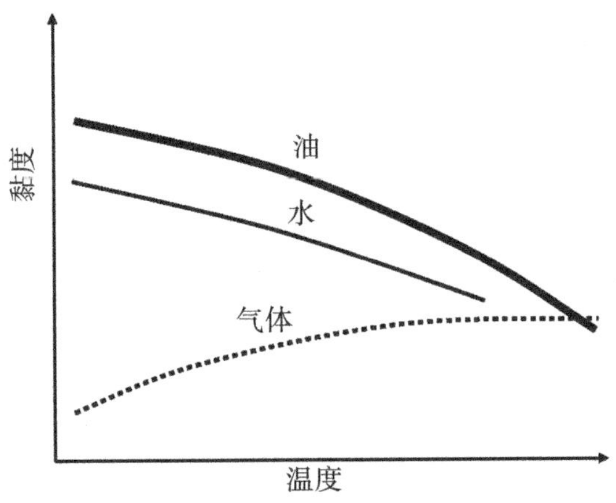

图 2.15　流体黏度在很大程度上取决于温度。

表 2.3 列出了各种流体在特定温度下的黏度——例如机油等液体的黏度随着温度的升高而迅速降低。

表 2.3　各种流体的黏度比较

流体	温度/℃	黏度 μ/（Pa·s）
糖浆	20	100
甘油	20	1.5
机油（SAE 10）	50	0.02
牛奶	20	5×10^{-3}
血液	37	4×10^{-3}
水	0	1.8×10^{-3}
乙醇	20	1.2×10^{-3}

续表 2.3

流体	温度/℃	黏度 μ/(Pa·s)
水	20	1×10^{-3}
水	100	0.3×10^{-3}
空气	20	0.018×10^{-3}
水蒸气	100	0.013×10^{-3}
氢气	0	0.009×10^{-3}

流体的黏度也取决于压力，但令人惊讶的是，压力对气体黏度的影响小于对液体的影响。

当压力从 0 增加到 70 bar（在空气中）时，黏度仅增加约 5%。然而，以甲醇为例，压力从 0 增加到 15 bar 时，会导致黏度增加 10 倍。有些液体对压力变化比其他液体更敏感。

在实践中，最常用的动力黏度单位是泊（poise）。

基于公制厘米-克-秒（cgs）单位，泊的定义为：将面积为 1 cm^2 的表面以 1 cm/s 的速度移过平行表面所需的力［单位：达因（dyne）］，这些表面被厚度为 1 cm 的流体薄膜隔开。

反过来，达因（图 2.16）定义为：将 1 g 质量每秒加速 1 cm/s 时所需的力：

$$1\ \text{dyn}=10\ \mu\text{N}(\text{微牛})$$

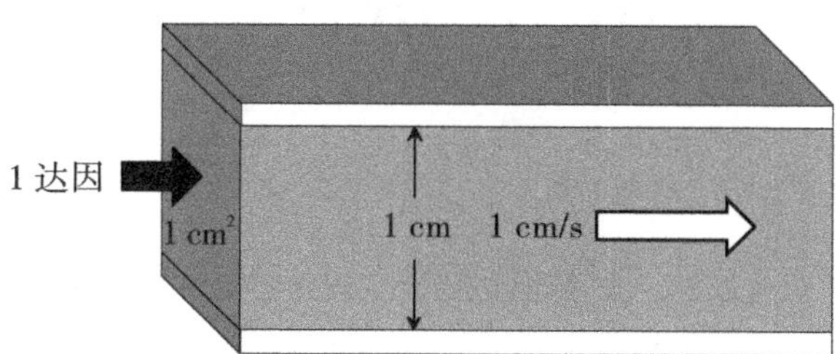

图 2.16　达因定义为将 1 g 质量每秒加速 1 cm/s 所需的力。

在实际使用中，泊这个单位太大了，我们一般用的是厘泊（cP）。表 2.4 比较了以厘 26
泊和帕秒表示的动力黏度：

$$1\ \text{Pa}\cdot\text{s}=1\ 000\ \text{cP}=1\ \text{N}\cdot\text{s/m}^2=1\ \text{kg/(m}\cdot\text{s)}$$

表 2.4　以厘泊表示的动力黏度与帕秒表示的动力黏度的比较

流体	动力黏度/cP	动力黏度/(Pa · s)
水(5 ℃)	1.519	1.519×10^{-3}
水(20.2 ℃)	1.0	1.0×10^{-3}
水(30 ℃)	0.798	0.798×10^{-3}
血液(37 ℃)	4.0	4.0×10^{-3}
轻质原油	0.5	0.5×10^{-3}
重质原油	>2 000	>2

石油行业一般不使用这两种测量方法，而是广泛使用一种实用的测量方法——落球黏度计。如图 2.17 所示，温度受控的液体静止在垂直玻璃管中，已知大小和密度的球体在液体中下降。测量流体通过管上两个标记所需的时间，然后利用斯托克斯定律计算流体的黏度。

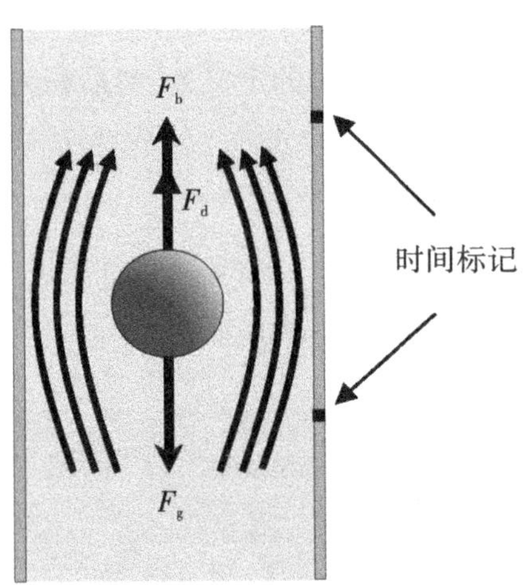

图 2.17　在落球黏度计中，球体在液体中下降。测量流体通过管上两个标记所需的时间，然后利用斯托克斯定律计算流体的黏度。

因为这种测量也取决于流体的密度，所以它所表示的黏度称为运动黏度。

运动黏度的单位是斯(stoke)，以平方厘米每秒(cm^2/s)表示，通常用希腊字母 υ 表示。更常用的单位是厘斯(cSt)。

27　运动黏度与动力黏度之间的关系如下：

$$\upsilon = \frac{\text{动力黏度}}{\text{密度}} = \frac{\mu}{\rho} \tag{2.25}$$

运动黏度通常以厘斯(cSt)为单位,其中:

$$1\ \mathrm{m^2/s} = 10^6\ \mathrm{cSt} \tag{2.26}$$

因此,要从厘泊(cP)得出厘斯(cSt),需要除以密度。由于大多数烃类的相对密度约为0.85～0.9,因此厘斯值将比厘泊值高出约10%～15%。

2.11.1 赛氏通用黏度

另一种常用的黏度测量方法是赛氏通用黏度(SUS)或赛氏通用黏度秒(SSU)。如图2.18所示,这是根据60 mL试验流体在100 °F下通过标准孔板所需的时间(s)计算出来的。

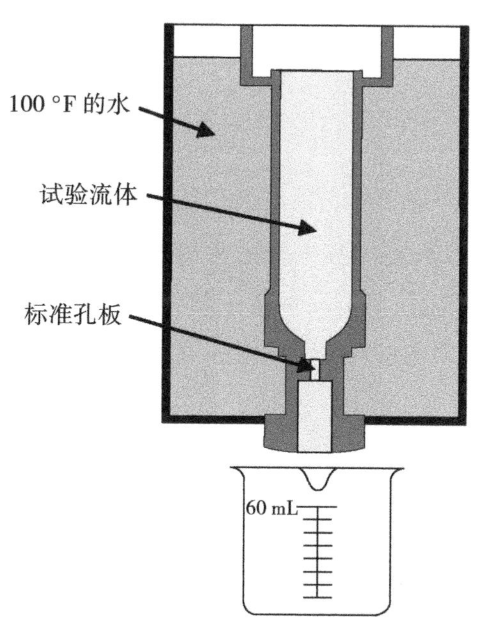

图2.18 SUS是根据60 mL试验流体在100 °F下通过标准孔板所需的时间(s)计算出来的。

当SSU值大于100时:

$$\mathrm{cSt} = 0.22 \cdot \mathrm{SSU} - \left(\frac{135}{\mathrm{SSU}}\right) \tag{2.27}$$

表2.5将一些SSU值与厘泊值进行了比较。

表 2.5　一些 SSU 值与厘泊值的比较

厘泊值(cP=mPa·s)	SSU 值
10	60
50	233
100	463
160	741
200	927
260	1 204
300	1 390
360	1 668
400	1 853
460	2 131
500	2 316

2.12　非牛顿流体

工程系统中使用的大多数流体都表现出所谓的牛顿特性，即在给定的压力和温度下，剪切应力与剪切速率成正比。因此，如果绘制剪切应力与剪切速率的关系图，则可得到一条通过原点的直线(图 2.19)。

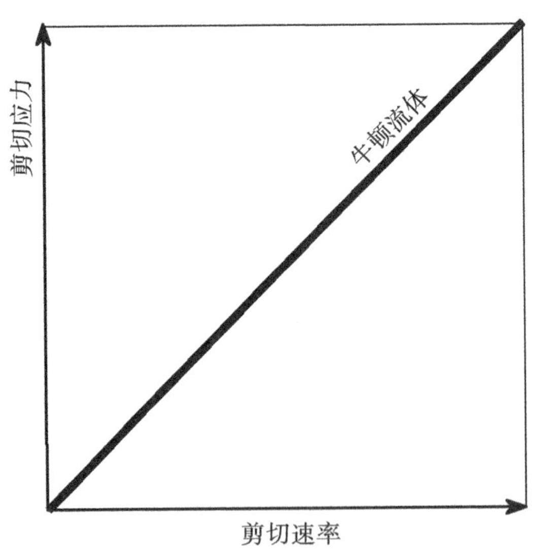

图 2.19　绘制牛顿流体的剪切应力与剪切速率的关系图，得到一条通过原点的直线。

然而，许多流体并不表现出这种特性。例如：焦油、油脂、打印机油墨、胶体悬浮液、长链烃和聚合物溶液。此外，一些称为黏弹性流体的流体在应力去除时，不会立即恢复到零剪切速率状态。

2.12.1 理想塑性体

所谓的理想塑性体或宾汉流体的剪切应力和剪切速率呈线性关系。然而，这些物质 29
只有在超过确定的屈服点后才会流动（图 2.20）。

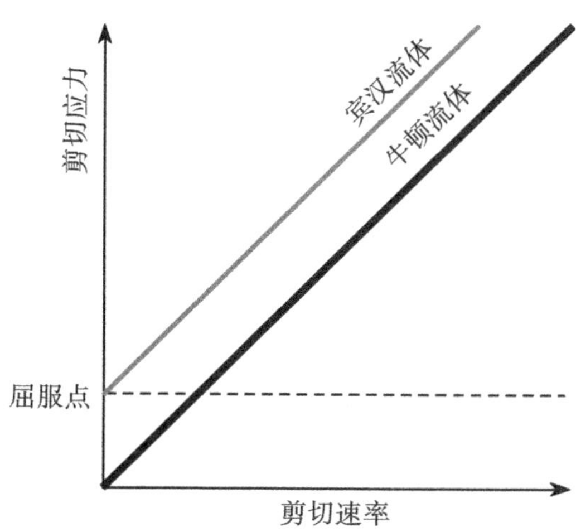

图 2.20 宾汉流体再次在剪切应力和剪切速率之间呈现线性关系，但只有在超过确定的屈服点后才会流动。

当处于静止状态时，这些材料具有足够的刚度，足以抵抗小于屈服应力的剪切应力。
然而，一旦超过屈服应力，这种刚度就会被克服，材料会以与牛顿流体非常相似的方式流 30
动。一个常见的例子是牙膏，它在未施加压力时不会流出，在施加压力后则作为固体块挤出。表现出这种特性的其他材料包括焦油、口香糖、油脂、浆料、污水堵塞物和钻井泥浆。

2.12.2 假塑性体

假塑性物质，如打印机油墨，其特点是聚合物和碳氢化合物具有长链分子和不对称颗粒悬浮液。虽然屈服应力为零，但剪切应力和剪切速率之间的关系是非线性的，黏度
随着剪切应力的增加而降低（图 2.21）。因此，剪切力使其从浓稠如蜜变成流动如水。一 31

个例子是油漆。现代油漆在涂刷时,刷子或滚筒产生的剪切力会使油漆变薄,并均匀地浸湿表面。

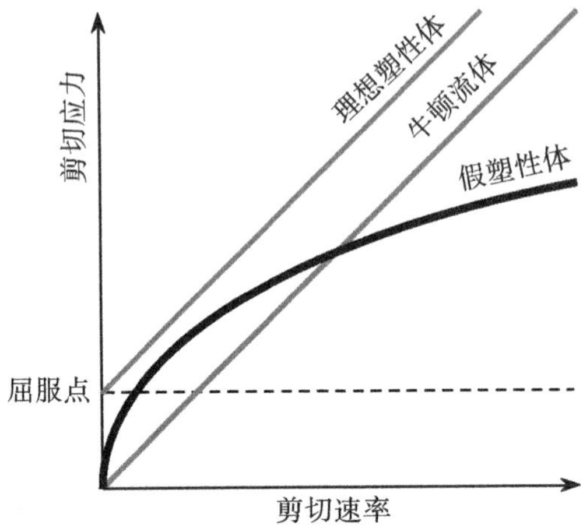

图2.21 虽然假塑性材料屈服应力为零,但剪切应力和剪切速率之间的关系是非线性的,黏度随着剪切应力的增加而降低。

2.12.3 胀流性流体

胀流性流体还表现出剪切应力和剪切速率之间的非线性关系以及零屈服应力。然而,在这种情况下,黏度随着剪切应力的增加而增加(图2.22)。

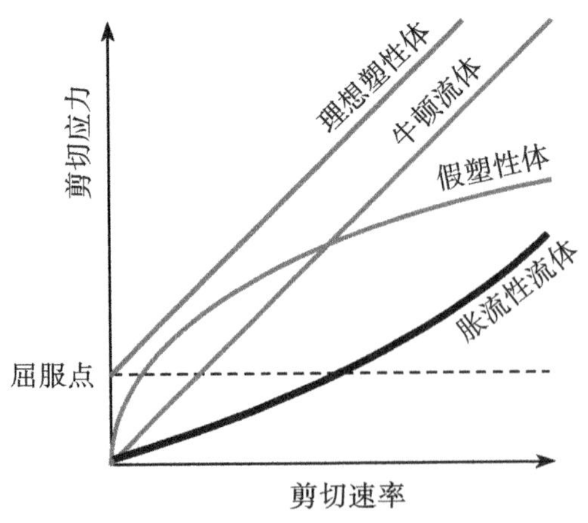

图2.22 胀流性流体还表现出剪切应力和剪切速率之间的非线性关系以及零屈服应力,黏度随着剪切应力的增加而增加。

在固体颗粒高度浓缩的悬浮液中会出现这种现象。在低剪切速率下，液体促进相邻颗粒的相对运动，从而保持相对较低的应力水平。随着剪切速率的增加，这种促进作用的有效性降低，剪切应力增加。

3 测量注意事项

3.1 简介

33 我们所说的流量测量究竟是什么意思？我们在测量流量时，是去测量流体的速度——每秒多少米(或英尺)还是更关注容量，比如每秒多少升(或加仑)？又或者更关注质量——每秒多少千克(或磅)？

虽然有几种测量技术是直接测量流量，但其他大多数都倾向于先测量流体速度，再根据速度推算体积流量或质量流量。

3.2 体积流量

用体积来表示流量大小称为体积流量(Q)，代表单位时间内流经管道的流体的总体积。体积流量通常有多种表示方式，例如：

- 升/秒(L/s)
- 加仑/分钟(gal/min)
- 米^3/小时(m^3/h)

体积流量最常用的计算方法是测量流体在已知横截面积 A 的管道中流动的平均速度(见图 3.1)：

$$Q = v \cdot A \tag{3.1}$$

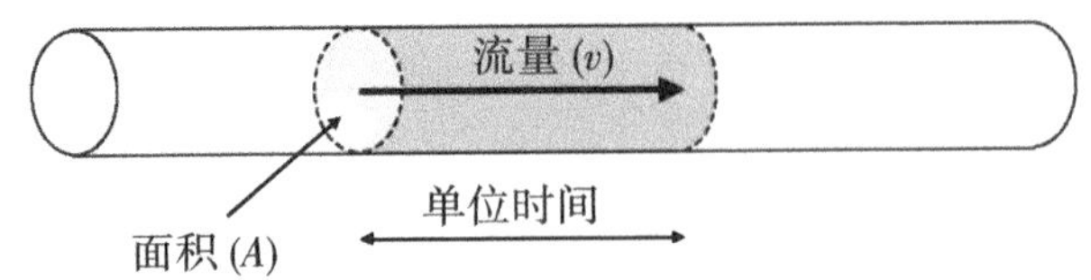

图 3.1 体积流量 Q 表示单位时间内流经管道的流体总体积。

图 3.2 展示了不同流速和管径下体积流量的变化。

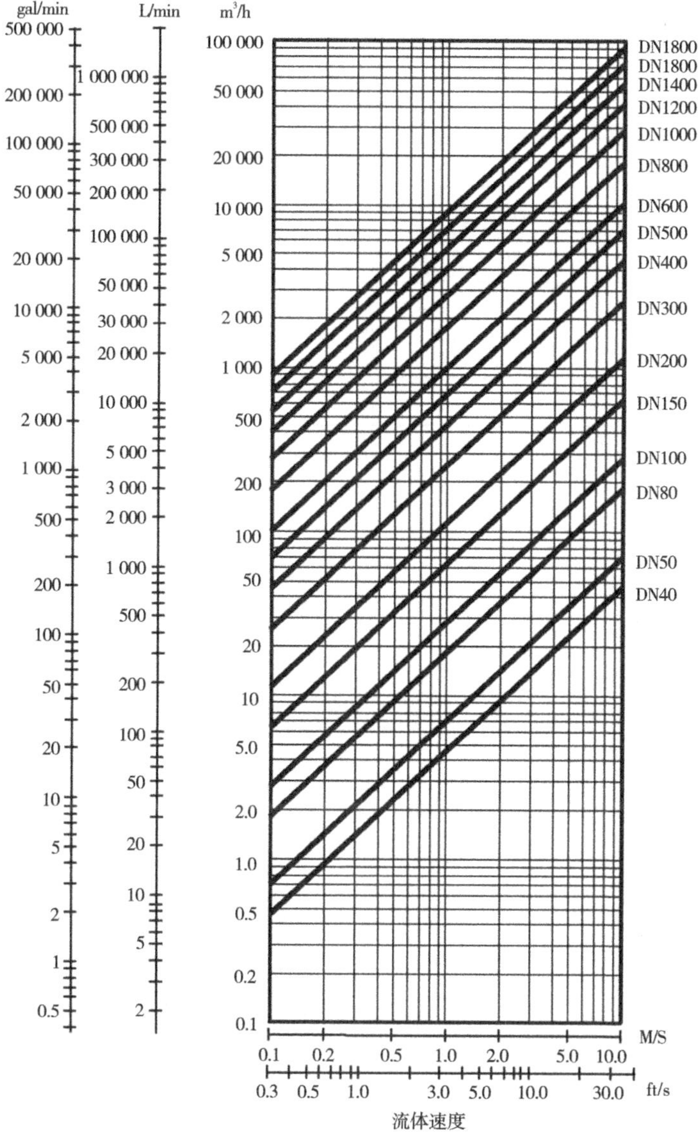

图 3.2　不同流速和管径下体积流量的变化。

管道尺寸:管道的规格根据它们的标准直径来确定,并根据优选系列给出——公称管道尺寸(NPS)或公称管径(NB),单位为英寸。

与 NPS 相当的欧洲标准是标称直径(DN),单位为毫米(表 3.1)。

表 3.1　美国国家标准学会(ANSI)和 DN 管道尺寸的优选系列

管径(ANSI - NPS)/in	管径(DN)/mm	管径(ANSI - NPS)/in	管径(DN)/mm
0.5	15	8	200
0.75	20	10	250
1	25	12	300
1.5	40	14	350
2	50	16	400
3	80	24	600
4	100	36	900
6	150	48	1 200

注:应当注意,“标称”的数值是名义上的,也就是说,它不一定就是管道实际的物理尺寸。

3.3　质量流量

大多数化学反应主要取决于化学反应之间的质量关系,因此,为了更准确地控制,通常需要测量产物的质量流量。

质量流量 Q_m 表示在给定瞬间流过的流体的总质量。已知体积流量 Q 和流体密度 ρ(图 3.3),可以由下式确定质量流量:

$$Q_m = Q \cdot \rho \tag{3.2}$$

或:

$$Q_m = v \cdot A \cdot \rho \tag{3.3}$$

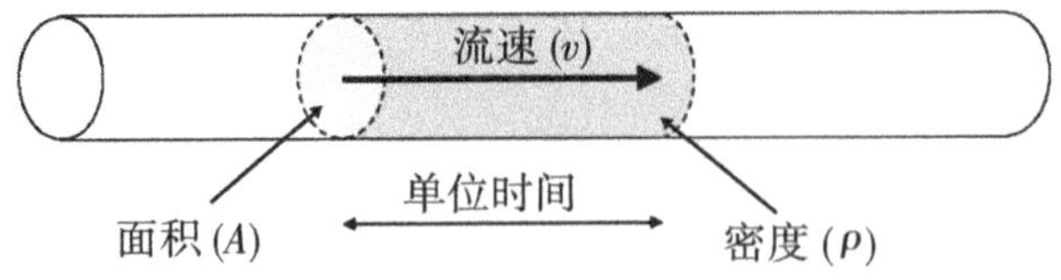

图 3.3　质量流量(Q_m)表示单位时间内流过管道的流体总质量。

36 如科里奥利流量计就是直接测量质量流量。然而,在很多情况下,是先测量体积流量和密度,再用上述公式计算质量流量。有些情况下,流体密度通过测量流体的压力和温度来推算。这种测量方法被称为质量流量推断测量法。

3.4 总和计量

简单来说，总和计量是指在给定时间内，流过计量系统的流体（液体、气体或蒸汽）的累积总量，允许流体以设定的数量进行分配。

这段时间内，流量本身可能是恒定的[图 3.4(a)]，也可能是变化的[图 3.4(b)]。

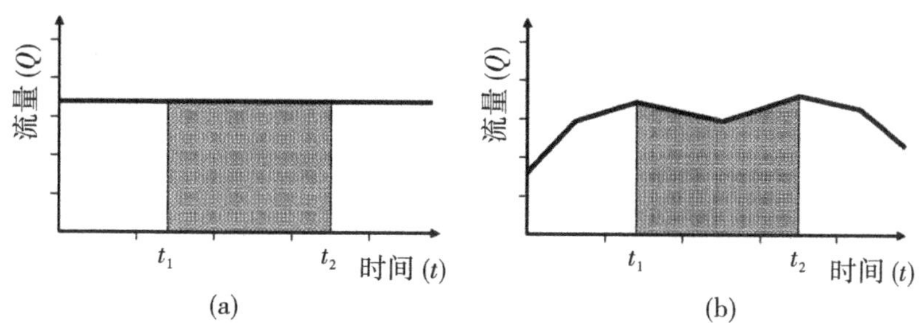

图 3.4 计时期间，流速可以是恒定的(a)，也可以是变化的(b)。

所有的总和计量都需要对在 $t_1 \sim t_2$ 时间间隔内流经的流速进行累积计量：

$$\mathrm{Total}_{t_2-t_1} = \int_{t_1}^{t_2} Q_{(t)} \cdot \mathrm{d}t \tag{3.4}$$

本质上，有两种基本的计量系统：一种是以独立的测量单元（直接或推断）来测量流量，另一种是在连续（模拟）基础上测量数量。

例如，用容积式流量计在测量产品体积时，每测量到一定体积就会提供一次脉冲输出。因此，总和计量需要计算计时期间产生的脉冲总数。由于这种测量不是连续进行的，因此会存在精度问题：每个独立的测量单元中包含多少介质？精度取决于每个样本的“宽度”（图 3.5）。

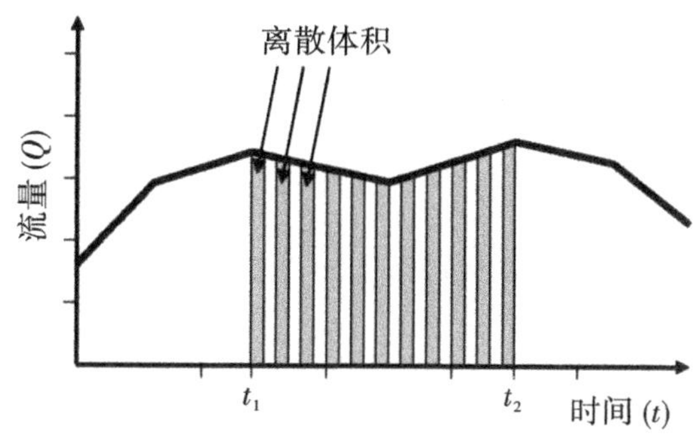

图 3.5 总和计量需要计算定时周期内产生的脉冲总数，精度由每个样本的“宽度”决定。

包括涡轮机在内的许多仪表会根据推断流速产生脉冲。因此，精度将取决于涡轮机单次旋转期间可产生的脉冲数。

基于压头损失、超声波和电磁技术的计量系统的流量测量提供了连续的模拟输出，因此总和计量需要将 A 到 D 这种连续的信号转换为脉冲串，或者通过电子累计计算流量总量。

3.5 准确度审查

37 任何测量都是对某一性质的描述，测量结果通常由两个部分构成：数值和测量单位。例如，对“有多热？”这个问题，回答可能是“65 ℃”。但我们如何确定温度真的是 65 ℃？

通常用来反映测量结果与真实值之间接近程度的术语是“准确度”，也有人称为“不准确度”。

一般认为，准确度一词是指仪表的可信度。准确度高的仪器比准确度低的仪器更接近真实读数。

然而，如果准确度是指测量结果与真实值之间的一致性，我们必须询问，真实值是否可知。

事实上，我们永远无法确切知晓真实值是多少，我们所能做的只是对这个真实值进行估算。因此，许多标准机构表示，“准确度”一词应当仅用于“定性”，不应附加数值。

因此，我们可以用“比较准确”“非常准确”或“不太准确”来描述测量值，但不应该用具体数字来表示准确度。制造商在描述“准确度”时，几乎无一例外地将它当作“定量”，但是这并没有让测量结果变得更准确！

那么“误差”呢？我们将准确度描述为测量值和真实值之间的接近程度，而误差是指测量值和真实值之间的差异。但是，同样由于我们不知道真实值是多少，所以“误差”和“准确度”都是定性的，我们也不应该用数字来表示误差。

如果不能用数字来描述“准确度”或“误差”，那么我们应该用什么？鉴于任何测量都不可避免地伴随着一定的不确定性，我们更倾向于使用“不确定性”这一术语来描述对测量结果的合理怀疑。

但是，我们也需要探究：“不确定性有多大？”“怀疑程度是多少？”

结果可写为：

65 ℃±5 ℃，置信水平为 95%。

38 换句话说，我们有 95% 的把握确定温度在 60～70 ℃之间。

因此，置信水平是概率的陈述，我们在表示不确定性时，必须说明置信水平是多少。

流量的公认置信水平为 95%。这意味着，平均而言，我们的预期应该是：

20 次中有 19 次

19/20 = 95/100 = 95%

仪表的读数在规定的范围内（例如实际校准值的±1%）。

如果显示流量为(50±1) L/s，且置信水平为 50%，那么我们预期的重复测量结果只有一半在 49～51 L/s 范围内，剩下一半不在 49～51 L/s 区间。

3.6 准确度

尽管“准确度”这个术语存在上述这些问题，但大多数制造商仍然沿用这个词，并在或多或少的共识基础上，使用“准确度”来描述测量过程中仪表的显示值与真实值之间的最大偏差。

流量测量的准确度有两种表示方法：

- 相对准确度——误差占总值的比例（即 100 L/min±1%）
- 绝对准确度——误差量[即(100±1) L/min]

准确度可能也会受到所谓的“规格夸大”（试图让规格看起来比实际情况更好）的影响，这是另一个伴随准确度的常见问题。

为了说明这个问题，此处以三个流量计为例：

- 第一个流量计的标示准确度为量距的±1%
- 第二个流量计的标示准确度为读数的±1%
- 第三个流量计的标示准确度为量程上限值（URL）的±1%

URL 指的是流量计可以测量到的最高流量，有时也称为满刻度偏转（FSD），而量程高范围值（URV）是指流量计当前能测量到的最高流量值。在上述例子中，三个流量计的 URL 均为 100 L/min，并校准至 0～50 L/min。*

对于标识准确度为量距的百分比的流量计，绝对误差在量距 100% 处测定，然后用于 39
确定较低流速下的准确度。由于量距为 50 L/min，绝对误差为 50×(±1%) = ±0.5 L/min。因此，在 50 L/min 处，流量计准确度为(50±0.5) L/min = ±1%。在 25 L/min 处，准确度为(25±0.5) L/min = ±2%（图 3.6）。

---

* 实际上，很少有仪表会测量到零流量。事实上，通常具有某种形式的低流量截止限值，低于该值时，读数是不可靠的。

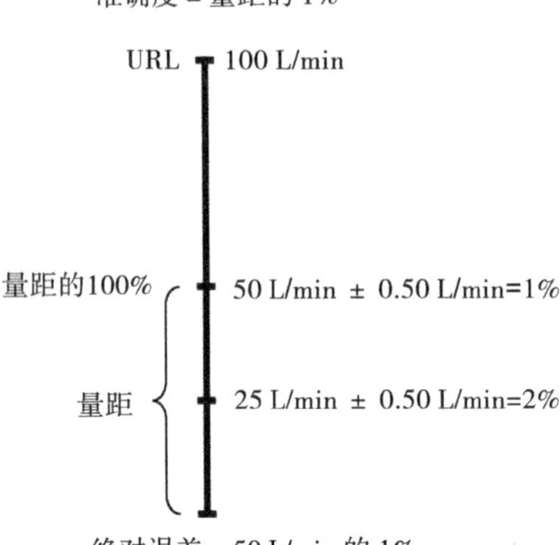

图 3.6 对于标识准确度为量距的百分比的流量计，绝对误差是在量程 100% 读数处测定，然后用于确定较低流速下的准确度。

对于标识准确度为读数的百分比的流量计，绝对误差由实际读数决定，并随流量的变化而变化。50 L/min 处的绝对误差为 50×(±1%)，或±0.5 L/min。25 L/min 处的绝对误差为 25×(±1%)，或±0.25 L/min。这意味着流量计在所有读数下的恒定精度为±1%(图 3.7)。

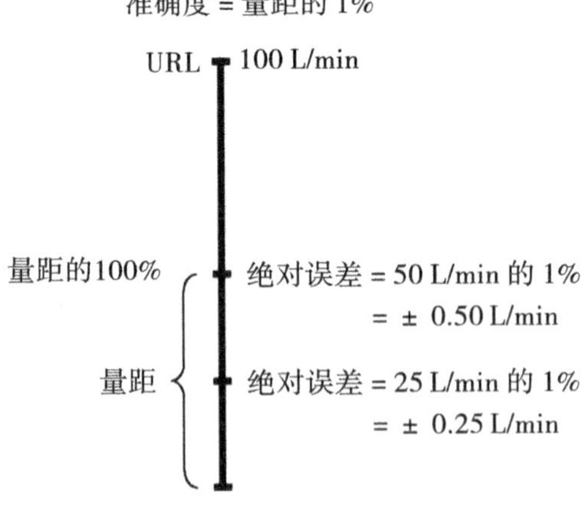

图 3.7 对于标识准确度为读数的百分比的流量计，绝对误差由实际读数决定，并随流量的变化而变化。

40 对于标识准确度为 URL 的百分比的流量计，绝对误差在 URL 处测定，然后用于确定较低流量下的准确度。绝对误差为 100×(±1%)或±1 L/min。在 50 L/min 处，流量计的准确度为(50±1) L/min 或±2%。在 25 L/min 处,流量计的准确度为 25 L/min±1 L/min,或±4%(图 3.8)。

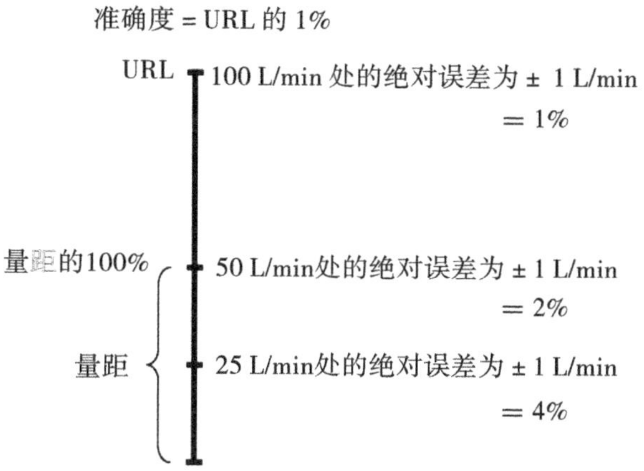

准确度=URL 的 1%

URL 100 L/min 处的绝对误差为±1 L/min =1%

量距的100% 50 L/min处的绝对误差为±1 L/min =2%

量距 25 L/min处的绝对误差为±1 L/min =4%

图 3.8 对于标识准确度为 URL 的百分比的流量计,绝对误差在 URL 处测定,然后用于确定较低流量下的准确度。

在上述示例中,当以 100 L/min 的 URL 校准时,三个流量计的准确度均为±1%。

3.7 流量范围和量程

虽然基础术语在较大程度上存在着混淆的情况,但是流量范围、调节比、量距和量程四个词之间的差别却很明显。

3.7.1 流量范围

流量范围是最大流量和最小流量之间的差值,在流量范围内,流量计的准确度可达到基本规定,性能符合要求,如图 3.9 所示。

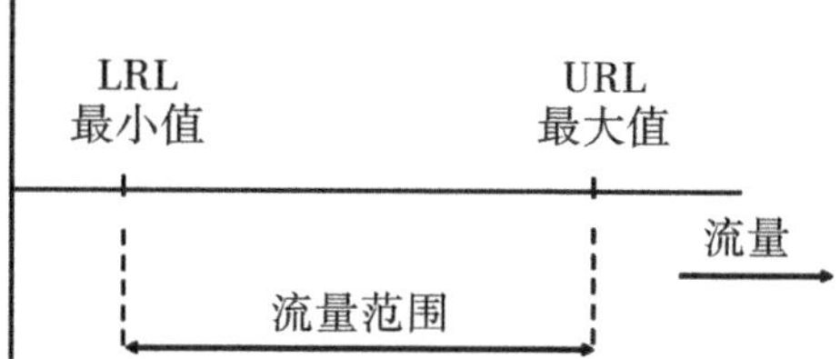

图 3.9 流量范围是最大流量和最小流量之间的差值,在流量范围内,流量计的准确度可达到基本规定,性能符合要求。

41 例如,电磁流量计的测量范围可能是 0.3 ~12 m/s,准确度为 0.3%(图 3.10)。

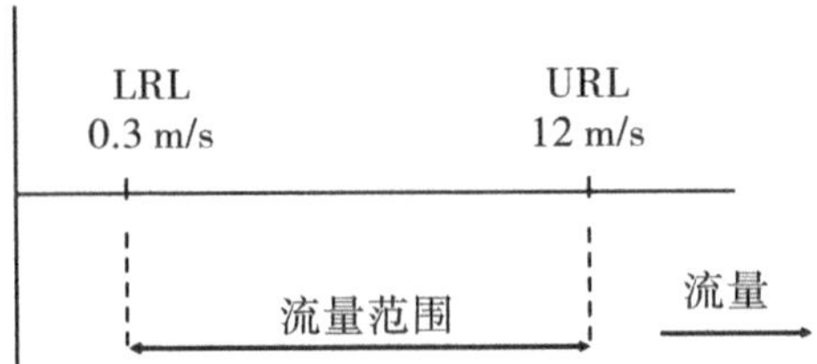

图 3.10 电磁流量计的测量范围可能是 0.3 ~12 m/s,准确度为 0.3%。

对于显示最小流量的流量计,流量范围即为最小流量到最大流量的区间。如果流量计没有显示最小流量(非常罕见),则流量范围是从零到最大流量的区间。

流量范围常常错误地称为量程。

3.7.2 调节比

调节比是能达到标称准确度的测量范围的最大流量与最小流量之比。在上面给出的电磁流量计的例子中,测量范围为 0.3 ~12 m/s。因此,能达到 0.3 准确度的调节比为 40∶1。如果测量范围改为 0.2 ~12 m/s,则准确度降低为 0.5%,调节比为 60∶1。因此,在说调节比时必须说明规定的准确度是多少。

3.7.3 量距

"量距"与流量计的输出信号有关,是输出信号的上限值和下限值之间的差值。

同样,如前所述模拟输出范围为 4 ~20 mA 的磁流量计的示例中,上限值和下限值可以指定为:

下限值:4 mA = 3 m/s

上限值:20 mA = 8 m/s

因此,量距是两个值之间的差值,即 8 m/s - 3 m/s = 5 m/s(图 3.11)。最小量距是能够产生满刻度输出的最低流量,最大量距等于传感器的最大范围。

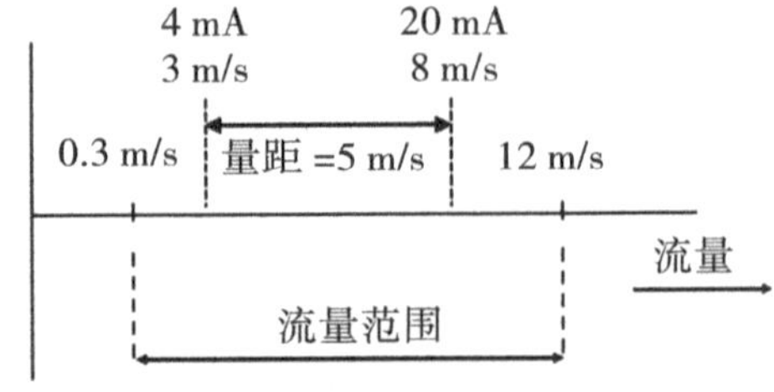

图 3.11 量距与分配给输出信号的上限值和下限值之间的差有关。

3.7.4 量程

"量程"一词的使用较为随意。根据定义,量程是对仪表可调节的范围的度量,是最大流量范围(最大量距)和最小量距的比值。

但是,"量程"也经常与"调节比"混淆,在使用这些术语时,应该注意它们的实际 42
含义。

3.8 其他常用术语

假设有一名射手向目标射击(图 3.12)。该图展示了一些常用的术语。

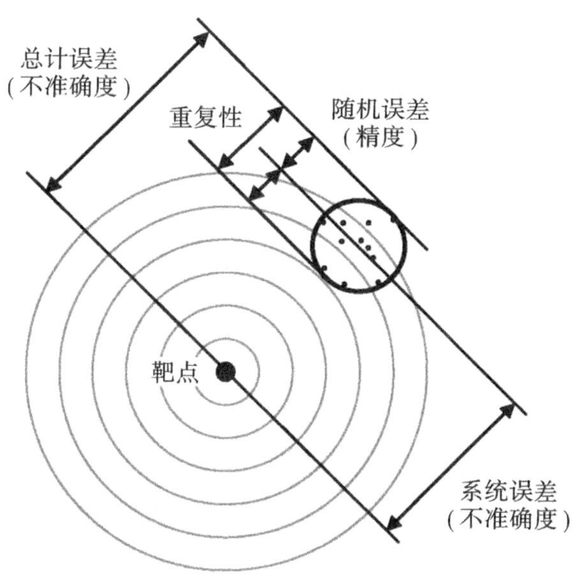

图 3.12 射手向目标射击,展示一些常用的术语。

虽然没有击中靶心,射击结果在目标上分布的一致性很好。换句话说,如果你对精度要求高的话,它们不准确,但重复性很高。

3.8.1 重复性

重复性是指在相同的操作条件和相同的输入下,第二次测量的结果与第一次测量的 43
结果的接近程度。它也可以表示仪表的一致性。

在某些情况下,重复性比准确度更重要。

3.8.2 线性度

“线性”一词可用于描述在规定范围内给出读数与真实读数近似成比例的仪表。线性是指仪表达到真正线性或成比例的响应值的接近程度，在对其下定义时，通常说明在响应值的规定范围内的最大偏差或不一致度，例如流量的±1%。

如果测量的结果是非线性的，那么极有可能我们所做的假设是根据单次的测量值来做出的。如图 3.13 所示，输入值为接近刻度顶部的 10% 时，输出仅为 5%。然而，在往下的刻度的位置，同样为 10% 的输入，输出为 20%。

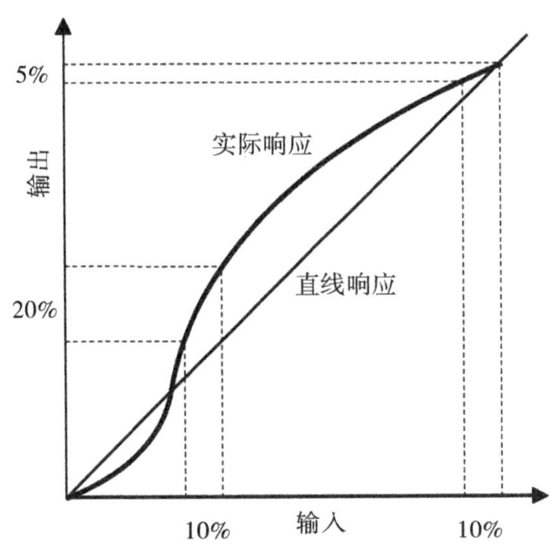

图 3.13 输入为接近刻度顶部的 10% 时，输出仅为 5%。然而，在往下的刻度的位置，同样为 10% 的输入，输出为 20%。

3.9 数据规范

图 3.14 表示置信水平为 95%、调节比为 10 : 1 且读数不确定度为±1% 时典型的流量计包络线。

45 包络线还体现了各种不同介质的不确定度分布。这是流量计的合理性能要求，可以满足大多数工业上的需要。

图 3.15 显示了另一种在水表和燃气表规范中常用的包络线类型。图中，流量计的不确定度系数为从 100% 流量下降到 20% 时的速率的±2%。低于该值时，不确定度为流

量的±4%,降至范围的2%。

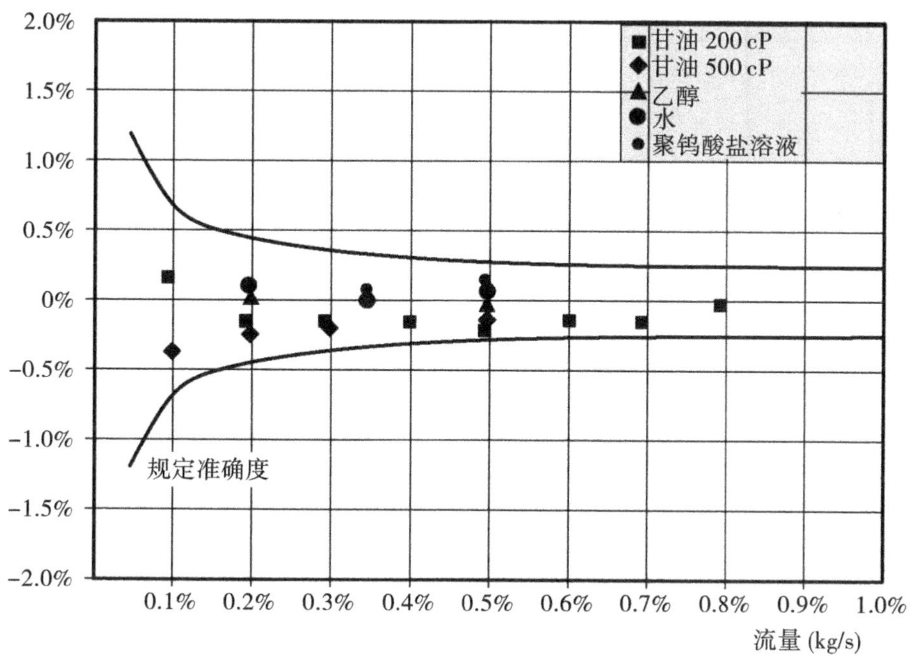

图3.14　置信水平为95%、调节比为10∶1且读数不确定度为±1%时典型流量计包络线。

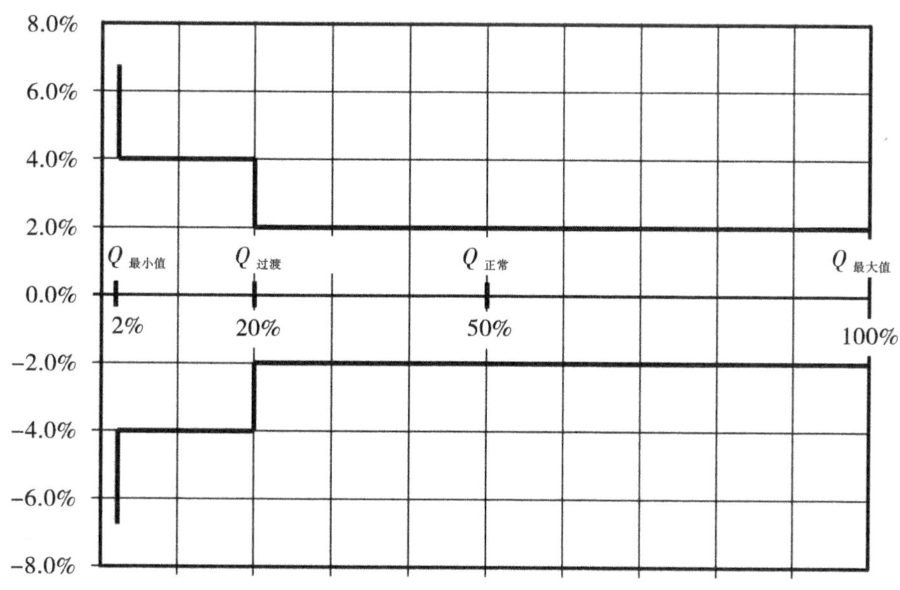

图3.15　水表和燃气表规范中常用的包络线。

实际上,仪表的包络线内可能有更多变化。

4 流动剖面和调整

4.1 简介

流动方向上的速度剖面形状是影响流量测量最重要的流体特征之一。

47 在管壁无阻滞作用的无摩擦管道中,将会形成平坦的“理想”速度剖面(图 4.1),所有流体质点以相同的速度运动。

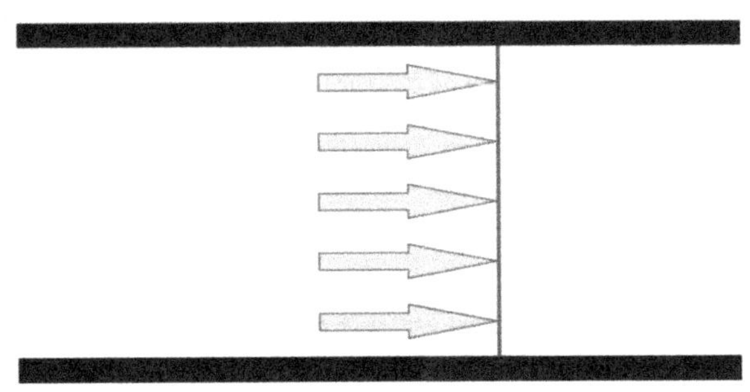

图 4.1 平坦的“理想”速度剖面。

4.2 层流剖面

然而我们已知,真实流体在固体边界处不会“滑动”,而会由于流体分子与管壁分子之间的黏滞力而黏附在固体表面。因此在流体/管道边界处,流体和固体之间不存在相对运动。

在流量较低时,流体质点以层流的形式直线移动——每一流体层平稳流过相邻层,各层中的流体质点不发生混合。由此,流速从管壁处的零增至管道中心处的最大值,在管道横截面上存在速度梯度。如图 4.2 所示,对于这种层流,其充分发展的速度剖面是抛物线形状,中心的速度为平均流速的两倍。显然,若不加以修正,管道中心处速度集中会影响流量的计算。

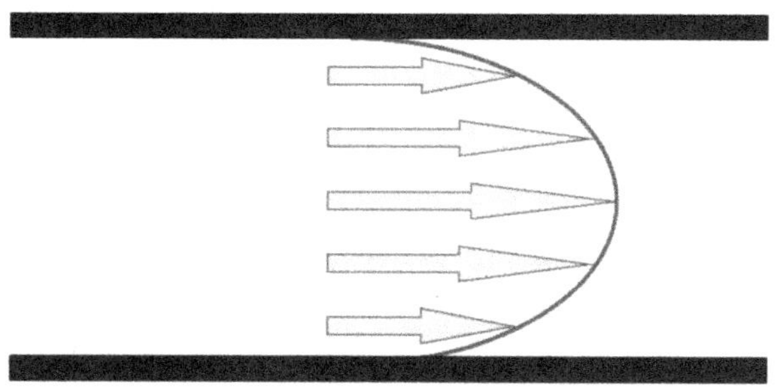

图 4.2　层流“抛物线”速度剖面。

4.3　湍流剖面

奥斯本·雷诺兹(Osborne Reynolds,1842—1912)是最早研究流体流动的研究人员之一,他使用现在所说的雷诺仪(一种将墨水注入流动流体的装置)进行了一系列实验(图 4.3)。

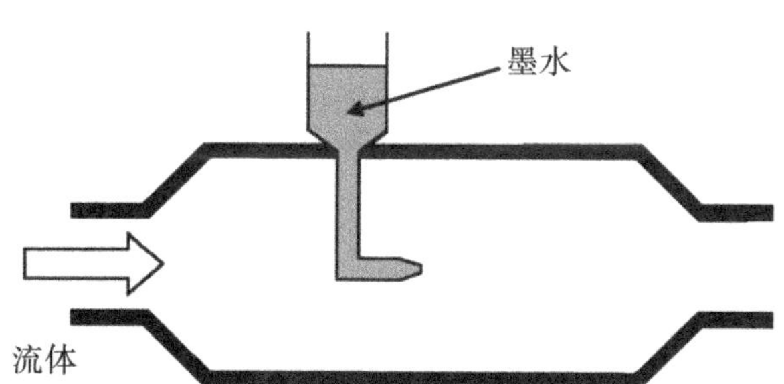

图 4.3　雷诺仪将墨水注入流动流体,以便观察流态。(供图:Emerson)

对于给定的管道和液体,随着流量增加,单个流体质点的层流路径受到扰动,不再是直线,称为过渡阶段(图 4.4)。

随着速度进一步增加,各个路径开始以无序的方式相互缠绕、交叉,流体彻底混合,称为湍流。

由于流速在管道的横截面上几乎恒定不变,湍流的速度剖面比层流的速度剖面更平 48
坦,因此更接近“理想”或“一维”流动(图 4.5)。

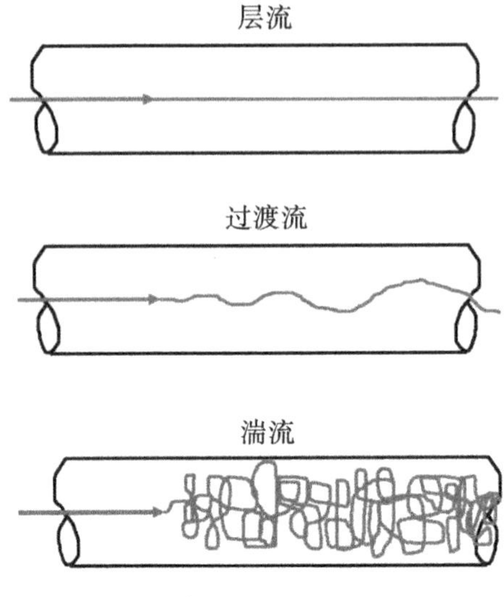

图 4.4　从层流到湍流的过渡。

图 4.5　湍流速度剖面。

图 4.6 说明了从平坦剖面经层流到湍流的过渡，展示边界层对流动剖面的影响如何增加，直到流体到达管道流中心——此时流动剖面称作充分发展流或湍流。

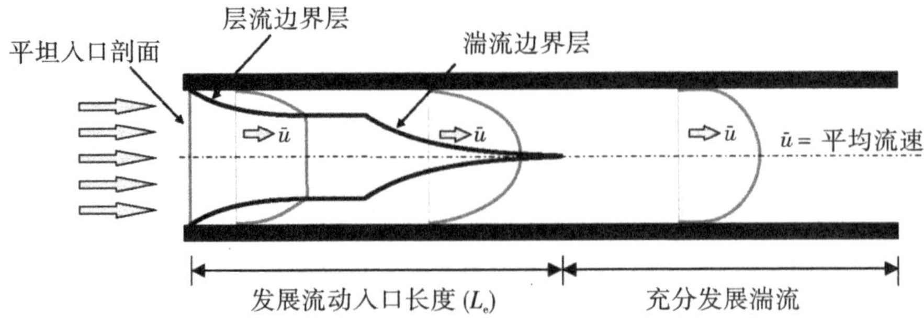

图 4.6　边界层对流动剖面的影响

4.4 雷诺数

▶湍流通常突然开始，为能够预测管道中存在的流动类型，对于任何应用，使用雷诺 50
数 Re——由下式给出的无量纲数：

$$Re = \frac{\rho \cdot v \cdot d}{\mu} \tag{4.1}$$

其中：

ρ——流体密度，kg/m^3；

μ——流体黏度，Pa · s；

v——平均流速，m/s；

d——管径，mm。

无论管径、流体类型或速度如何，不同流态的雷诺数为：

层流：$Re < 2\ 000$

过渡流：$Re = 2\ 000 \sim 4\ 000$

湍流：$Re > 4\ 000$

从上文可知，除黏度外，雷诺数还取决于流体的密度。

由于大多数液体都具有良好的不可压缩性，因此液体密度仅随温度略有变化。然而对于气体，密度很大程度上取决于温度和压强，其中（对于理想气体）：

$$PV = m \cdot R \cdot T \tag{4.2}$$

其中：

P——压强，Pa；

V——气体体积，m^3；

T——温度，K；

m——摩尔数；

R——通用气体常数，8.315 J/(mol · K)。

因为：

$$\rho = \frac{m}{V} \frac{P}{R \cdot T} \tag{4.3}$$

大多数气体在常温和低压下可视为理想气体。层流和湍流剖面都需要时间和空间进行发展。在管道入口处，即使在低雷诺数的情况下，剖面也可能非常平坦。而在短时间内，即使在高雷诺数的情况下，剖面也可能保持层流剖面。◀

4.5 扰动流剖面

51 大多数制造商提供的数据是基于将流量计安装在长直管中，且上下游均处于稳定流动的情况。在实际应用中，大多数流量计的安装很少满足这些理想化的要求，由于存在弯管、弯头、阀门、三通、泵和其他不连续处，会产生扰动，影响流量计的准确度。

这种扰动流不应与湍流混淆，它会产生许多影响，包括：

涡流——流体绕管道轴线进行的旋转；

涡旋——局部速度较高的旋涡运动区域，通常由分离或管道面积突然扩大造成不对称剖面，见图 4.7；

具有高核心速度的对称剖面——由管道面积突然减小造成。

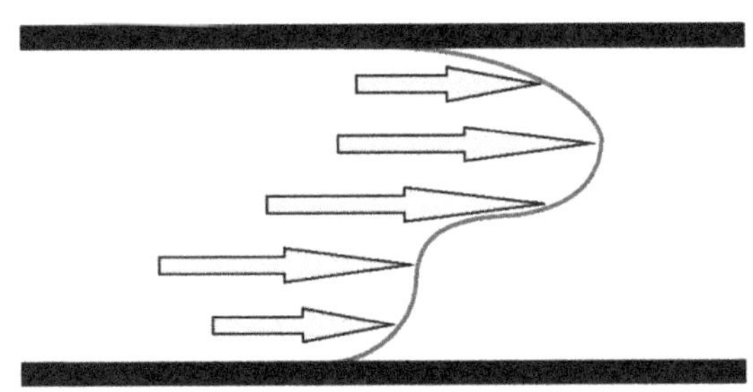

图 4.7 扰动流引起的不对称流动剖面。

最终，随着流体通过管道，流体质点的自然混合作用将恢复流动剖面。然而，这种扰动会严重影响测量装置上游 40 个管道直径距离的准确度。图 4.8 显示了经过一个简单弯头后管道中的持续扰动。

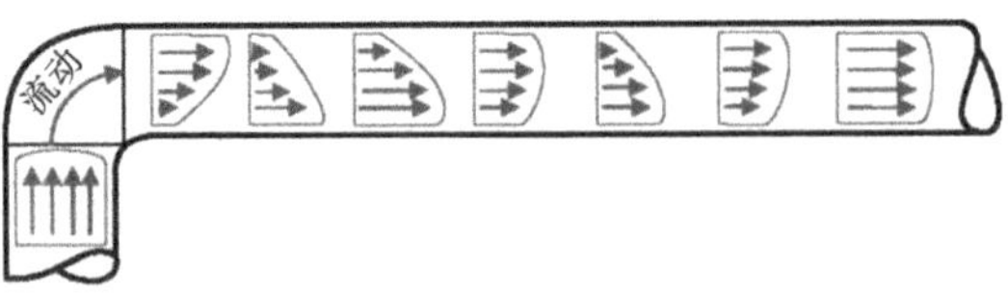

图 4.8 经过简单弯头后管道中的持续扰动。

流动剖面出现涡流和变形，这两者可能单独发生，也可能同时发生。研究表明，涡流可从不连续处持续到高达 100 个管道直径（100*D*）长度的距离，而要形成充分发展的流动剖面，可能需要超过 150 个管道直径（150*D*）。

4.6 流动调整

扰动流对流量计量装置测量准确度的影响很大程度上取决于所采用的计量技术。52
对于容积式流量计和科里奥利质量流量计,测量完全独立于流动剖面。

然而,对于像孔板流量计这样的间接流量计,要求输出信号应表示测量管整个区域中的平均流体速度。另外,旋转式间接流量计如涡轮流量计,对旋转涡流特别敏感。

因此,大多数流量计需要轴对称、充分发展的流动剖面,具有零涡流,从而达到可接受的准确度和一致性。虽然在流量计上游至少确保有 25 ~ 40 个管道直径长度的直管道,在其下游有大约 4 ~ 5 个管道直径长度的直通道,就可以实现这种理想剖面,但是考虑到更高的安装成本和更大的空间要求,这种方法并非始终可行。

另一种方法是使用流动整直器或流动调整器来减轻上游扰动的影响。图 4.9 展示了一些常用的整直器和调整器。

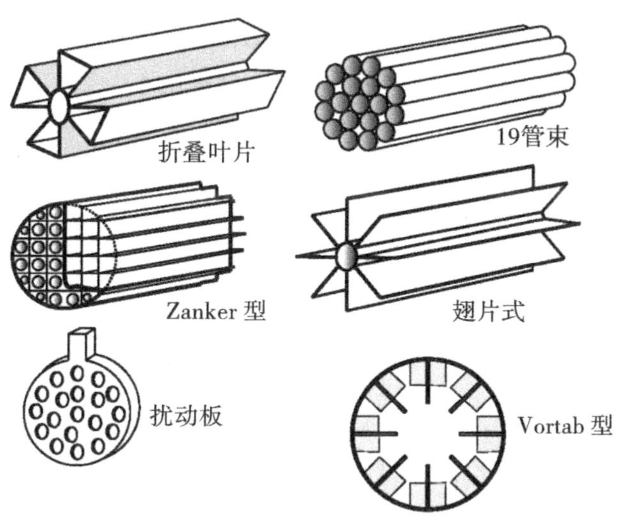

图 4.9　一些常用的整直器和调整器。

4.7 流动整直器

一般来说,尽管流动整直装置(如整直叶片和管束)可以消除涡流,但它们实际上对速度剖面几乎没有影响。

假设整直器具有如管束一样相同尺寸的入口孔,进入装置的变形剖面在通过整直器

53 后将保持完全相同的剖面。如果管道足够长，单根管道的粗糙壁面产生的摩擦最终会恢复发展的流动剖面，但管道通常只有两到三个管道直径（$2D \sim 3D$）那么长。因此，流体一旦离开管束并重新汇合，往往会形成一个高度变形的剖面，且管束本身会产生安装效应。

另一假设是，因为管束的过流面积大于典型扰动板，所以管束的压降较低。而实际上由于流体同时流过管道内外表面，管束的表面积明显大于扰动板。通常，25 mm 厚扰动板表面积约为 830 cm^2，而 AGA3 19 管束表面积超过 1800 cm^2。

尽管现在已有许多研究（Karnick 等，1994；Morrow 和 Park，1992；其他）的性能测试结果表明，使用传统的 19 管束时，流量计性能低于可接受的水平，但北美大多数气流装置仍使用 19 管束流动调整器（图 4.10）。事实上一般情况表明，当管束与孔板之间的距离为 1 ~ 11 个管道直径时，管束将导致孔板流量计测量数值超出实际流量值达 1.5%。在大约 15 ~ 25 个管道直径之间的距离内，测量数值稍低于实际流量值。

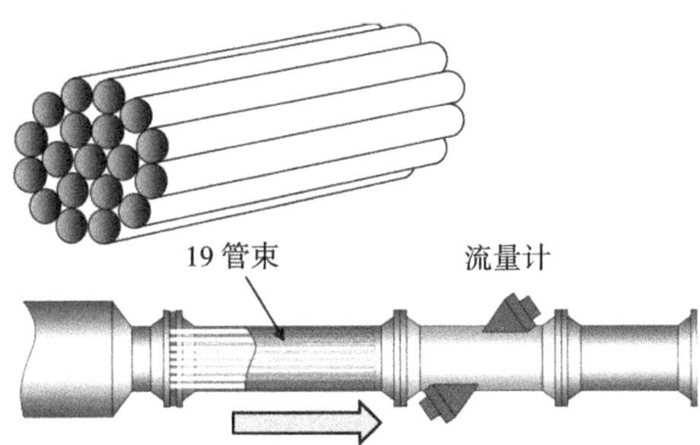

图 4.10　北美大多数气流装置仍使用 19 管束流动调整器。

4.8　流动调整板

大多数现代流动调整方案都集中关注调整板，通常与整直技术和膨胀室结合使用。

典型的调整板由一个实心金属圆盘组成，通常厚度为 25 ~ 50 mm，具有大量的成特定几何图案排列的圆形通道。通过改变孔的数量、间距和尺寸来实现分级流阻，确保在调整器下游产生充分发展的剖面。

54 在 Laws、Spearman（NEL）和三菱重工（MHI）的方案中可以找到一些所谓“穿孔板”的早期设计，这些方案侧重于整体孔隙率、沿半径的孔隙率分级、湿周、穿孔分布以及板上孔的数量和尺寸等参数。其中，孔隙率是指孔的总面积与板面积之比。

4.8.1 Laws 流动调整板

Laws 流动调整板(图 4.11)包含一块单层多孔板,厚度约为管道直径(D)的 12%,中心孔周围共有 21 个呈圆形阵列排列的孔。

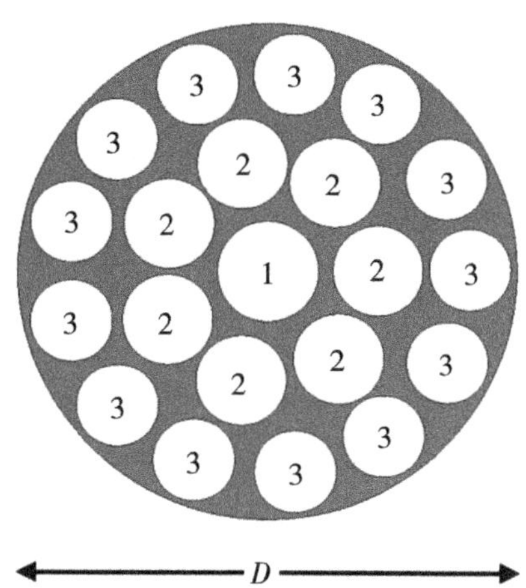

图 4.11 Laws 调整板包含一块单层多孔板,共有 21 孔,围绕中心孔以圆形阵列排列。

孔径($d_1 \sim d_3$)在前缘处倒角,其直径根据板的直径(D)确定:

$d_1 = 0.192D$

$d_2 = 0.169\ 3D$

$d_3 = 0.146\ 2D$

由此,孔的总面积与板面积之比(孔隙率)可以计算为 51.5%,压力损失约为 0.8 ~ 2 倍速度压头——管道的压头损失等于长度为原始系统管道的直管产生的压头损失。

4.8.2 Spearman(NEL)流动调整器

Spearman 介绍的国家工程实验室(NEL)流动调整器(图 4.12)包含一块单层多孔板,外圈有 16 个孔,内圈有 8 个孔,中心 4 个孔呈方形排列。

板孔直径($d_1 \sim d_3$)也根据板的直径(D)确定:

$d_1 = 0.1D$

$d_2 = 0.16D$

$d_3 = 0.12D$

孔隙度为 47.5%，压力损失约为 2.9 速度水头。通过增加板的孔隙率，且不使中心四孔影响内圈中的孔，以此减少的压力损失范围有限。

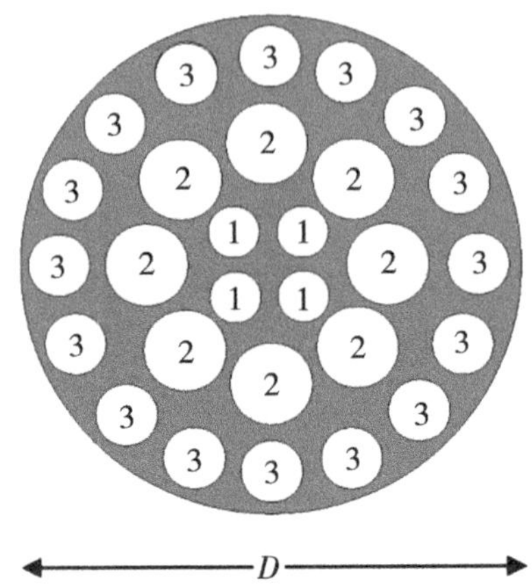

图 4.12　Spearman(NEL) 调整器包含一块单层多孔板，共有 28 孔。

4.8.3　三菱重工(MHI)调整器

MHI 调整器(图 4.13)包含一块带有 35 孔的单层多孔板，整个调整器上的阻力呈梯度分布，使得中心流量大于边缘，这样有助于形成充分发展的流动剖面。

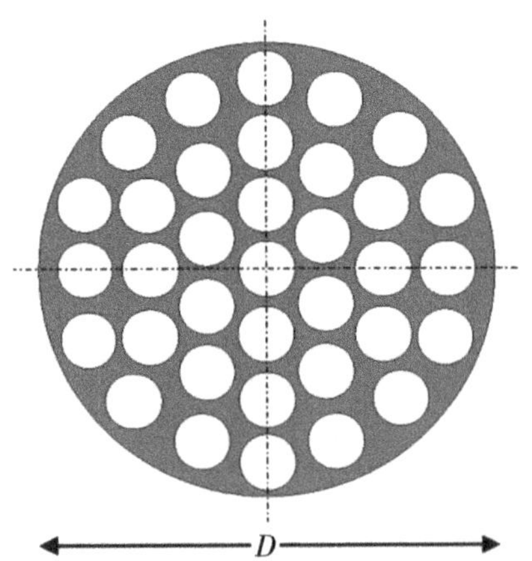

图 4.13　MHI 调整器包含一块带有 35 个相同尺寸孔的单层多孔板。

孔径和板厚均为管道直径(D)的 13%，孔隙率约 59%。根据是否采用倒角，压头损失系数范围为 1 ~ 1.7。

4.8.4 Zanker 流动调整板

Zanker 流动调整板(图 4.14)包含 32 个钻孔,这些钻孔呈圆形对称排列,板厚为 0.12D。

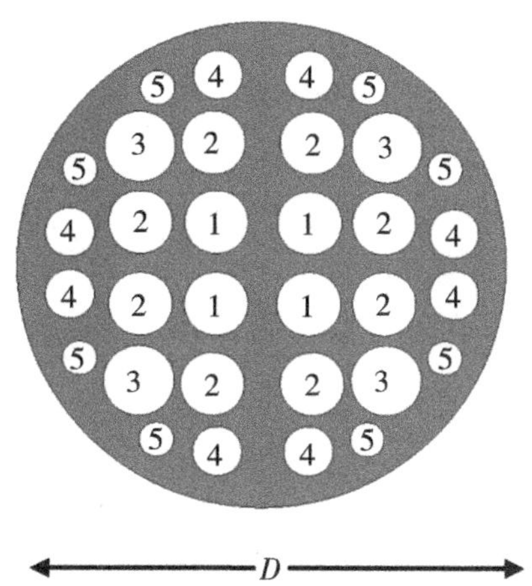

图 4.14 Zanker 流动调整板包含 32 个钻孔,呈圆形对称排列。

板孔直径($d_1 \sim d_5$)根据板的直径(D)而定:

$d_1 = 0.141D$,4 孔

$d_2 = 0.139D$,8 孔

$d_3 = 0.136D$,4 孔

$d_4 = 0.110D$,8 孔

$d_5 = 0.077D$,4 孔

孔隙度约为 43%,压头损失系数约为 2。

4.9 流动调整器

所有上述装置可在不同程度上调整流动。事实上研究表明,流动调整器仍需 20D 或
更长的下游长度才能形成充分发展的流态。此外,涡流可能仍然是一个问题。因此流动 57
调整器通常与流动整直装置结合使用,以此产生令人满意的效果。现代系统中许多由于
专利到期现进入公共领域(如 Zanker、Sprenkle),仍有许多本质上是专有的(如 Vortab、
CPA、Gallagher、Emerson 等)。

4.9.1 Zanker 流动调整器

在 Zanker 流动调整器中,Zanker 流板与蛋盒蜂窝结构相连(图 4.15),板后是许多通道(每孔一个),由许多薄板交叉形成。在提供防涡流保护的同时,压力损失系数大约增加到 5。

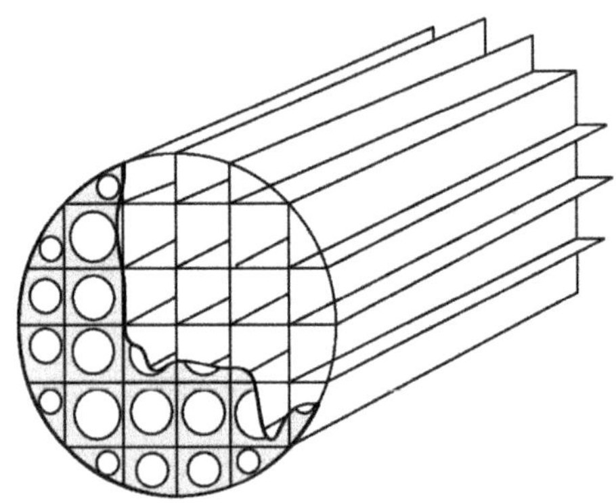

图 4.15 Zanker 流动调整器的 Zanker 流板与蛋盒蜂窝结构相连。

4.9.2 Sprenkle 流动调整器

Sprenkle 调整器(图 4.16)由三块多孔板通过螺柱串联组成,连续的前后板之间的间距为 0.1D。孔通常在上游侧倒角 45°,以此减少压力损失。

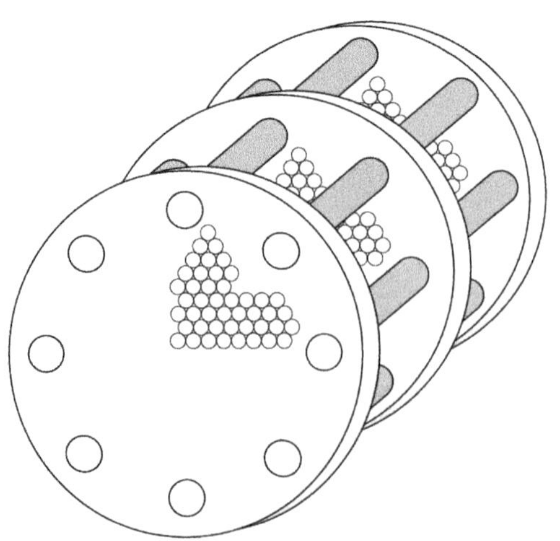

图 4.16 Sprenkle 流动调整器由三块多孔板通过螺柱串联组成。

通常孔径为 0.05D(与板厚相同),优化孔的数量使孔隙率至少达到 40%。

压力损失系数在有进口斜面的情况下约为 11,没有的情况下约为 14。

4.10 专有流动调整器

4.10.1 Vortab 流动调整器

上述许多流动调整装置都会导致显著的压力损失,通常水头损失系数达到 5 甚至更大。这既影响功耗,又影响成本,因此用户可能不会使用这些装置。Vortab 流动调整器(图 4.17)的一个主要特征是压头损失系数仅为 0.7。该流动调整器有几种不同样式(插 58
入式、直管式、短管式和弯头式),但其基本元件具有相似之处,都使用一系列径向和倾斜的横向调整片来产生涡旋。入口处包含 8 个均匀分布在管道内四周的减涡流片,使流动基本不产生涡流。

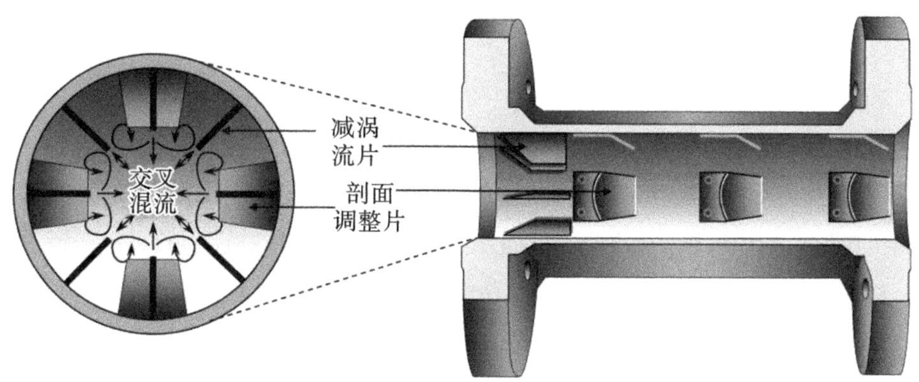

图 4.17　Vortab 短管式流动调整器使用一系列径向和倾斜的横向调整片来产生涡旋。(供图:Vortab 公司)

减涡流片后是一些剖面调整片,会产生反向旋转的流向涡旋[图 4.18(a)],而且剖 59
面调整片会产生剧烈压力梯度,将流动介质拉向管壁。

由此,在向下游旋转的反向旋转流向涡旋中心区域,会产生一股上升流。另一影响是,在调整片边缘的强烈剪切区域产生瞬态发卡状涡旋[图 4.18(b)],这些涡旋在 3 个管道直径长度内合并形成均匀、充分发展的速度剖面。

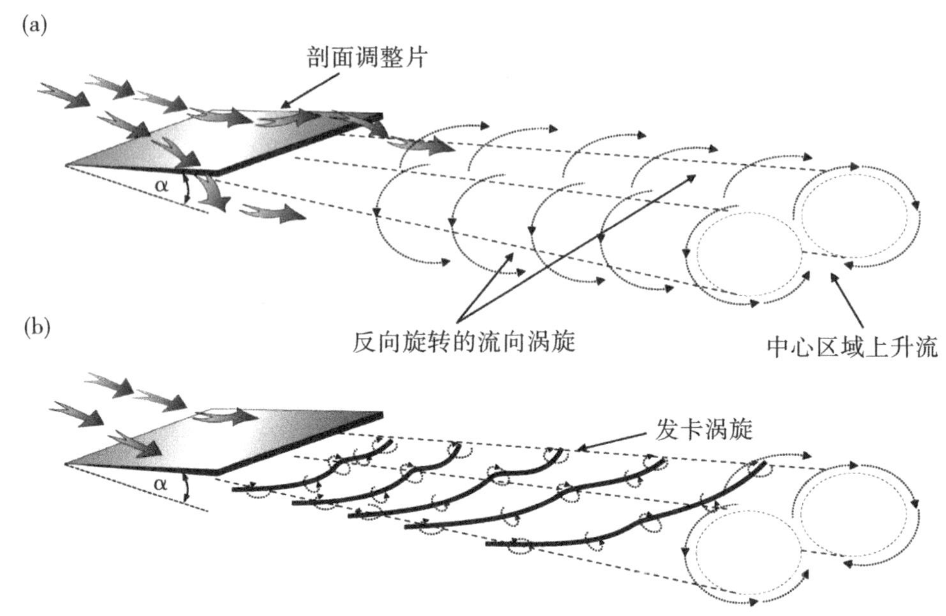

图 4.18 (a)反向旋转流和(b)发卡状涡旋的产生。

4.10.2 CPA 50E 流动调整器

从商业上看,CPA 50E 是全美广泛认可并使用的两大流动调整器品牌之一。

该调整器包含一块厚度为 0.125D ~ 0.15D 的钢板,钢板中心有一圆孔,周围有两圈呈同心圆排列的圆孔(图 4.19)。孔约占板面积的 50%,这种设计使调整器下游形成充分发展的剖面。结果是即使在下游短距离内,速度剖面也能充分发展。板的厚度也消除了涡流。

图 4.19 CPA 50E 流动调整器包含一块厚度为 0.125D ~ 0.15D 的钢板,钢板中心有一圆孔,周围有两圈呈同心圆排列的圆孔。(供图:Canada Pipeline Accessories)

4.10.3 Gallagher 流动调整器

Gallagher 流动调整器包含依次安装在管道中的除涡流装置、沉淀室和流速廓形装置。

除涡流装置可采用短管束(图 4.20)或除涡流叶片。在涡流水平小于 15°的应用 61
中,除涡流装置可省略,而且不会影响性能。

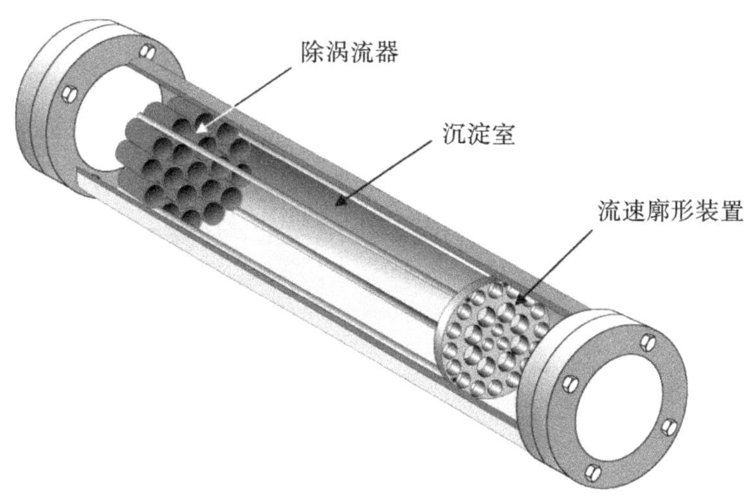

图 4.20　Gallagher 流动调整器包含依次安装在管道中的除涡流装置、沉淀室和流速廓形装置。(供图:Savant Measurement 公司)

沉淀室,或称隔离室,最大限度地减少了除涡流装置和流速廓形装置之间任何可能的相互作用。

流速廓形装置包含一块平板钢板,钢板上有若干呈同心圆排列的圆孔。

5 容积式流量计

5.1 简介

63 容积式流量计(也称直接容积式总量计)的一般工作原理:从流动流体中分离得到测量单元,每个单元的体积已知,并令其依次从流量计的入口流入,然后从流量计的出口流出。

统计这些测量单元的数量,即可得到流过流量计的总体积;而在给定时间内通过的总体积即为流量,单位为"L/min"。由于每个单元的量是已知的,所以非常适合用于某些液体批次处理、混合调配以及保管传输的应用场景。这类流量计的测量结果非常准确,通常用于生产统计和会计核算。

5.2 滑片流量计

在石油行业中,滑片流量计广泛用于汽油和原油的计量。它包含一个装配有四片叶片的转子组件,这些叶片成对相对安装——每对叶片都安装在刚性的间距杆上(图5.1)。转子安装在与流量计腔体中心偏心的轴上。

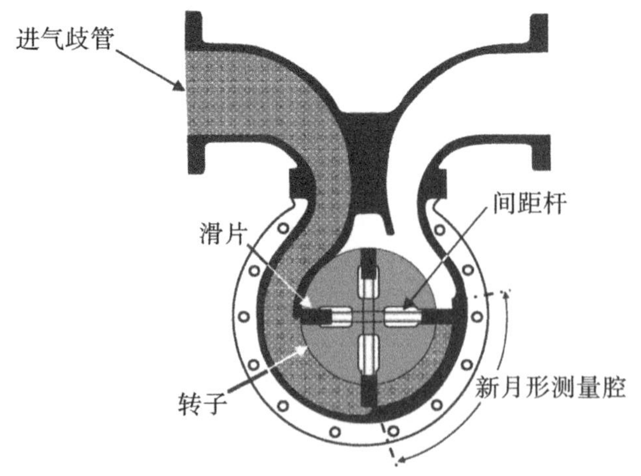

图5.1 滑片容积式流量计包含一个装配有四片叶片的转子组件,这些叶片成对相对安装——每对叶片都安装在一根刚性的间距杆上。(供图:Avery-Hardoll)

当液体进入测量腔室时，作用在滑片外露部分的压力使得转子转动。随着叶片旋转，液体被导入新月形测量腔中形成有效的密封。夹在两片滑片之间的流体就成为一个精确的体积单元。

随着滑片围绕测量腔室移动，这一过程不断地重复进行，但不发生脉动现象，夹在其中的“流体包”作为具有独立的已知量的流体连续传递到出口集管。

机械计数器或电子脉冲计数器与转子轴相连，这样流体体积直接与轴的旋转圈数成正比。

流量计的外壳具有精密的公差，轮廓经过精心加工，确保叶片可以平滑地通过新月形测量腔，从而实现高性能。

5.2.1 优点

- 适用于精确测量小体积
- 准确度高，可达±0.2%
- 可重复性高，可达±0.05%
- 调节比为 20：1
- 适用于高温环境，最高 180 ℃
- 压力最高 7 MPa
- 不受黏度影响

5.2.2 缺点

- 仅适用于清洁液体
- 存在泄漏时使用受限
- 不可恢复的压力损失较高

5.3 旋翼式流量计

这种类型的流量计有多个版本，其技术上的代表是 Smith Meter 公司的旋翼式流量计。如图 5.2 所示，壳体内装有一个转子，上面带有间隔均匀的叶片。当液体流经流量计时，转子和叶片（滑片）绕着一个固定的凸轮旋转，导致叶片向外移动。

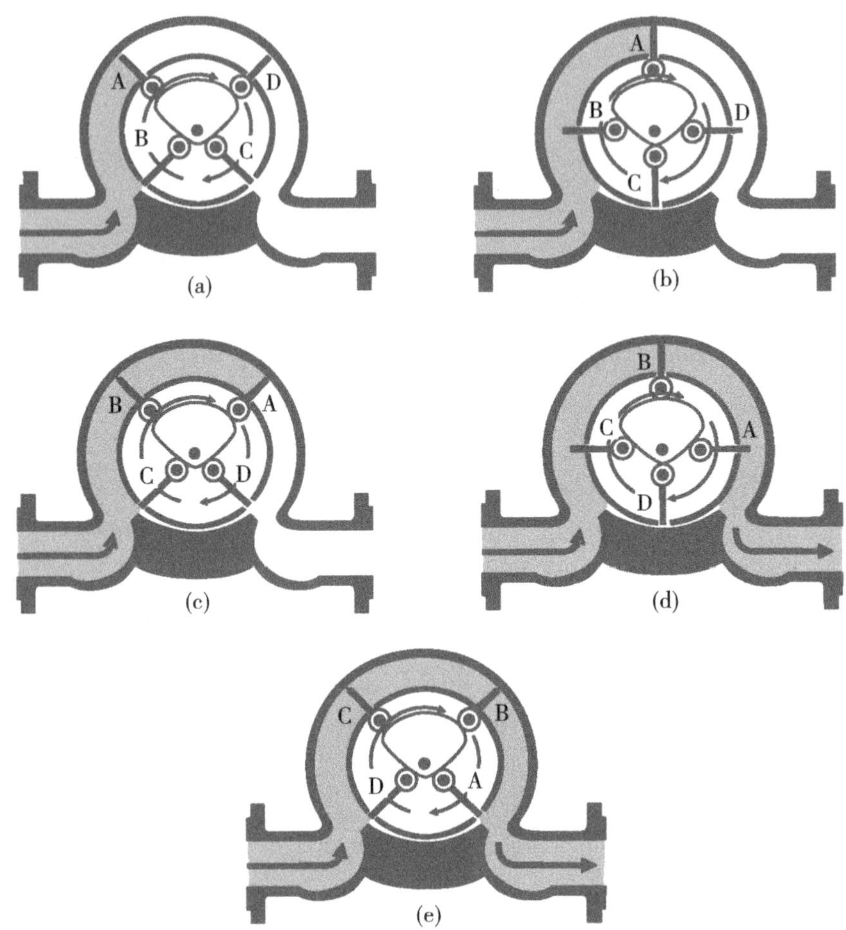

图 5.2 (a)未计量的液体进入流量计——此时转子和滑片顺时针旋转。滑片 A 和 D 完全展开形成测量腔室;而滑片 B 和 C 则处于收回状态。(b)转子和滑片进一步旋转八分之一圈后:滑片 A 完全展开;滑片 B 部分展开;滑片 C 完全收回;滑片 D 部分收回。(c)旋转四分之一圈后:滑片 A 仍然展开,而滑片 B 现在完全展开。此时测量腔室内正好容纳了一个已知且精确的液体体积单元。(d)再经过八分之一圈的旋转后,计量后的液体开始流出流量计。在滑片 B 和 C 之间正在形成第二个测量腔室。滑片 A 开始收回,而滑片 C 也开始展开。(e)旋转三分之二圈后,一段计量后的流体已经通过,同时第二段流体正在形成。只要液体流动,这个循环就会不断重复。叶片的这种连续运动形成了两个滑片、转子、壳体、底部和顶部盖板之间的精确体积测量腔室——每一次转子旋转都会产生一系列连续的封闭腔室。

滑片和转子都不与测量腔室的静止壁接触。在滑片与腔室壁之间的微小间隙内,液体形成了一种毛细管密封。然而,在这些间隙中会有一小部分液体发生流动(称为"滑漏")——这取决于流量计两端的压差和介质的黏度。因此,如表 5.1 所示,最小流量与黏度之间存在平衡——随着黏度的增加,最小流量会降低。

表 5.1 最小流量和黏度之间的平衡

黏度/cP	400	100	20	5	1	0.5
最小流量/(L/min)	0.3	1.25	6	25	60	100

在计量时,流量几乎不受干扰,因此不会因液体不必要的液压弯曲而浪费能量。

5.3.1 优点 66

- 准确度高,可达±0.2%
- 可重复性高,可达±0.02%
- 调节比为 20 ∶ 1(取决于黏度)
- 适用于高温环境,最高 95 ℃
- 压力最高 150 bar

5.3.2 缺点

- 仅适用于清洁液体
- 黏度影响调节比

5.4 椭圆齿轮流量计

椭圆齿轮流量计由两个相同的精密成型的椭圆形转子组成,这两个转子通过齿轮周边的齿轮齿相互啮合。转子在固定于测量腔室内的静止轴上旋转(图 5.3)。

啮合的齿轮将入口与出口流体隔离,形成轻微的压差,从而使椭圆形转子得以移动[见图 5.4(a)~(d)]。这种交替驱动的动作提供了一种几乎恒定扭矩的平滑旋转,没有死点。

随着流体通过流量计,齿轮旋转,并在新月形测量腔室内捕获精确量的液体。一对椭圆齿轮旋转一周的总流量是新月形间隙的 4 倍,而流量与齿轮的旋转速度成正比。

由于椭圆齿轮与测量腔室壁之间的滑漏量很小,因此这种流量计基本上不受液体黏 67
度和润滑性变化的影响。

这种流量计的主要缺点是交替驱动动作不是恒定的,结果是在流体中产生了脉动现象。

此类流量计的较新设计使用伺服电机来驱动齿轮。这样消除了流量计两端的压降和驱动齿轮所需的力。这主要适用于较小尺寸的流量计,并显著提高了低流量下的精度。

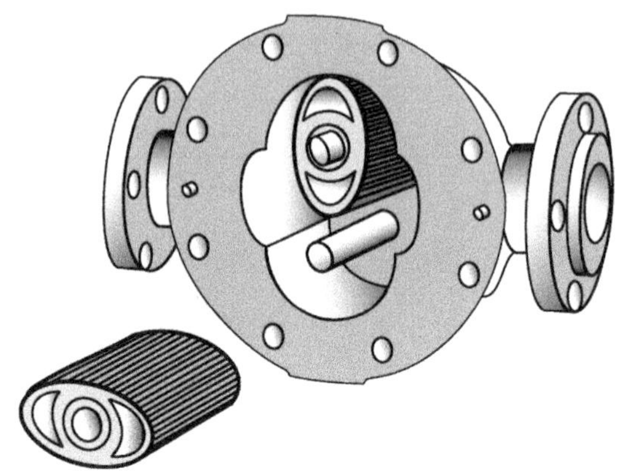

图 5.3　椭圆齿轮流量计的结构。(供图:Emerson)

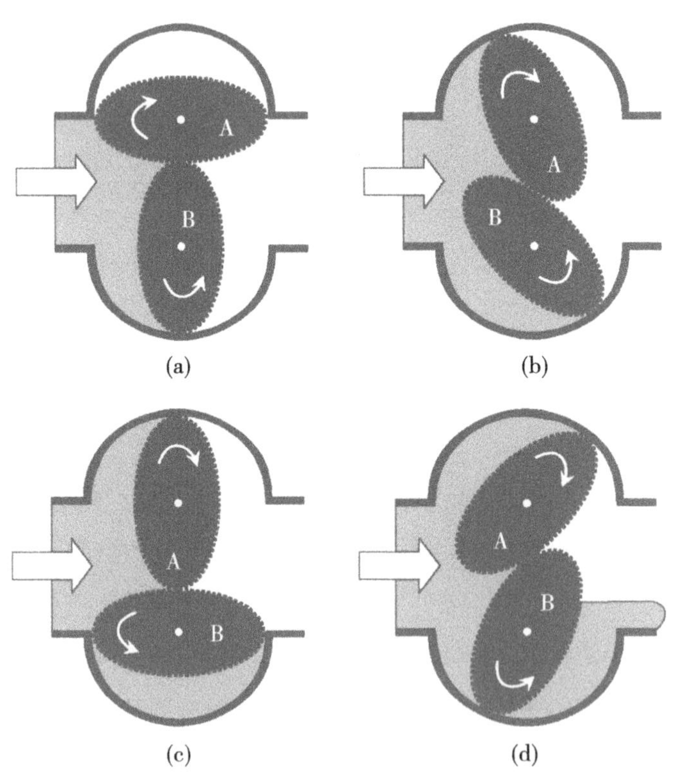

图 5.4　(a) 齿轮 A 受到压差产生的扭矩。齿轮 B 的净扭矩为零。(b) 齿轮 A 驱动齿轮 B。(c) 齿轮 B 捕获一定量的流体。齿轮 A 的净扭矩为零。齿轮 B 受到压差产生扭矩。(d) 齿轮 B 驱动齿轮 A。一定量的流体传递到出口。

5.4.1 优点

- 准确度高,可达±0.25%
- 可重复性高,可达±0.05%
- 低压降,小于 20 kPa
- 工作压力高,最高 10 MPa
- 适用于高温环境,最高 300 ℃
- 制造材料范围广

5.4.2 缺点

- 交替驱动动作引起的脉动
- 一般不建议用于水或低黏度流体,否则齿轮和腔室壁之间流体滑漏的风险较大

5.5 凸轮转子流量计

与椭圆齿轮流量计的工作原理类似,凸轮转子流量计(图 5.5)是一种非接触式流量计,它包含两个高精度的凸轮转子,这些转子在外侧通过齿轮连接,并在壳体内向相反方向旋转。

这种流量计主要用于高达 1 000 m^3/h(30 000 ft^3/h)的大流量气体测量,具有 ±0.1% 的可重复性和在整个 10∶1 流量范围内高达±1%的准确度。

5.5.1 优点

- 气体测量精度卓越
- 不需要入口和出口部分
- 无需外部电源供电
- 低压降,通常为 0.7 kPa(0.1 psi)

5.5.2 缺点

- 交替驱动动作引起的脉动
- 工艺介质温度限制在 60 ℃左右
- 活动零件带来磨损

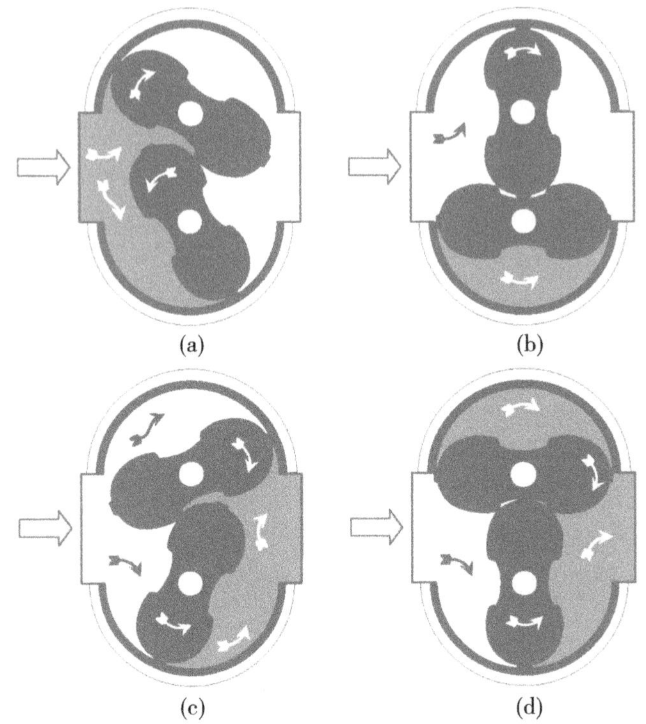

图 5.5　凸轮转子流量计：(a)气体进入测量腔室，(b)下部转子捕获一定量的气体，(c)气体传递到出口，(d)上部转子捕获一定量的气体。(供图：Roots-Dresser)

5.6　摆动活塞流量计

摆动活塞流量计在水行业中广泛应用，它由不锈钢壳体和一个旋转活塞组成，如图 5.6 所示。测量腔室内唯一的活动部件是摆动活塞，呈圆周运动。

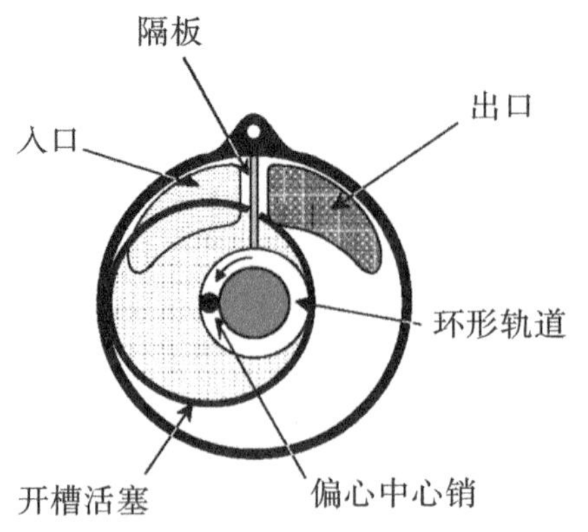

图 5.6　摆动活塞或旋转活塞流量计的基本布局。

为了获得摆动，活塞的活动受到两方面的限制：首先，活塞垂直开槽，以便容纳一块固定在腔室上的隔板。这块隔板防止活塞绕其中心轴旋转，同时也作为腔室入口和出口之间的密封。其次，活塞中心有一个垂直销钉，它限制了活塞只能沿着腔室的一部分环形轨道活动。

流量计两端的压差使得活塞沿着腔室壁朝流动方向扫过——连续地将液体从入口传递到出口。

填充和排放开口位于其底部，因此在图 5.7(a)中，区域 1 和 3 都在从入口接收液体，而区域 2 正在通过出口排出。

在图 5.7(b)中，活塞已经前进，与入口相连的区域 1 增大，而与出口相连的区域 2 减小，区域 3 即将移动到位以通过出口排出。

在图 5.7(c)中，区域 1 仍在从入口接收液体，而区域 2 和 3 正在通过出口排出。就这样，已知的独立数量的介质从入口被扫至出口。

活塞中心轴的移动，进而带动其旋转，通常是由中心轴上的单个磁铁感应的。或者，可以通过一系列外部磁铁透过流量计壁来检测旋转，从而提高流量计的分辨率。

旋转活塞流量计特别适合精确测量小体积流量。

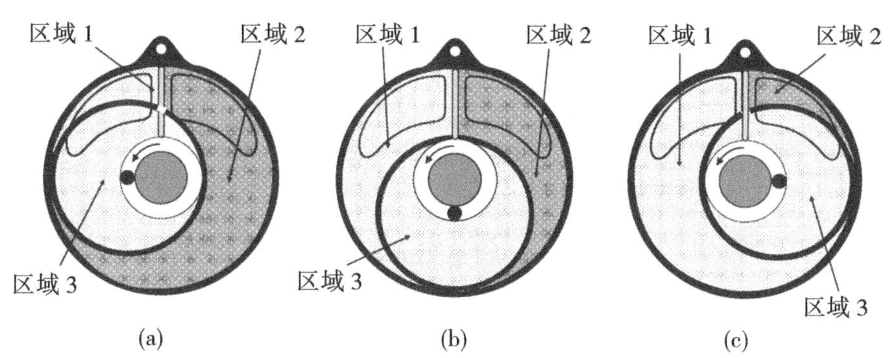

图 5.7　摆动活塞或旋转活塞流量计工作原理展示。

70

5.6.1　优点

- 准确度为±0.5%
- 性能基本上不受黏度的影响(从加热油到糊状物)
- 对安装方向不敏感
- 测量低黏度和高黏度液体
- 只有一个活动部件(摆动活塞)
- 无积聚污染物或陈旧产品的滞留室

- 结构非常紧凑,重量相对较轻
- 高调节比,例如水为 100∶1——黏度变高则增加,例如 250 cSt 时为 3 000∶1

5.6.2 缺点

- 根据选择的材料,活塞可能会快速磨损
- 会产生脉动现象

5.7 章动盘式流量计

章动这个词来源于陀螺在其轴开始摇晃并描绘出一条圆形路径时的动作,随着陀螺减速,这种摇晃变得更加明显。

在章动盘式流量计中,位移元件是一个位于圆形测量腔室中心旋转的圆盘(图 5.8)。圆盘的下表面始终与腔室底部一侧接触,而盘的上表面始终与腔室顶部另一侧接触。因此,腔室被分成具有已知体积的独立隔室。

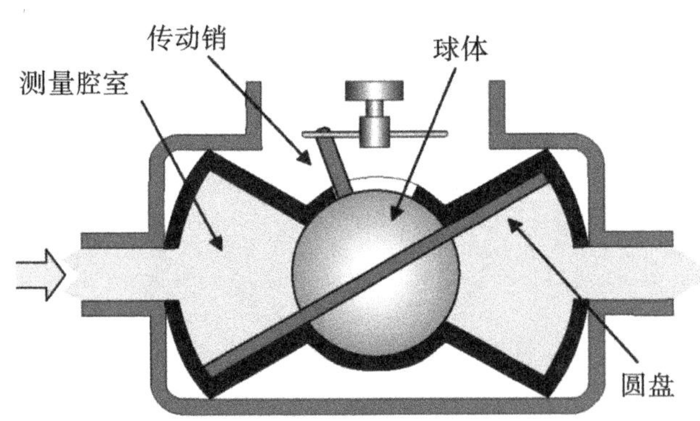

图 5.8 章动盘式流量计,其位移元件是一个位于圆形测量腔室中心旋转的圆盘。

液体通过流量计一侧的入口连接进入,并通过另一侧的出口离开——依次填满和排空各个隔室,并使圆盘以章动的方式围绕中心轴移动。连接到圆盘中心轴的销钉驱动计数齿轮组。

71 尽管这种设计本质上有比较多的泄漏途径,章动盘式流量计以其简单性和低成本而著称。

它通常用于需要更长使用寿命而非高性能的场合,例如家用自来水服务,也适用于高温高压环境。

5.8 轴向螺旋槽转子流量计

轴向螺旋槽转子流量计(图 5.9)利用两个螺旋槽转子在同一测量腔室内工作。介质的轴向流动使得一对转轴旋转,并形成一定体积的测量腔室,以一种均匀、非脉动的方式计量输送的体积流量。旋转通过电感接近开关来感应。

轴向螺旋槽转子流量计主要用于测量或批量处理高达 5 000 mm^2/s(5×10^9 cSt)的高 72
黏度、非磨蚀性介质。

当产品进入测量单元腔室的入口(图 5.10),两个转子将被测体积分割成段;暂时将每段体积与流入的入口流体分开,然后将其送回测量单元腔室的出口。

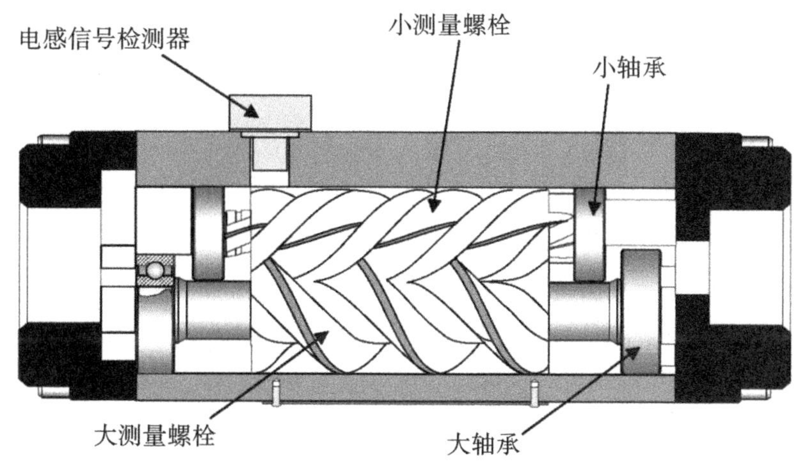

图 5.9 典型轴向螺旋槽转子流量计的物理结构。(供图:Kobold)

图 5.10 轴向螺旋槽流量计的操作。(供图:Emerson)

5.9 湿式气体流量计

湿式气体流量计(图 5.11)包含一个气密壳体,其中装有一个测量鼓,该测量鼓分为四个独立的隔室,并安装在一个可以自由旋转的转轴上。壳体大约填充 60% 体积的水或轻油。

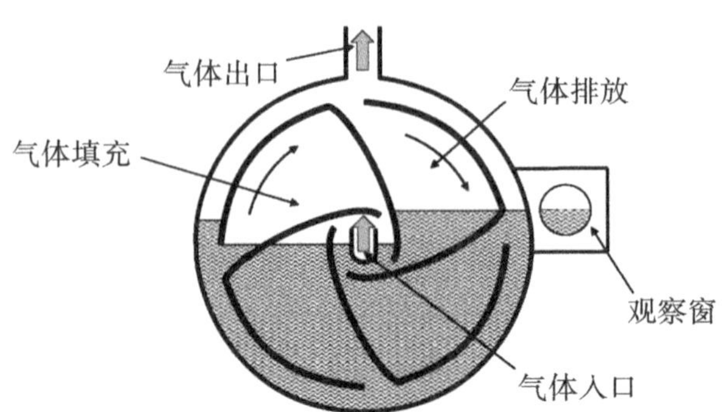

图 5.11 湿式气体流量计。(供图:GH Zeal 有限公司下属 Alexander Wright 分公司)

正常运行时,气体通过测量鼓,使得测量鼓的每个隔室必须依次排空水并充满气体,从而迫使测量鼓旋转。在另一种布置中,气体被引入壳体外层空间上方的水中,然后通过测量鼓到达流量计的出口。

测量鼓的校准(即每转一圈通过的气体量)由壳体中的水位高度决定。因此,正常的校准点通过位于流量计壳体侧面观察窗中的水位指示点显示。

测量鼓安装的转轴通过齿轮连接,记录通过流量计的气体量。

73 这种流量计的容量范围从 5 L/h 到 9 000 L/h,准确度可达±0.5%。

5.10 总结

由于其高精度,容积式流量计广泛应用于液体保管传输的应用场合,如汽油、葡萄酒和烈酒等商品的计量。

在使用中,需要注意以下一些应用限制:

- 由于组件间的机械接触,存在磨损问题。因此,一般来说,容积式流量计主要适用于清洁、润滑良好且无磨蚀性的应用场合。
- 在某些情况下,可能需要安装过滤器(孔径 10 μm)来过滤杂质并净化流体。这样的过滤器需要定期维护。如果不进行定期维护,则存在压降额外增加的问题。
- 它们的使用寿命还取决于被测流体的性质,特别是固体沉积物的累积和介质温度。
- 容积式流量计对流路构成了阻碍,因此会产生不可恢复的压力损失。
- 由于许多容积式流量计与泵具有相同的运行机制,它们可以通过电机驱动并用作配量或计量泵。

● 容积式流量计的一个缺点是它具有较高的压差损失。然而,可以通过测量流量计两端的压差,并通过反馈控制系统来控制电机的方法来减少这种损失。

● 容积式流量计在高黏度和低黏度条件下都有限制。由于齿轮或活塞周围的泄漏(滑漏),可能会出现误差,可以通过使用具有密封小间隙能力的黏性流体来减少滑漏。但是,如果流体过于黏稠,则可能会在流量计的内部腔室形成涂层,从而减少通过的体积,造成读数错误。因此,低黏度限制了在低流量下的使用(由于滑漏增加),而高黏度则由于高压降限制了在高流量下的使用。

● 如果发生了滑漏,并进行了相应的校准,则随着温度变化而导致黏度变化,滑漏也会发生变化。

● 容积式流量计可能会因超速而损坏。

● 在某些情况下(例如椭圆齿轮流量计),容积式流量计会引起脉动现象。这可能会限制这类流量计在某些应用场合的使用。

● 容积式流量计主要用于小体积的应用场合,在需要大体积计量的情况下受限。

6 压头损失流量计

6.1 简介

75 压头损失流量计,也称为压差流量计,涵盖多种类型的流量计,包括孔板流量计、文丘里流量计、文丘里喷嘴流量计、Dall 管流量计、靶式流量计、皮托管流量计和变截面流量计。事实上,用压差来测量流量仍然是最广泛使用的技术。

压头损失流量计的特征之一是可以根据压差、主设备的精确可测量尺寸以及流体的性质来准确测定流量。因此,压差式流量计相对于其他仪表的一个重要优点是并非总需要进行直接流量校准。此外,其可靠性优异、性能合理并且成本适中。

特别是孔板流量计,它还有一个优点,可以在液体或者气体中使用,而压力几乎不发生变化。

6.2 基础理论

压差流量计的物理原理是,流量管线中的节流装置产生与流量相关的压降。

▶这种物理现象基于两个众所周知的方程:连续性方程和伯努利方程。

6.2.1 连续性方程

考虑图 6.1 中的管道,该管道从其标称尺寸迅速收敛到较小的尺寸,接着是短的平行侧喉部,然后再次缓慢膨胀到全尺寸。此外,假设在面积为 A_1 的管道中流动的密度为 ρ 的流体在管线压力 P_1 下的平均速度为 v_1。然后,当其流经区域 A_2 的节流装置,平均速度增至 v_2,压力降到 P_2。

节流装置直径(d)与管道内径(D)之比称为 β 比(β),即

$$\frac{d}{D}=\beta \tag{6.1}$$

连续性方程表明,对于不可压缩流体,体积流量 Q 一定是恒定的。简单地说,这表明当液体流过节流装置时,为允许相同量的液体通过(以实现恒定的流量),速度必须增加(图 6.2)。

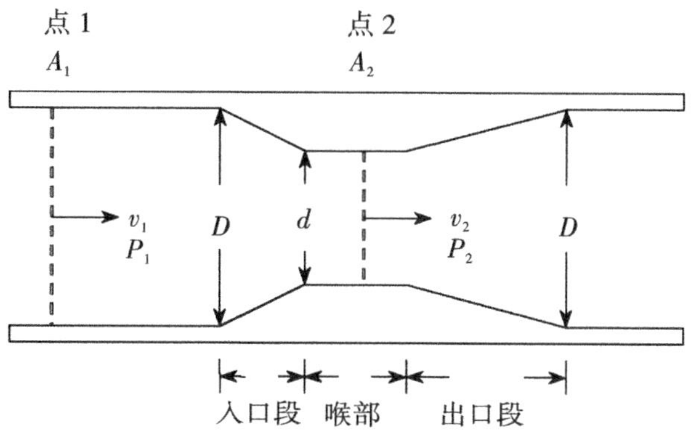

图 6.1　术语的基本定义。

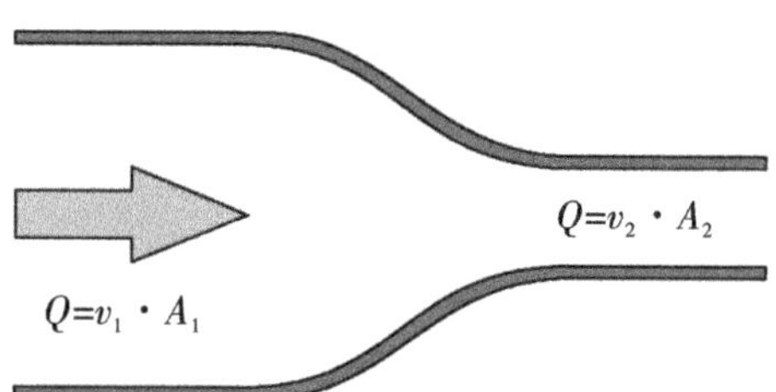

图 6.2　为了允许相同量的液体通过，速度必须增加，即 $Q=v_1 \cdot A_1=v_2 \cdot A_2$。

数学上： 76

$$Q = v_1 \cdot A_1 = v_2 \cdot A_2 \tag{6.2}$$

其中 v_1 和 v_2 以及 A_1 和 A_2 分别为管道点 1 和点 2 处的速度和横截面积。

6.2.2　伯努利方程

伯努利方程的最简单形式表明，在完全展开并且形成稳定流动状态（湍流）条件下，理想的不可压缩流体（即密度恒定、黏度为零的流体）单位质量的总能量（动能+压力+重力）沿流量管线保持不变：

$$\frac{v^2}{2} + \frac{P}{\rho} + gz = k \tag{6.3}$$

其中：

v——流线中某一点的速度；

P——该点的压力； 77

ρ——流体密度；

g——重力加速度；

z——任意水平参考平面上方，z 轴正方向与重力加速度相反；

k——常数。

在流量流的节流部分，由于速度增加，动能（动压）增加，势能（静压）减小。将其与流体流动中两点的能量守恒联系起来，则：

$$\frac{v_1^2}{2}+\frac{P_1}{\rho}=\frac{v_2^2}{2}+\frac{P_2}{\rho} \tag{6.4}$$

乘以 ρ 得出：

$$\frac{1}{2}\cdot\rho\cdot v_1^2+P_1=\frac{1}{2}\cdot\rho\cdot v_2^2+P_2 \tag{6.5}$$

重新排列：

$$P_1-P_2=\Delta P=\frac{1}{2}\cdot\rho\cdot v_2^2-\frac{1}{2}\cdot\rho\cdot v_1^2 \tag{6.6}$$

现在，根据连续性方程式(6.2)，可以推导出：

$$v_1=\frac{Q}{A_1} \tag{6.7}$$

以及

$$v_2=\frac{Q}{A_2} \tag{6.8}$$

代入式(6.6)：

$$\Delta P=\frac{1}{2}\cdot\rho\cdot\left(\frac{Q}{A_2}\right)^2-\frac{1}{2}\cdot\rho\cdot\left(\frac{Q}{A_1}\right)^2 \tag{6.9}$$

求解 Q：

$$Q=A_2\sqrt{\frac{2\cdot\Delta P}{\rho\cdot[1-(A_2/A_1)]2}} \tag{6.10}$$

78 由于使用节流装置的直径(d)和管道内径(D)更方便，我们可以替换为：

$$A_1=\frac{\pi\cdot D^2}{4} \tag{6.11}$$

以及

$$A_2=\frac{\pi\cdot d^2}{4} \tag{6.12}$$

$$Q=\frac{\pi}{4}\cdot d^2\sqrt{\frac{2\cdot\Delta P}{\rho\cdot[1-(d^4/D^4)]}} \tag{6.13}$$

其中

$$\sqrt{\frac{1}{1-(d/D)^4}} \tag{6.14}$$

式(6.14)为渐近速度系数(E_v)*,代入式(6.1):

$$E_v=\sqrt{\frac{1}{1-\beta^4}} \tag{6.15}$$

现在,代入式(6.13)中,得到:

$$Q=E_v\cdot d^2\sqrt{\frac{2\cdot\Delta P}{\rho}} \tag{6.16}$$

6.2.3 流量系数(C_d)

遗憾的是,式(6.16)仅仅适用于完全展开的无黏流态。为了考虑黏度和湍流的影响,引入了一个称为流量系数(C_d)的项。该项只是对与理论流量相比的实际流量的量度:

$$C_d=\frac{实际流量}{理论流量} \tag{6.17}$$

实际上,C_d 是节流装置(孔板、文丘里管、喷嘴等)设计、β 比(β)、雷诺数(Re)、取压口位置以及管道粗糙度引起的摩擦的函数,所有这些因素都会使流量(Q)略微降低为原值的0.6~0.9。

多年来,有大量的试验来表征 C_d,涵盖了各种可能的流量条件,并涉及了绝大多数的流量计类型。通过对大量经验推导数据的分析,可以确定最适合这成千上万个收集数据点的曲线(图6.3)。 79

该变量的不确定度是用误差标准估计(SEE),即参考计算(曲线)值的数据样本的标准偏差来确定。

随后,又建立了几个方程来拟合数据曲线,并预测任何几何形状上相似的主要元件的流量系数。ISO 5167 标准的基础是以 Reader-Harris/Gallagher(1998)方程作为校准常数,因此,不需要在实验室中对类似结构的主要元件分别进行校准。这要求每个设备均按照严格的制造标准来制造,参考文本和标准列出了标准装置中特定流量下的 C_d 典型值和公差:

* 显然,尽管 E_v 是一个常数,由 β 比决定,但是其值会随着温度变化而变化。

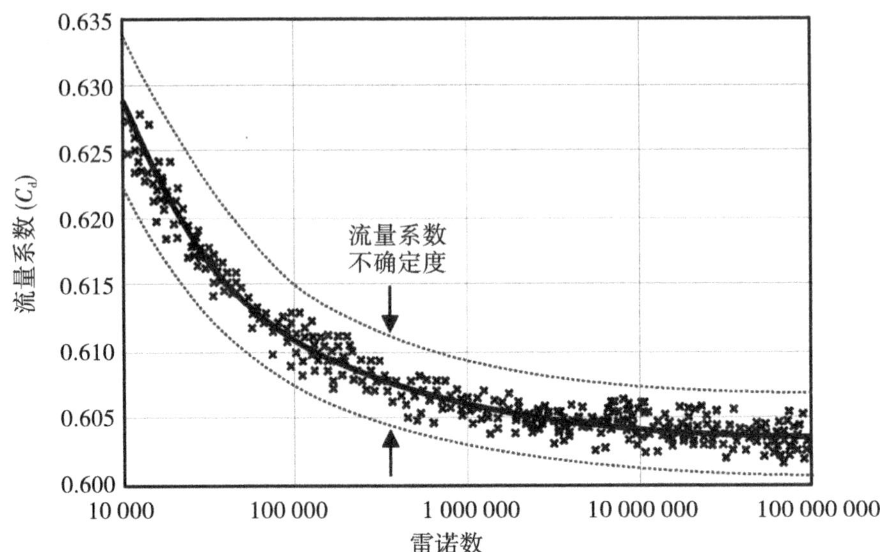

图 6.3　最佳表征 C_d 的最佳拟合曲线，涵盖各种可能的流量条件和绝大多数的流量计类型。

$$C_d = 0.596\,1 + 0.026\beta^2 - 0.216\beta^8 + 0.000\,521\left(\frac{10^6\beta}{Re}\right)^{0.7} + (0.018\,8 + 0.006\,3A)\left(\frac{10^6}{Re}\right)\beta^{3.5}$$

$$+(0.043 + 0.08\varepsilon^{-10L_1} - 0.123\varepsilon^{-7L_1})(1 - 0.11A)\frac{\beta^4}{1-\beta^4}$$

$$-0.031\left[\frac{2L_2}{1-\beta} - 0.8\left(\frac{2L_2}{1-\beta}\right)^{1.1}\right]\beta^{1.3} + M_2 \tag{6.18}$$

80 其中：

$$A = \left(\frac{19\,000\beta}{Re}\right)^{0.8} \tag{6.19}$$

M_2 可以是两个值其中之一，取决于管道的内径(D)：

如 $D \geqslant$ 71.12 mm(2.8 in)，则

$$M = 0 \tag{6.20}$$

如 $D <$ 71.12 mm(2.8 in)，则

$$M = 0.011(0.75 - \beta)\left(2.8 - \frac{D}{0.025\,4}\right) \tag{6.21}$$

L_1 和 L_2 是由取压口类型确定的函数：

对于 1″法兰取压口：$L_1 = L_2 = 0.0254/d$(m)

对于角取压口：$L_1 = L_2 = 0$

对于 D 和 $D/2$ 取压口：$L_1 = 1$；$L_2 = 0.47$

如 $D<71.12$ mm(2.8 in),宜加上以下算术值:$0.9(0.75-\beta)(2.8-D/25.4)$,其中 D 的单位为 mm。

参考图 6.3,与式(6.18)相关的最佳不确定度为:

$(0.7-\beta)\%$	如 $0.1\leqslant\beta<0.2$
0.5%	如 $0.2\leqslant\beta<0.6$
$(1.667\beta-0.5)\%$	如 $0.6\leqslant\beta<0.75$

结合流量系数(C_d)和渐近速度系数(E_v),不可压缩流体的完整方程变为:

$$Q=C_d\cdot E_v\cdot d^2\sqrt{\frac{2\cdot\Delta P}{\rho}} \tag{6.22}$$

在实践中,通常使用一个简化公式,该公式将上游静压和节流装置处或者紧邻节流装置下游的压力之间的差值与流量联系起来,表达式如下:

$$Q=kC_d\sqrt{\frac{2\cdot\Delta P}{\rho}} \tag{6.23}$$

其中 k 为集总常数。

上述公式强调了适用于所有压差系统的三个主要限制: 81

- 压差(ΔP)和流量(Q)之间的平方根关系严重限制了此类技术的调节比,最大为 5∶1 或者更小。
- 如果密度(ρ)不是常数,则必须为已知数或者经测量取得。在实践中,密度变化的影响在大多数液体流的应用中并不显著,并且只需要在气体流的测量中进行考虑。
- 所有压差流量计都会产生永久的压力损失(图 6.4),这种"压头"损失根据流量计的类型和体积流量的平方而定。

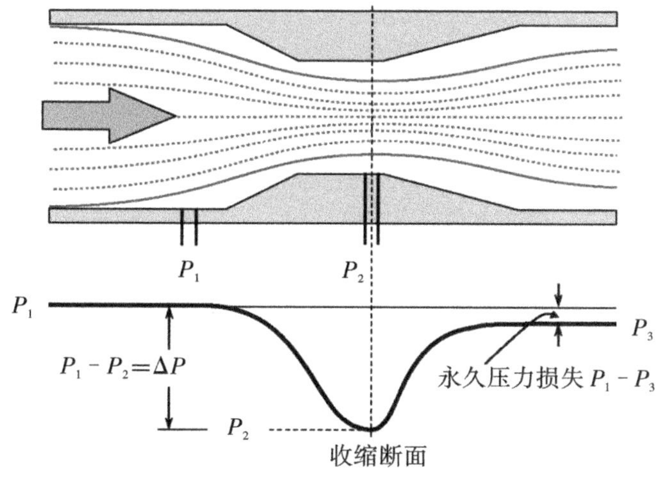

图 6.4 确定"压头"损失。

流量流的最小横截面积达到最小值的点称为收缩断面(*vena contracta*,拉丁语,意思是缩流),通常发生在收缩段最窄点下游约0.35~0.85管径处(图6.5)。

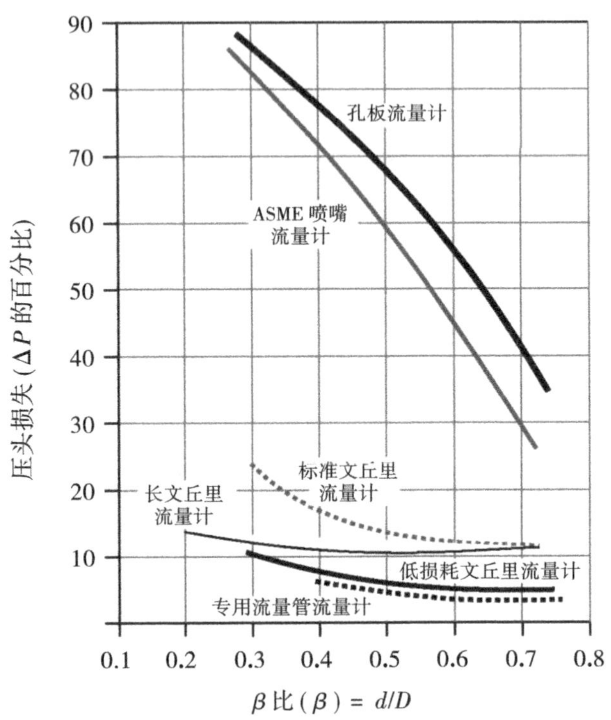

图6.5 各种测量技术的永久"压头"损失。孔板产生的压降最大,而低损耗管产生的压降最小。(供图:Emerson)

6.2.4 气体流

通过节流装置的蒸汽或者气体流与液体流的不同之处在于,当气体流过节流装置时,压力降低,导致气体膨胀并且密度降低。

因此,为了使质量流量保持恒定,必须增大速度,以补偿密度的降低。结果是,通过添加项气体膨胀系数(Y_1)来修改气体流量的公式。

82 随着密度的降低,速度将略高于理论流量方程预测的速度(对于液体,$Y_1=1$):

$$Q = C_d \cdot E_v \cdot Y_1 \cdot d^2 \sqrt{\frac{2 \cdot \Delta P}{\rho}} \tag{6.24}$$

与流量系数一样,气体膨胀系数也是根据经验得出的。

气体膨胀系数由节流装置上游的密度而定,表格和图表可用于展示节流装置压力比和气体比热对膨胀系数的影响(BS 1042)。或者,可通过BS 1042中列出的标准方程计算膨胀系数。液体和气体的质量流量等于理论质量流量方程乘以膨胀系数和适当的流量系数。

6.3 孔板流量计

孔板流量计是最简单,同时也是使用最广泛的压差式流量测量元件,通常包括一个带有同心圆孔(节流孔)的金属板,液体会从孔中流过(图 6.6)。一体式金属标签便于安 83
装,并且带有板尺寸、厚度、序列号等详细信息。孔板通常由不锈钢、蒙乃尔合金或者磷青铜制成,并应具有足够的厚度,以承受屈曲(3 ~6 mm)。除非使用的是薄板,孔口一般具有尖锐的方形上游边缘和斜切下游边缘。

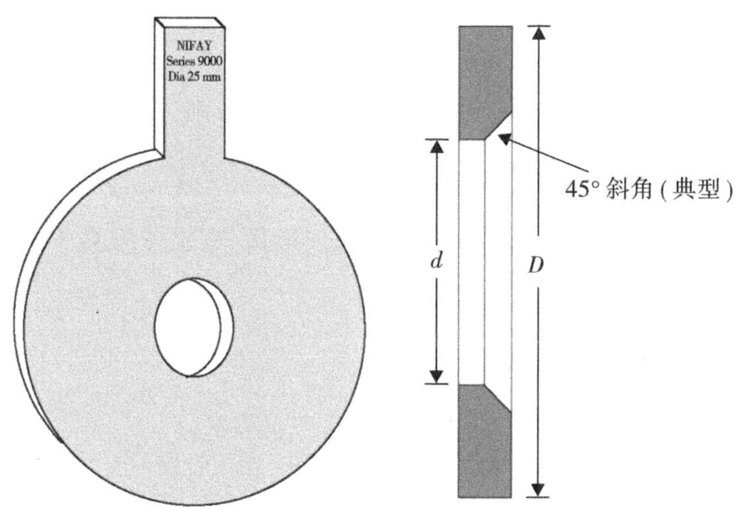

图 6.6　带一体式金属标签的同心孔板。

孔板流量计的一个主要优点是易于在相邻法兰之间进行安装,便于更换或者检查(图 6.7)。

虽然正确安装的新孔板流量计可能具有 0.6% 的不确定度,但是绝大多数孔板流量计测量流量的准确度仅仅约为±(2% ~3%)。

这种不确定度主要是温度和压力测量的误差、环境和工艺条件的变化以及上游管道 84
的影响而造成的。

一般的假设认为,由于孔口基本上是固定的,因此其性能不会随着时间而变化。实际上,孔口尺寸是极其关键的,即使对于新板,由于多种因素,测量准确度也可能达不到设计值。

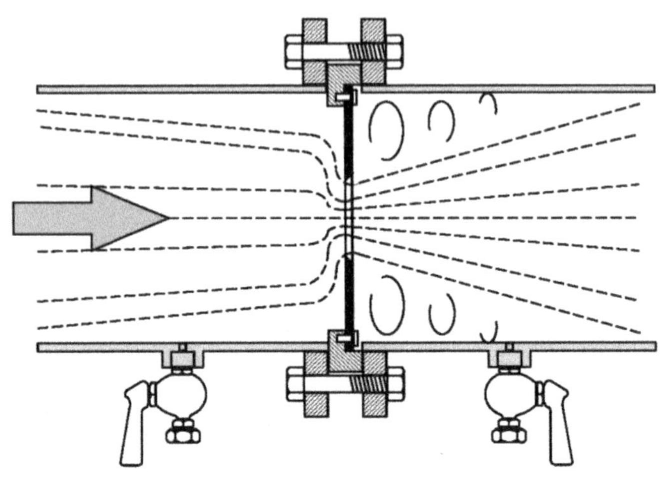

图 6.7　安装在相邻法兰之间的孔板流量计。

6.3.1　板污染

上游面上的碎片和润滑剂会改变孔板的几何形状，造成高达 15% 或者更大的误差[图 6.8(a)]。

6.3.2　板弯曲或者翘曲

如果流量过大，孔板会发生变形，使得孔口永久扩大，导致−9% ~ −6% 的负偏差[图 6.8(b)]。

6.3.3　板反装

经常发生的一个错误是，孔板的安装方向与流量的方向相反。如果安装方向反了，且孔板出口或者下游侧有尖锐的孔口边缘，则可能会出现−20% ~ −15% 之间的负偏差，具体取决于 β 比[图 6.8(c)]。

6.3.4　孔口前缘磨损

85 由于侵蚀或者腐蚀，孔口锋利前缘的倒圆或者倒角小至 0.5 mm(0.02 in)，可能产生约−5% 的负偏差。将半径增加到 1.3 mm(0.05 in)产生了大约 13% 的负偏差误差[图 6.8(d)]。

6.3.5 板上有损坏或者刻痕

根据β比和缺口大小,误差可高达10%甚至更高[图6.8(e)]。

6.3.6 孔口拦截的碎片

沉积在孔口中的碎片改变了有效几何形状,会给流量预测造成正偏差。

6.3.7 板错位

孔口没有对准管道中心,会产生高达3%的错位误差[图6.8(e)]。

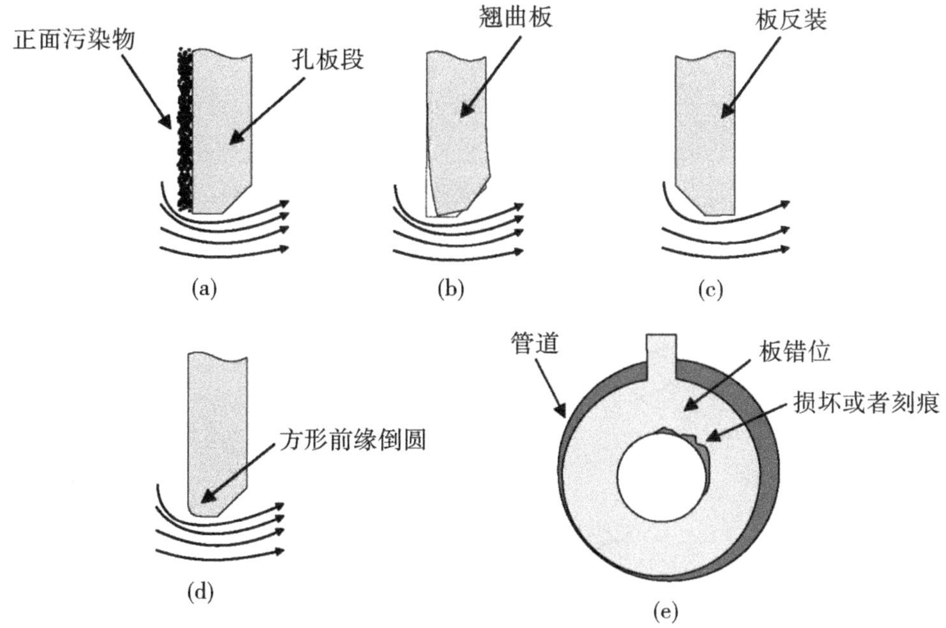

图6.8 孔板磨损和污染引起的误差。

6.3.8 导压管堵塞

导压管或者取压点如果发生堵塞或者部分堵塞,会产生不同程度的正误差或者负误差,具体取决于堵塞量及其发生在上游还是下游。

6.3.9 饱和 ΔP 变送器

因为其有限的调节比，通过孔板输送的压差通常超过变送器的量程，所以称变送器为“饱和”。因此，将变送器的输出限制在这个较低的值上，从而产生负误差。

注：这些产生误差的因素对操作人员来说都不明显。事实上，使用孔板流量计（或者任何其他压头损失装置）进行流量测量的主要问题之一是，操作人员通常认为如果流量计有读数，则表示系统还在工作。

流量计的配件设计是否便于孔板的定期拆除和检查，是判断流量计性能的一个指标。然而，这些只是“抽查”，如果在抽查的间隙出现了问题，操作人员可能就发现不了。

但这并不是说不能做诊断。其中一个诊断系统（Prognosis®）如图 6.9 所示。除了常规的上游（高压 P_1）和下游（低压 P_2）取压口之外，该系统还有第三个下游取压口
86 （P_3），这样就可以测量总压头损失或者“永久压力损失”（ΔP_{PPL}）以及“恢复”压差（ΔP_R）。

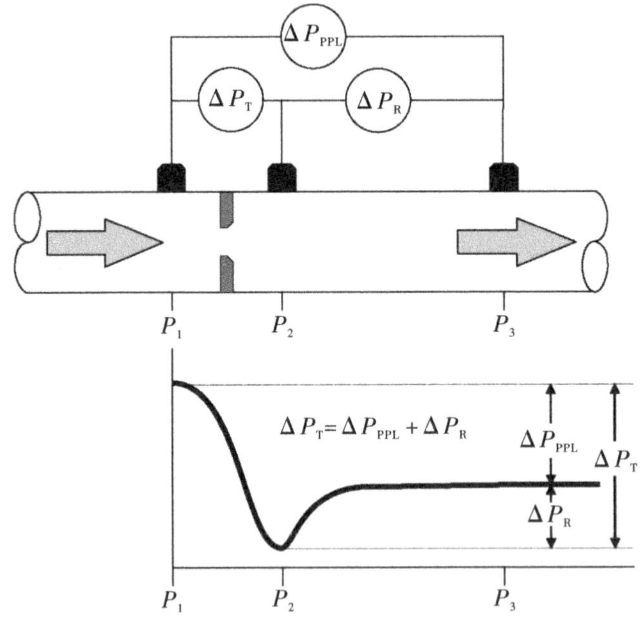

图 6.9 诊断系统，除了 P_1 和 P_2 处的常规压差取压口之外，还有第三个下游取压口（P_3）。（供图：Swinton Technology）

通过软件对这三个测量值进行处理后，得到三组比值，作为流量计的设置特征。然后用这三组比值生成七个验证结果，并在实时图形显示上绘制出四个点（图 6.10）。

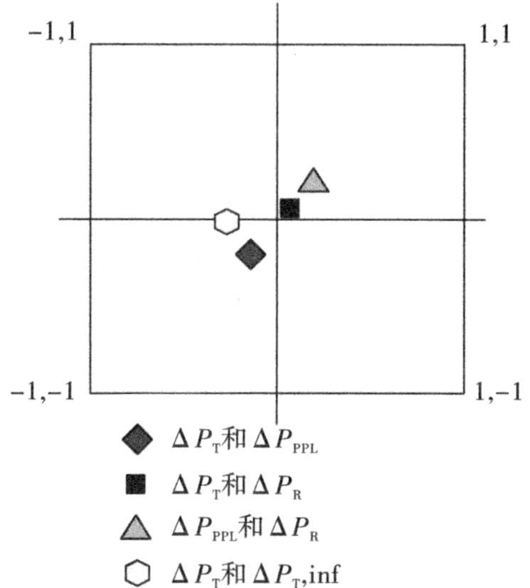

图 6.10　通过软件处理得到三组比值，用于产生七个验证结果，然后在实时图形显示上绘制出四个点。(供图:Swinton Technology)

方框内的点表示电表运行正常，而方框外的点表示有问题并且发出警报。

注：四点之一是 ΔP_T 和 ΔP_T,inf，后者(ΔP_T,inf)是根据 ΔP_{PPL} 和 ΔP_R 之和计算的压差(ΔP_T)的推断值(图 6.9)。

6.4　四分之一圆边孔板

孔板的孔一般为锐利的方正边缘，一种变型是改为四分之一圆边孔(也称为四分之一圆和圆边)。如图 6.11 所示，孔板的孔为同心孔口，上游侧的孔边缘倒圆，产生的流量系数在雷诺数为 300 至 25 000 之间几乎是恒定的，因此适用于高黏度流体或者低流速处。

边缘半径是管道和孔口直径的函数。在特定的装置中，该半径可能太小而无法制造，也可能太大而实际上成为流量喷嘴。

因此，在某些装置上，可能需要改变最大压差或者管道尺寸，以获得板厚及其半径的 87
可行的解决方案。

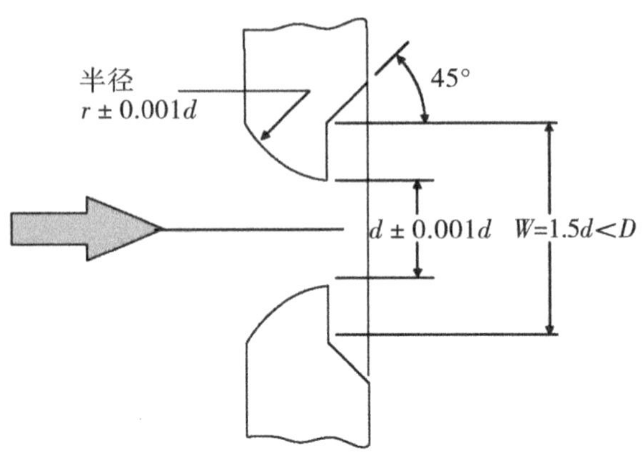

图 6.11　上游侧边缘为四分之一圆边的孔板。

6.5　孔板构型

虽然最常用的是同心孔板[图 6.12(a)],但是也会使用其他的孔板构型。

6.5.1　偏心孔板

88 偏心孔板[图 6.12(b)]的孔口偏离中心,通常设置在管孔底部。这种构型主要用于流体中含有较重的固体的场景,这些较重的固体可能会截留并且积聚在板的背面。孔口设置在底部,使得固体可以通过。板的顶部通常钻有一个小排气孔,以便液体流常伴的气体通过。但需注意,排气孔增加了未知的流量误差,并且有堵塞的风险。

偏心板也用于测量携带少量液体(冷凝蒸汽)的蒸汽流或者气体流,液体将通过管道底部的孔口输送。

偏心板的系数不像同心板的系数那样可再现,并且一般来说,误差可能是同心板的 3 ~ 5 倍。

6.5.2　弓形孔板

弓形孔板的孔口[图 6.12(c)]为弓形,相当于部分打开的闸阀。这种板通常用于测量携带非磨蚀性杂质的液体或者气体,杂质通常比流动介质(如轻质浆料)或者特别脏的气体重。

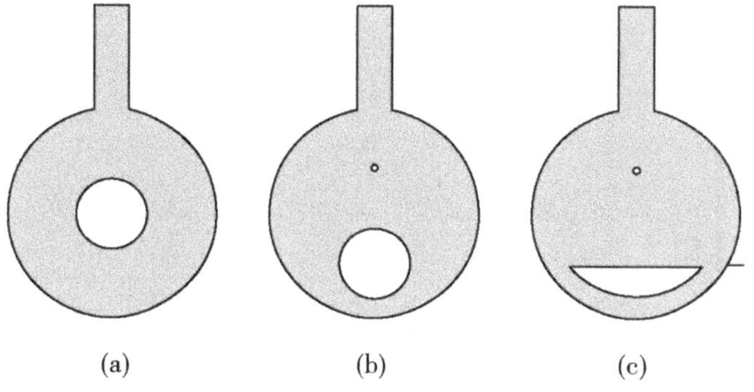

图 6.12　各种类型的孔板构型：(a)同心，(b)偏心和(c)弓形。

6.6　取压点

压差测量要求在合适的上游（高压）点和下游（低压）点对管道进行“取压”，取压的位置在很大程度上取决于应用场景和所需的准确度。

6.6.1　收缩断面取压

由于惯性，流体在通过孔口之后，其横截面积继续减小。因此，其最大速度（和最低压力）出现在孔口下游的某个点，即收缩断面处。

在标准同心孔板上，取压口的设计是为了取得最大压差，因此其位置通常在上游一 89
个管径处和收缩断面，即下游约 1/2 管径处（图 6.13）。

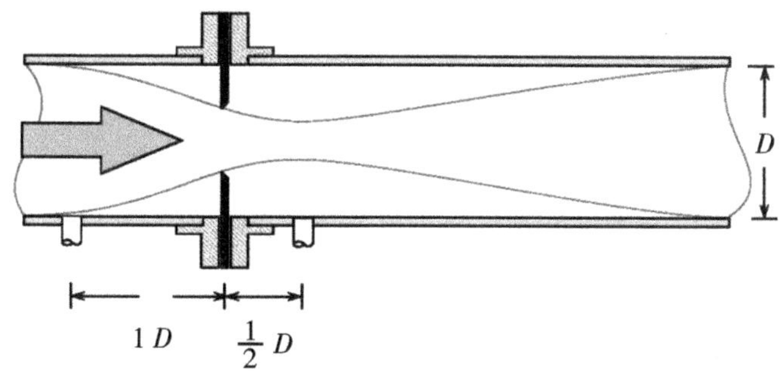

图 6.13　为了取得最大压差，高压取压口位于上游一个管径处，低压取压口位于收缩断面，即下游约 1/2 管径处。

以收缩断面为取压点的主要缺点是,其确切位置取决于流速和孔口尺寸,如果必须改变孔板尺寸,则需要花费大量的资金。

由于法兰和下游取压口之间的干扰,直径小于 150 mm 的管道不宜以收缩断面为取压口。

6.6.2 管道取压口

管道取压口(图 6.14)是一种折中的解决方案,位于上游 2.5 倍管径处和下游 8 倍管径处。虽然不能取得最大的压差,但是管道取压口对流速和孔口尺寸的依赖性要小得多。

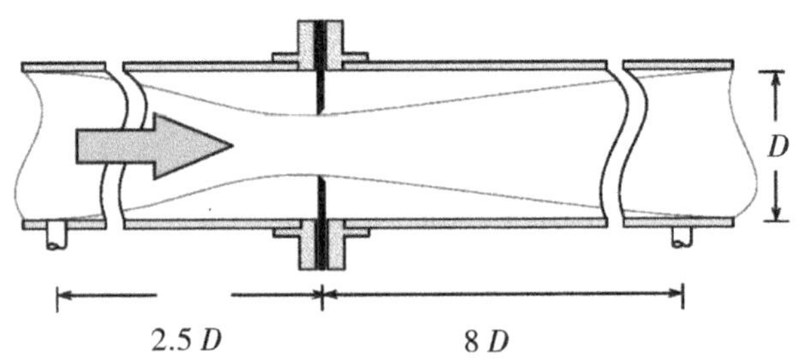

图 6.14 管道取压口对流速和孔口尺寸的依赖性要小得多,位于上游 2.5 倍管径处和下游 8 倍管径处。

管道取压口通常用于不能使用半径和收缩断面取压口的装置。由于测量不受流速和孔口尺寸的影响,也用于流速变化较大的场景。由于管道取压口不测量最大的可用压力,因此准确度要求较低。

6.6.3 法兰取压口

90 法兰取压口(图 6.15)用于不需要或者不方便在管道上钻孔和用攻螺纹进行压力连接的情况。法兰取压口非常常见,通常用于 50 mm 及以上的管道,取压口通常位于孔板两侧 25.4 mm(1 in)处。

通常情况下,制造商会提供带有钻孔取压口的法兰(图 6.16)。由于制造商精确地定位了取压口,因此,在更换板时不需要重新计算取压点。

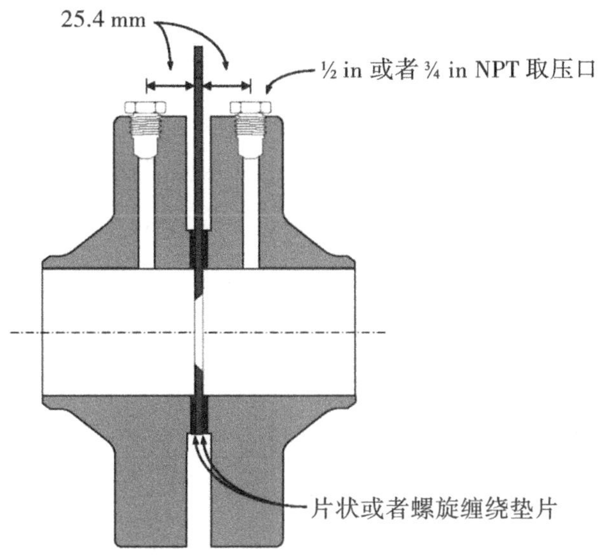

图 6.15　法兰取压口位于孔板两侧 25.4 mm(1 in)处。

图 6.16　制造商提供的典型法兰和板组件，包括钻孔取压口。

6.6.4 角接取压口

对于直径小于 50 mm 的管道,收缩断面始于靠近下游取压点,并且可能在下游取压点的前方。因此,这种管道使用法兰取压口的一种改装,即角接取压口(图 6.17),其中取压口位于孔板的每个面上。取压口位于上游和下游管壁和孔板形成的拐角处,需要使用特殊法兰或者孔口定位环。

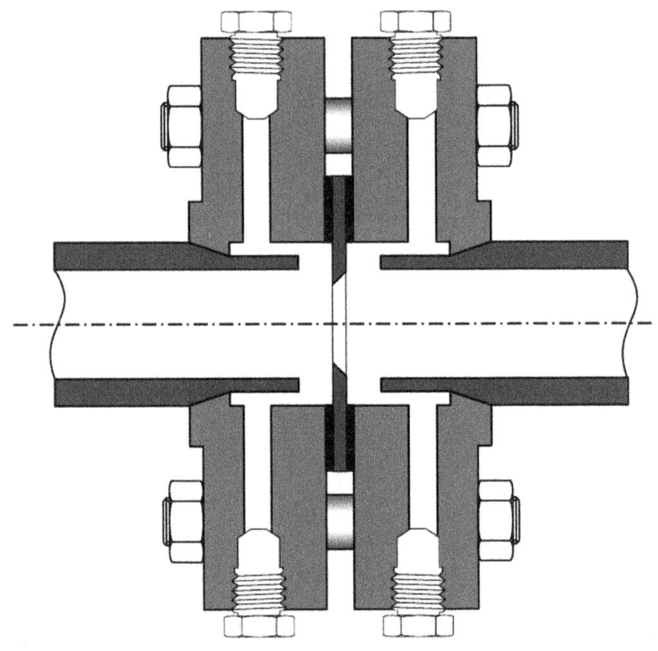

图 6.17 孔板的每个面都有角接取压口。

6.7 特殊孔板组件

在许多行业中,特别是石油和天然气行业中,需要在操作条件下定期检查或者更换孔板而不中断流量,这通常用旁通管道和隔离阀得以实现(图 6.18)。

虽然标准孔板法兰广泛用于固定孔板,但是拆除和更换孔板需要展开法兰,非常耗时,并且存在泄漏和溢出的风险。

92 一种解决方案是使用单腔孔板配件,如图 6.19 所示。其中,首先松开顶部的一组螺钉,将夹杆滑出,然后将密封条托架和孔板整体吊出,从而拆除孔板。

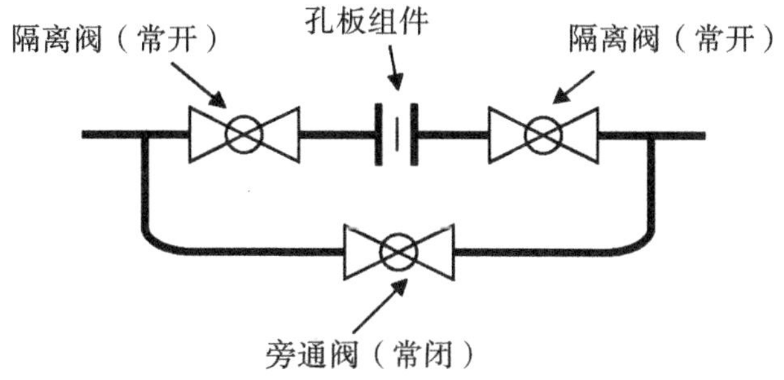

图 6.18　旁通管道和隔离阀用于在不中断流量的情况下检查或者更换孔板。

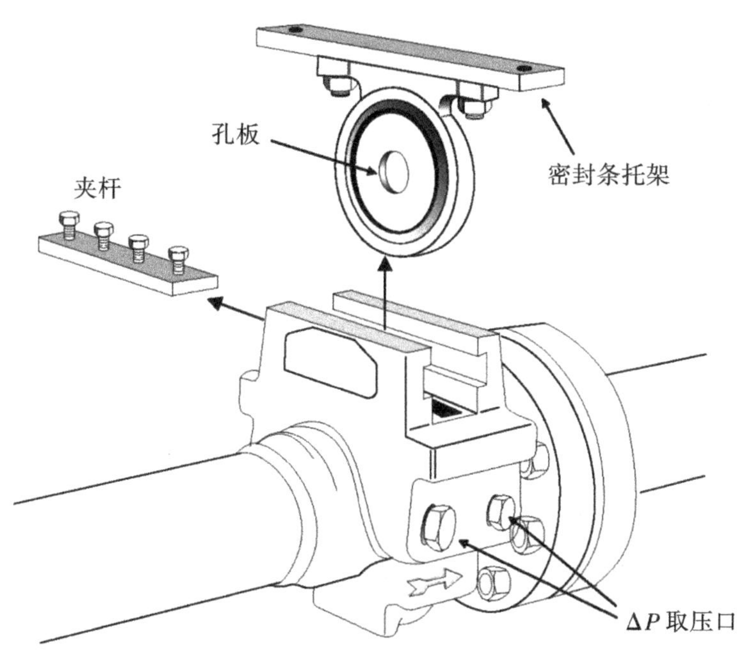

图 6.19　单腔孔板配件允许快速安全地拆除孔板。

保管传输中不能使用旁路系统。因此,可以使用以 Daniel Senior 为代表的双腔系统。图 6.20(a)显示了在正常流量条件下该设置的运行情况,而图 6.20(b)则显示了典型的棘轮板和孔口组件。

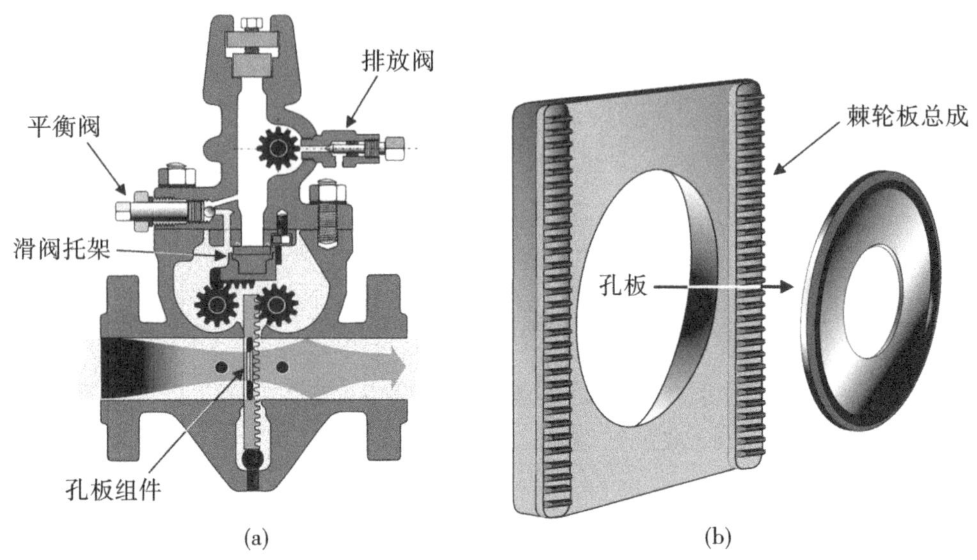

图 6.20 Daniel Senior 双腔系统:(a)在正常流量条件下运行和(b)典型的棘轮板和孔口组件。(供图:Emerson)

孔板的拆除分四个步骤:

第一步[图 6.21(a)],打开平衡阀,使上下腔室的压力相等。

94 第二步[图 6.21(b)],将作为隔离机构的滑阀托架移动到一侧,从而将孔板组件提升到上腔室。

第三步[图 6.21(c)],关闭滑阀托架,隔离上下腔室。然后关闭平衡阀,打开排放阀,使得上腔室恢复到环境压力。

第四步[图 6.21(d)],拆除夹杆,以便从顶部腔室中拆除孔板。

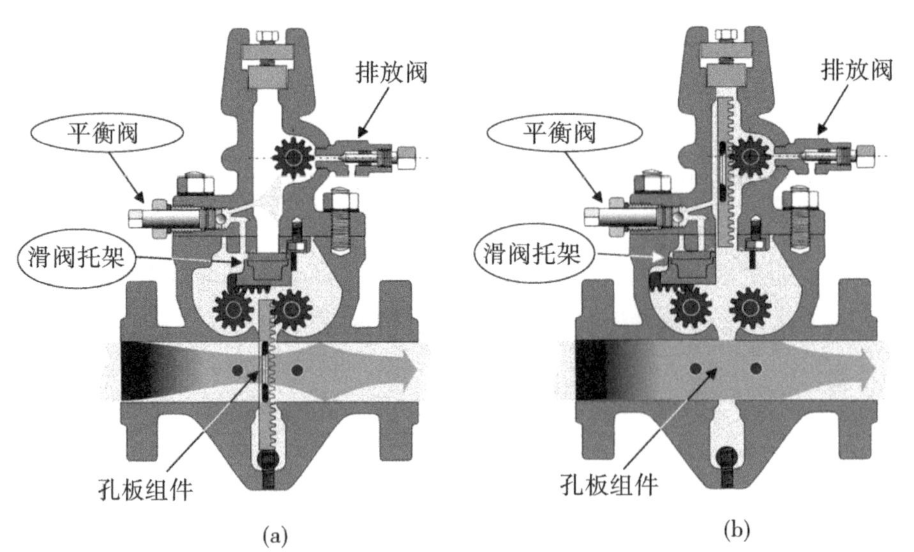

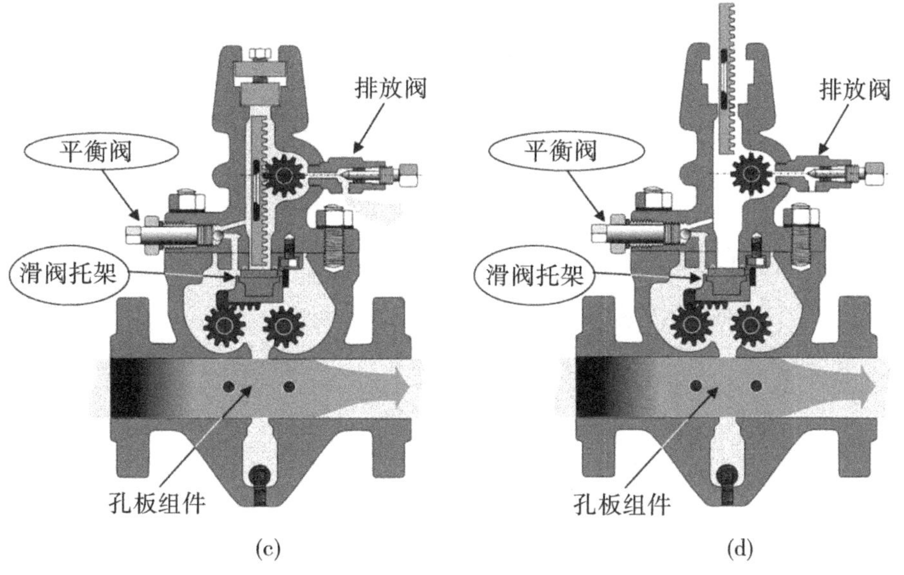

图 6.21　拆除孔板组件的四个步骤。

6.8　孔板定尺寸

虽然可以用式(6.19)和式(6.20)来定孔板的尺寸,但今天的一般做法是利用一些软 95
件的定尺寸程序,具体如下:

http://www.flowcalcs.com/

http://www.osti.gov/energycitations/prod…

http://www.farrisengineering.com/Product…

http://www.efunda.com/formulae/fluids/calc_orifice_flowmeter.cfm

http://www.flowmeterdirectory.com/flowmeter_orifice_calc.html

6.9　孔板流量计概述

本章开头指出,压差流量计的一个重要特点是可以直接测定流量,而不需要校准。对于孔板流量计来说尤其如此,因为孔板采用了一系列不需要校准的标准设计。

6.9.1 优点

- 结构简单
- 价格低廉
- 运行稳健
- 国际公认的标准孔板范围和尺寸，不需要校准
- 易于在法兰之间进行安装
- 无活动部件
- 尺寸和开孔率多
- 适用于大多数气体、液体和蒸汽
- 不同尺寸的价格相差不大
- 理解透彻、技术成熟

上述优点一般在大多数关于孔板流量计的教科书中都会提及，但有些书中认为这些“优点”是有主次之分的。

价格的“昂贵”和“低廉”当然是相对的。但与其他流量测量系统相比，孔板本身的主要元件价格还是比较低廉。不过，如图 6.22 所示，孔板只是许多辅助部件的一部分，还有法兰板组件、隔离阀、导压管、阀组和压差变送器。

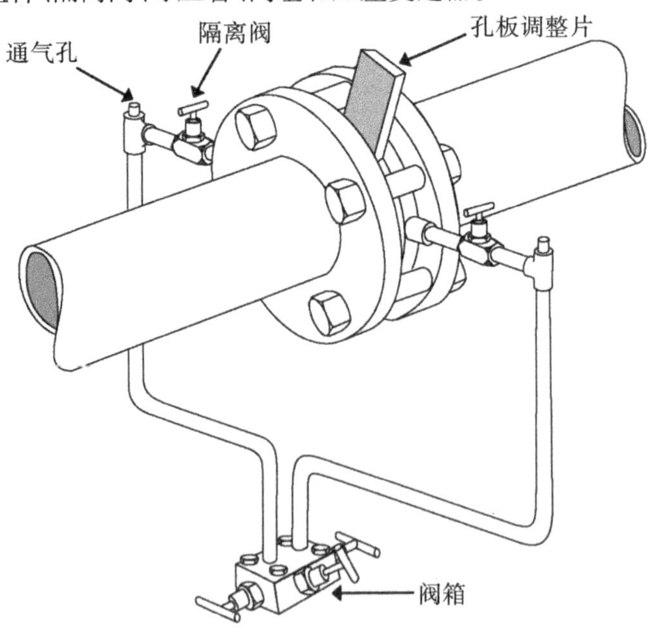

图 6.22　孔板只是许多辅助部件中的一个，还有法兰板组件、隔离阀、导压管、阀组和压差变送器（没有显示）。

因此，对于基于孔板的流量测量系统，要完成设计、购买、安装和调试这一整个过程，可能比最初设想的成本要高得多。

而“理解透彻、技术成熟”通常具有负面含义，因为许多仪表人员为了避免技术上的困难，宁愿选择现成的仪表解决方案，即使“现成”通常也就意味着“过时”了。

6.9.2 缺点 96

- 永久压力损失高
- 准确度低，通常为2% ~3%
- 调节比低，通常为3 : 1 ~4 : 1
- 只适用于清洁的非磨蚀性流体
- 准确度受到密度、压力和黏度波动的影响
- 节流装置的腐蚀和物理损坏不容易被操作人员察觉，但会影响测量准确度
- 需要匀质的单相液体
- 黏度限制测量范围
- 需要直管段，以确保准确度
- 管路必须充满（通常用于液体）
- 输出信号与流量不是线性关系
- 可能存在多处泄漏点
- 即使板有损坏，也会给出读数
- 只有当流动剖面完整时读数才有效
- 需要旁路，以在压力下更换板

同样，有些书中认为这些“缺点”也是有主次之分的。 97

“调节比低”是因为需要开平方根，因此严重限制了仪器可以操作的范围。

浆料和脏污流体的测量不能用标准同心孔板，但可以用半圆孔或者偏心孔的孔板，不过存在限制，因为误差会增大3 ~5 倍。

“直管段”要求是同时针对孔板元件之前和之后的，但这个要求很少得到满足，有的时候是因为觉得它不重要，有的时候是因为抱着侥幸心理，但更多的时候是因为管道布局的设计，只能减少仪表方面的要求。

如果不矫直，典型的安装方式需要在孔板元件的上游留25 ~40 倍管径的直管段，同时其下游留大约4 ~5 倍管径的直管段。根据上游（和下游）不连续性和β比，不同的场景的要求也会天差地别。一般而言：

β 比为 0.5 时，上游取 25 倍管径（25D），下游取 4 倍管径（4D）；

β 比为 0.7 时，上游取 40D，下游取 5D。

保管传输的要求则更为严格：

ASME（MFC 3M）要求上游最大取 54D，下游取 5D；

AGA（报告编号 3）规定上游最大取 95D，下游取 4.2D；

ISO 5167 规定上游最大取 60D，下游取 7D。

API（RP550）的要求同样严格，并且规定了上游和下游扰动的类型（例如阀门、弯头、双弯头等），如图 6.23 和图 6.24 所示。

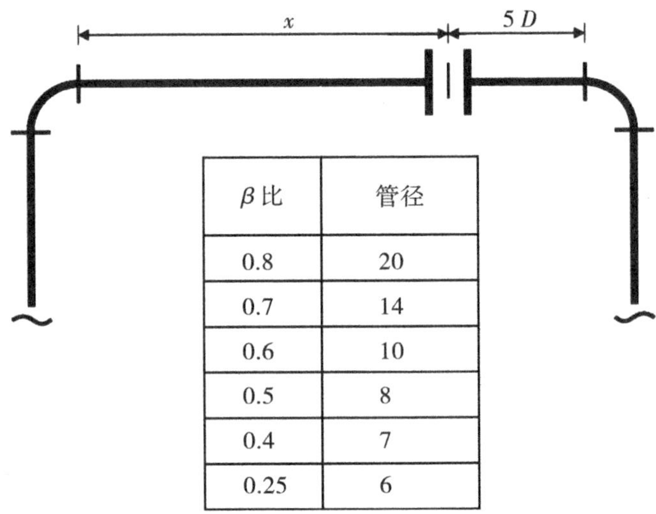

β 比	管径
0.8	20
0.7	14
0.6	10
0.5	8
0.4	7
0.25	6

图 6.23　API（RP550）规定的不同 β 比下单个上游和下游弯头的直管段长度。

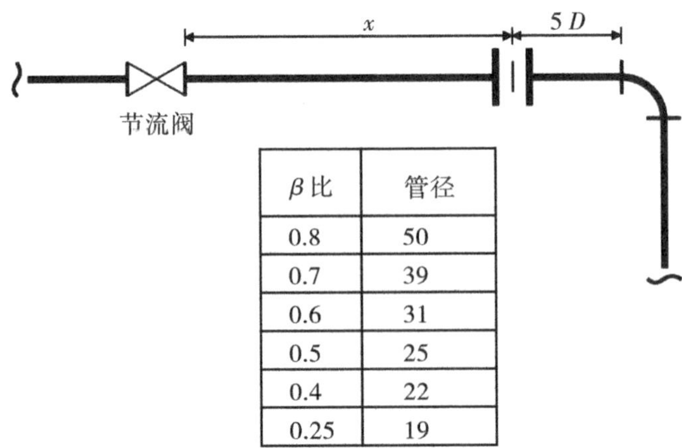

β 比	管径
0.8	50
0.7	39
0.6	31
0.5	25
0.4	22
0.25	19

图 6.24　API（RP550）规定的上游阀门和单个下游弯头的直管段长度。

“多处泄漏点”。图 6.25 清楚地说明了多个泄漏点的可能性。使用连续焊接导压管 98
虽然可以在很大程度上消除泄漏的问题,但是会增大堵塞的风险。

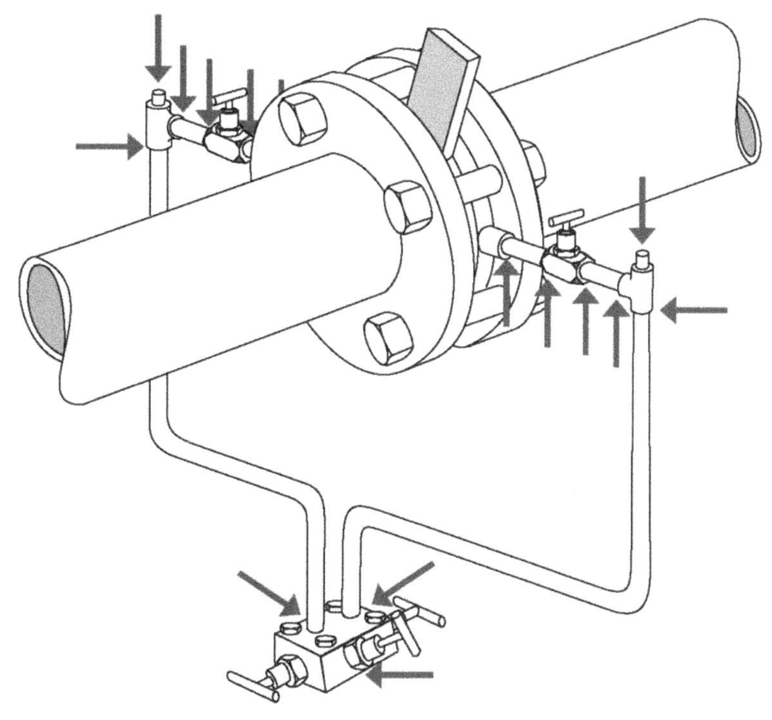

图 6.25　多个泄漏点的可能性。

6.10　孔板厚度

随着孔板两端压差的增加,孔板会发生弹性变形,一旦变形超过某个程度时,会导致流量计的特征发生变化,测量的不确定度增加。

因此,孔板应有一定的厚度,以确保偏转不超过一定的极限。孔板的厚度一般根据 ISO 5167、ISA-RP 3.2、API-2530 和 ASME MFC-3M 的指南来定,如表 6.1 所示。

表 6.1　根据管道尺寸确定孔板厚度

管道尺寸(DN)	厚度/mm
< 150	3.18
>200 ~ < 400	6.125
>450	9.53

此外，AGA-3 附录-2-F 提供了利用高压差测量天然气流量的指南，其中，压差的最大限值取决于厚度、直径和 β 比。对于给定的管道尺寸，例如 50 DN 管道，孔板的最大允许压差 ΔP 为 1 000 MPa/2.5 bar，最小厚度为 3.2 mm。

6.11 调节孔板

Emerson 的“调节孔板”是一种压差发生器，与传统孔板不同，它有四个等距孔（图 6.26），其面积之和等于传统孔板的一个孔的面积。因此，流体在流经这四个孔时需要进行自我调节，以消除旋涡和不规则的流动剖面，这样一来，也就不需要流量调节器。

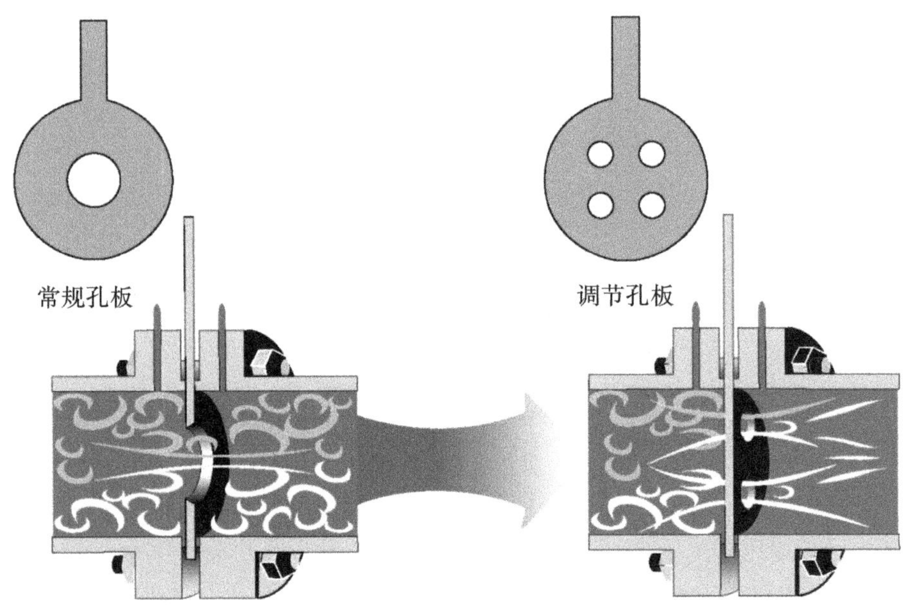

图 6.26 常规同心孔板与调节孔板的比较。（供图：Emerson）

99 而对直管段的要求也减少到只需要上游取 2 倍管径，下游取 2 倍管径。此外，流量系数（C_d）的不确定度降为±0.5%（β=0.4）。

调节孔板的设计为 2 个标准孔径，一个用于流量较大时，一个用于流量较小时，两个孔的 β 比分别为 0.4 和 0.65。

6.12 弓形孔楔形流量计

弓形孔楔形流量计采用 V 形节流装置,并且是通过铸造或者焊接的方式连接在带法兰的流量计主体中,以产生压差。该节流装置的型号取决于 h/D(图 6.27),对应于孔板 100
的 β 比,其中 h 是节流装置下方的开口高度(唯一的临界尺寸),D 是管道内径。

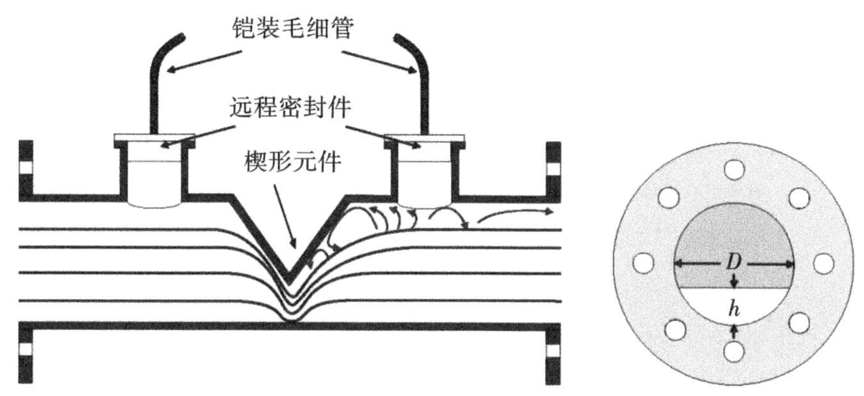

图 6.27 弓形孔楔形流量计采用 V 形节流装置,并且是通过铸造或者焊接的方式连接在带法兰的流量计主体中,以产生压差。

楔形元件的上游面是倾斜的,对磨损不敏感,并且产生清扫作用,具有冲刷效果,有助于保持清洁,不会有碎屑堆积。此外,由于楔形元件对管道的底部没有节流作用,因此可用于各种腐蚀性、侵蚀性和高黏度的流体和浆料。

雷诺数小于 500 时,其流量系数(C_d)稳定,因此这种流量计也可用于层流状态。此 101
外,由于其流量系数对速度剖面畸变和旋涡非常不敏感,对于绝大多数常见的配件和阀门组合,流量计上游的直管段只需要取 5 倍管道直径的长度即可。其 C_d 不确定度,在未经校准时为 2% ~5%,经校准后为 0.5%。其测量误差的最大来源通常是由于密度发生变化,如果不测定密度,则将其视为假设的“正常”值。

弓形孔楔形流量计一般是一个完整的组件,其楔形元件和取压口合并为一个整体(图 6.28)。上游和下游取压口通常采用远程隔膜密封的形式,而无须引流管路。

由于楔形的两侧是对称的,因此弓形孔楔形流量计可用于测量两个方向的流量,但是两个方向分别需要一个压差变送器。

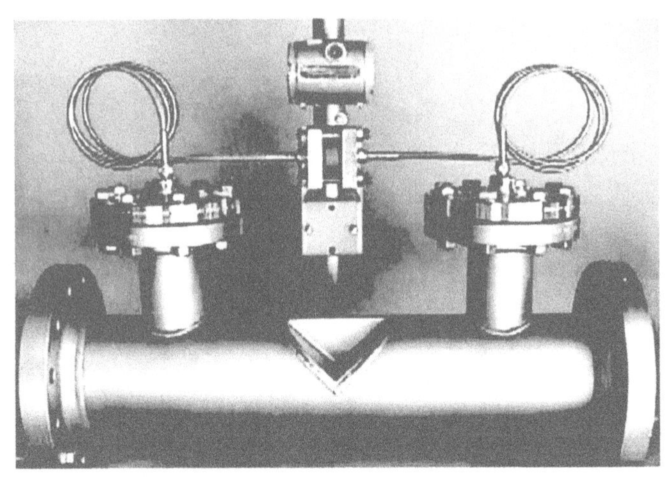

图 6.28　弓形孔楔形流量计一般是一个完整的组件，其楔形元件和取压口合并为一个整体。（供图：PFS 股份有限公司）

6.13　V 形锥流量计

McCrometer 公司的 V 形锥流量计是一项专利技术，其特点是流量管内有一个位于中心的圆锥体，与流体相互作用，在其下游侧紧挨着的位置形成一个压力较低的区域。

测量压差的上游静压管线取压口在锥体上游紧挨着的位置，下游的低压取压口位于锥体下游面（图 6.29）。

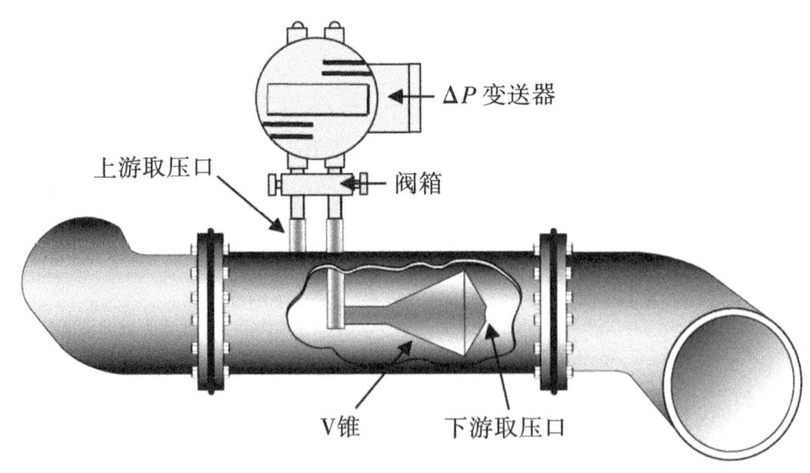

图 6.29　测量压差的上游静压管线取压口在锥体上游紧挨着的位置，下游的低压取压口位于锥体下游面。（供图：McCrometer 公司）

由于锥体悬浮在管道中心,它直接与流速较快的核心区相互作用,使之与靠近管壁的低速流混合。因此,流动剖面较平,形成良好的剖面形状,即使在极端条件,例如流量计上游紧挨着的位置有平面外单弯头或者双弯头时,影响也不大。

V 形锥流量计的其他主要特点包括:

- 直管段长度要求:上游取 0 ~ 3D,下游取 0 ~ 1D
- 主要元件准确度要求:读数±0.5%,重复性±0.1%或者更小
- 调节比为 10∶1,雷诺数为 8 000
- 适用于脏污液体

6.14 文丘里流量计

文丘里管(图 6.30)的入口段和出口段都是锥形,中间段平直,称为喉部,低压取压口就位于喉部。

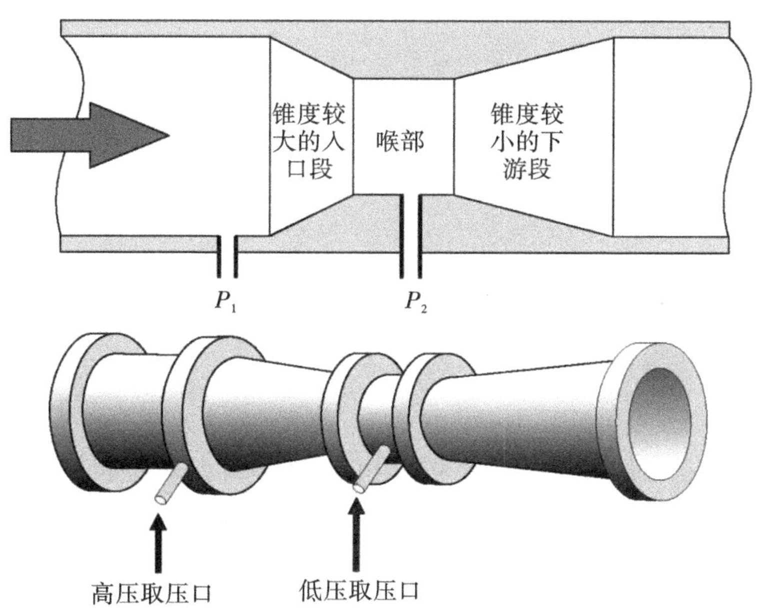

图 6.30 文丘里管的入口段和出口段都是锥形,中间段平直。(供图:Emerson)

通常,入口段至喉部这一部分较平滑,锥度大于下游段。下游段的锥度较小,可平稳减速,从而最大程度减少湍流,降低整体的永久压力损失。

因此,其永久压力损失仅仅为压差的 10% 左右,如图 6.5 所示。同时,其流线型使得

它能测量的流量比其他的流量计(例如孔板流量计)大60%左右。

文丘里流量计的准确度也相对更高,孔口比(d/D)为0.3~0.75的孔板流量计的误差为±0.75%,而文丘里管的误差小于该值。但必须保证尺寸的准确度,测量结果的准确度才能达到这个级别。因此,虽然文丘里流量计也可用于测量含有较高百分比的固体物质的流体,但是不适用于磨料介质。

一般认为,如果要选择孔径超过1 000 mm的压差流量计,文丘里流量计是最佳选
103 择,但它有一个很大的缺点,即成本较高,大约是孔板流量计的20倍。此外,1 m口径的文丘里流量计长度为4~5 m,尺寸较大、笨重,安装难度大。虽然渐扩出口段的长度最多可缩短35%,从而在降低高制造成本的同时不会太影响其特征,但代价是会增大压力损失。

6.14.1 优点

- 节流装置两侧的压降较小
- 不可恢复的压力损失较小
- 上下游所需的直管段更短

6.14.2 缺点

- 成本更高
- 笨重,安装需要占用更大的管道长度

6.15 文丘里喷嘴流量计

文丘里喷嘴是标准文丘里管的变形,采用“喷嘴”形入口段(图6.31)、较短的喉部以及渐扩下游段。文丘里喷嘴的永久压力损失比标准文丘里管测量的压差要大25%左右,但文丘里喷嘴的成本更低,安装所需的空间也更小,且保留了高准确度(±0.75%)和
104 适用于高速流的优点。

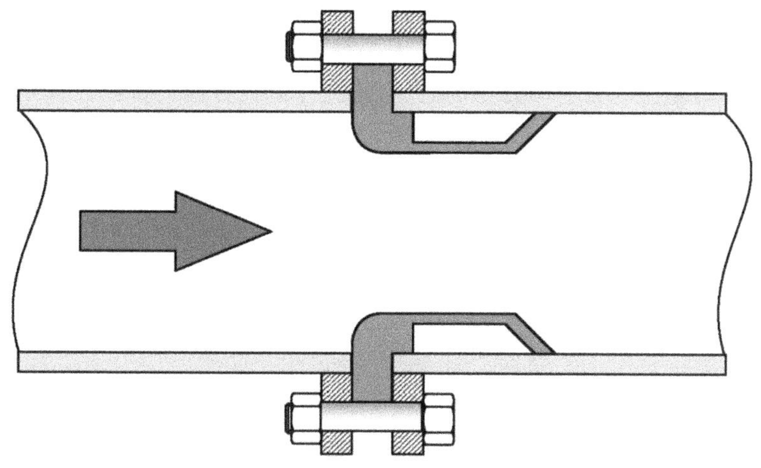

图 6.31　文丘里喷嘴是标准文丘里管的变形，采用“喷嘴”形入口段。

6.16　流量喷嘴流量计

流量喷嘴（图 6.32）主要用于高速流或者流体外排的情况，它与文丘里喷嘴的不同之处在于，它有跟文丘里喷嘴一样的入口段，但却没有出口段。

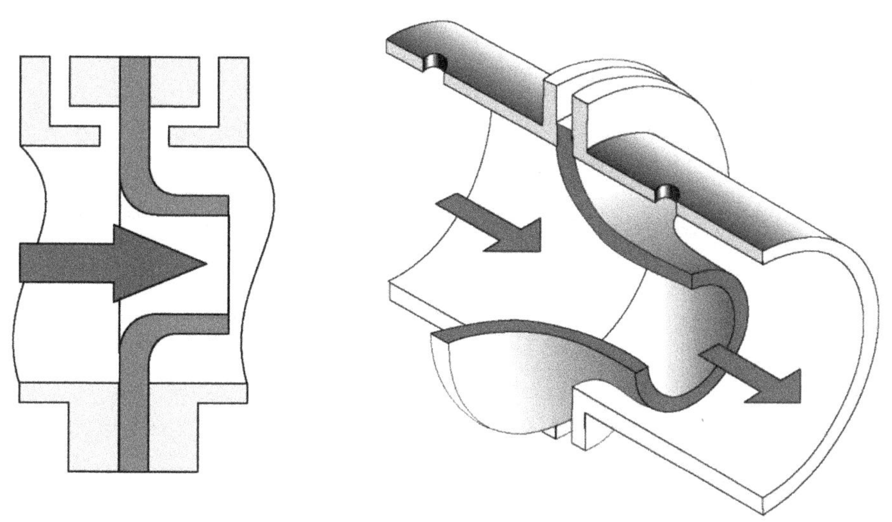

图 6.32　流量喷嘴主要用于高速流。（供图：Emerson）

流量喷嘴的主要缺点是永久压力损失较大，根据其设计，损失约为测量压差的 105
30% ~80%。

相对于这一缺点，其准确度只略低于文丘里管[±(1% ~1.5%)]，且成本一般只需标准文丘里管的一半。此外，它所需要的安装空间要小得多，而且由于可以将喷嘴安装在法兰之间或者托架上，因此，安装和维护比起文丘里管方便得多。

6.17 Dall 管流量计

市场上能够见到的低损耗流量计有许多，但其中最著名且商业上最成功的是 Dall 管流量计(图 6.33)。

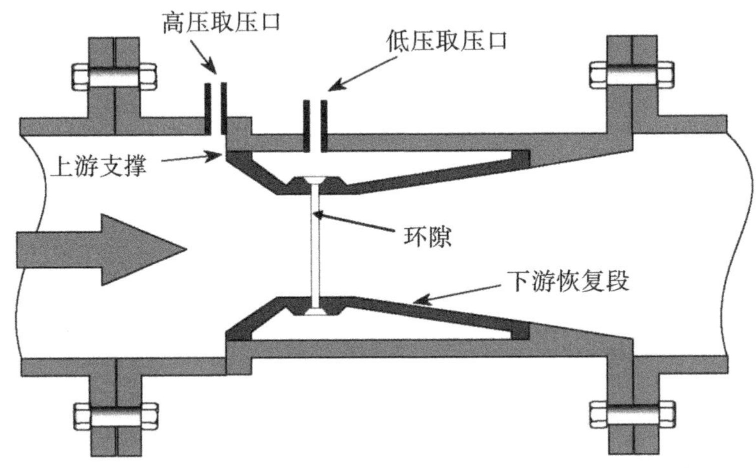

图 6.33 低损耗 Dall 管流量计。

Dall 管的基本结构是由环形空间分开的两个锥体，入口锥体有一个较短的大锥度收敛段，开始位置为直径略小于管道直径的阶梯式支撑或者入口肩部，然后是“喉部”的环形空间，之后是一个发散锥体，最后结束位置又是一个台阶。

高压取压点在入口肩部的上游边缘，低压取压点在开槽喉部(两个锥体之间的区域)，取“喉部”的平均压力。

由于环形空间的存在，液体在喉部不会与管壁分离，流体以发散射流的形式离开喉部。由于这种射流沿着扩散锥的壁面流动，实际上消除了涡流损失，而由于入口段和出口段的长度都较短，摩擦损失也较小。

其主要缺点是受雷诺数的影响很大，制造工艺很复杂。

6.18 皮托管流量计

皮托管是最古老的流速测量装置之一，它一般是通过测量不同点位的流速来绘制管道内的流速剖面。 106

皮托管最简单的形式（图 6.34）为一根插入管道中的小管，压头弯曲，使得管口与流动方向相对。这使得流动介质的少量样品撞击到管的开口端，停止流动。于是，流体的动能转化为压头（也称为滞止压力）形式的势能。

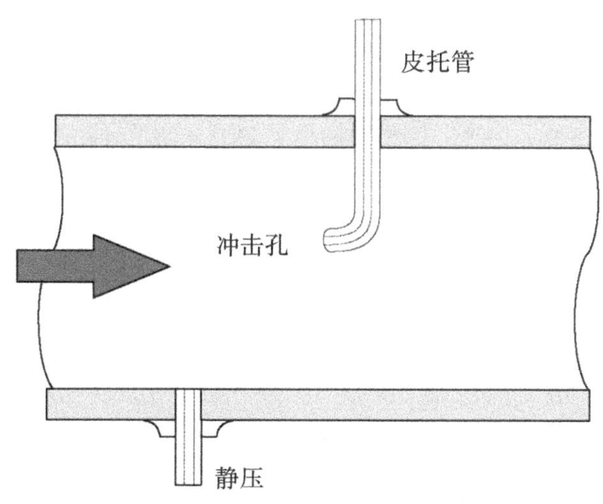

图 6.34　基本皮托管，说明工作原理。

▶数学上，可以用小管中的一个点和自由流动区域中的一个点的伯努利方程来表示。根据伯努利方程的一般形式：

$$P_1 + \frac{1}{2} \cdot \rho \cdot v_1^2 + \rho \cdot g \cdot h_1 = P_2 + \frac{1}{2} \cdot \rho \cdot v_2^2 + \rho \cdot g \cdot h_2 \tag{6.25}$$

由于撞击孔处的流速（v_1）为零，然后方程两边除以密度（ρ），可以写成：

$$\frac{P_h}{\rho} + 0 + g \cdot h_1 = \frac{P_s}{\rho} + \frac{v^2}{2} + g \cdot h_2 \tag{6.26}$$

其中：

P_s——静压；

P_h——滞止压力；

v——液体流速；

g——重力加速度；

h_1——静压测量点的液体压头；

h_2——滞止压力测量点的液体压头。

如果 $h_1 = h_2$，则

$$v = \sqrt{\frac{2 \cdot (P_h - P_s)}{\rho}} \tag{6.27}$$

由于皮托管是一种侵入式装置，部分流体在开口周围偏转，因此，需要一个补偿流量系数 K_p，由此：

$$v = K_p \cdot \sqrt{\frac{2 \cdot \Delta P}{\rho}} \tag{6.28}$$

对于高速可压缩流体(例如，在空气中>100 m/s)，应对方程进行修正。◀

用常规取压口测量静压，根据压头与静压之差，即可得到流速。根据压差单元测定的这一差值得到的流量测量结果，与常规的压差测量办法一样，与压力之间为平方根关系。因此，如果流量较小，临近量程的下限，则难以准确测量。

这种基本设置的问题在于，管道设计和静压取压的位置决定了流量系数 K_p。

为了克服这一问题，一种方法是使用如图 6.35 所示的系统，利用一对同心管，其中内管测量全压头，外管利用静压孔测量静压。

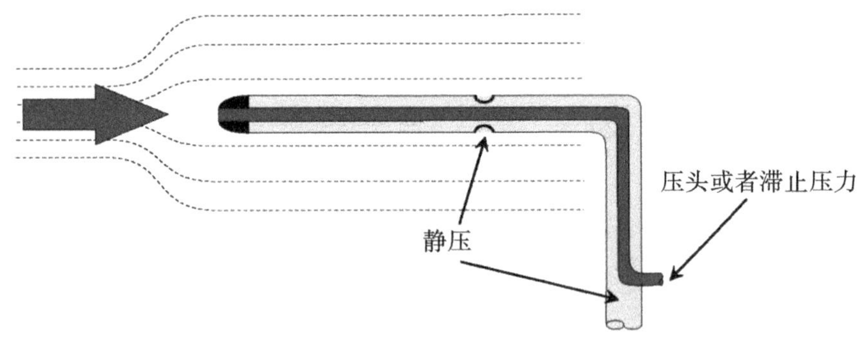

图 6.35　集成皮托管系统，其中内管测量压头，外管利用静压孔测量静压。

108　皮托管的这两种设计都测量点速度。然而，如果存在完全展开的湍流剖面，通过将管道定位在中心线和管壁之间四分之三处的点，可以获得对平均速度的粗略指示。

6.19　均速点皮托管

另一种确定平均速度的方法是使用均速点皮托管系统(图 6.36)。

本质上，该仪器包括两个横跨管道的背靠背传感杆，由多个关键位置的孔对其中的上游和下游压力进行感测。上游检测杆中的孔布置使得平均压力等于对应于流动剖面平均值的值。

由于流体与传感器分离的点随流量而变化(图6.37),因此,在定位静压传感孔时必须格外小心。一种解决方案是在改变分离点之前刚好定位静压点。或者,可以使用“异形”传感器(如罗斯蒙特阿牛巴流量计的典型传感器)(图6.38)来建立流体与传感器分离的固定点。

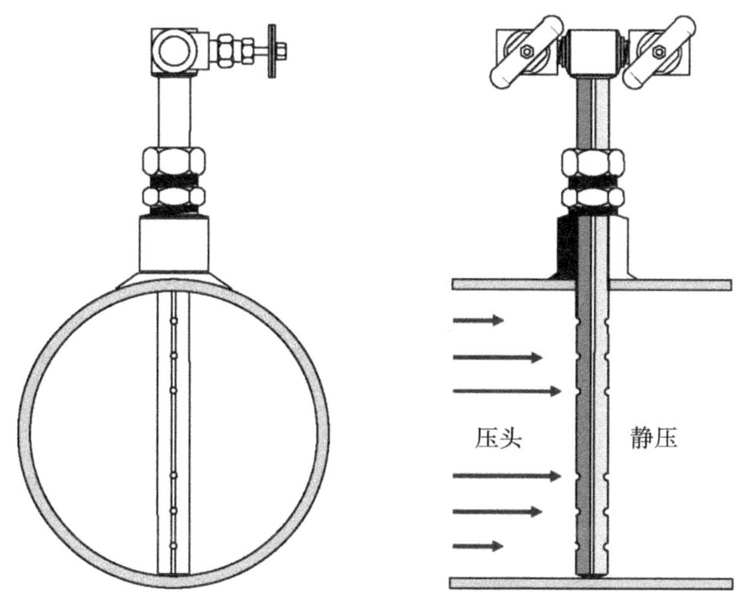

图6.36 多端口皮托管均速系统。

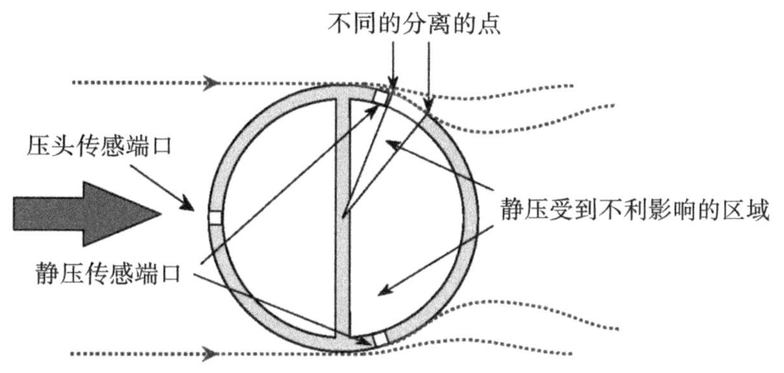

图6.37 流速的变化会影响分离的点和下游静压测量。

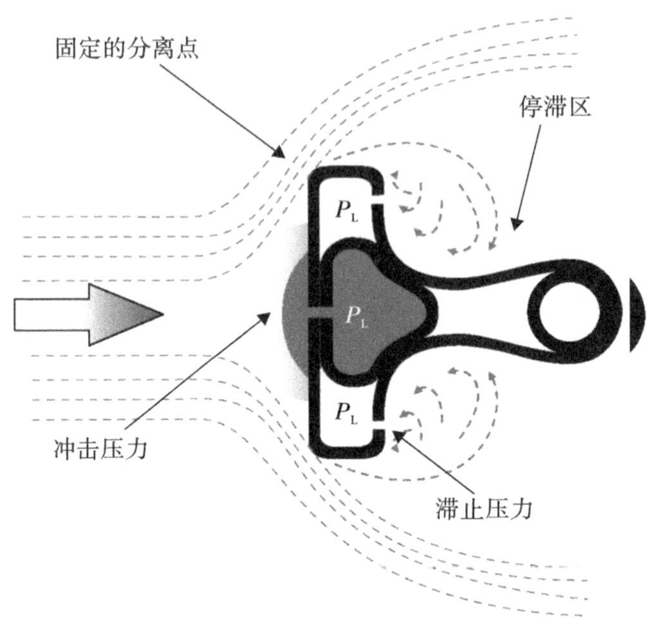

图 6.38 “成形”钝头体建立了一个固定的分离点。(供图:Emerson)

如图 6.39 所示,该系统包括一个 T 形杆,由一个高压腔和三个普通低压腔组成。由正面槽测量冲击[高(P_H)]压力,而由位于传感器后部滞止区的传感端口测量滞止[低(P_L)]压力。

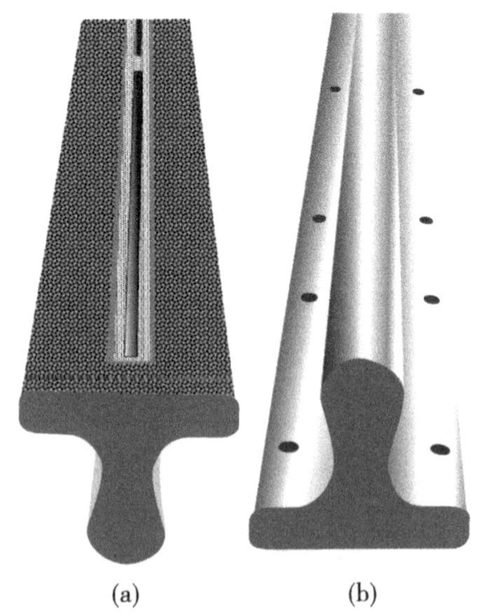

图 6.39 (a)由正面槽测量冲击[高(P_H)]压力,而由位于传感器后部滞止区的传感端口测量;(b)滞止[低(P_L)]压力。(供图:Emerson)

当正确安装时,"阿牛巴"型仪表的调节比为 14 : 1,流量准确度为 0.8%。然而,准确校准可能至关重要。

稍微面向上游的端口承受部分滞止压力,而略微面向下游的静态端口则承受略微降 109
低的冲击压力。

多端口型流量计主要用于测量大口径管道中的流量,压降较低,适用于各种流体,特别是水和蒸汽。虽然是侵入式的,但是它们平均了整个管孔直径上的流动剖面,因此对流动剖面的敏感度不如孔板,并且可以在间断下游 2.5 倍管道直径处使用。

6.20 弯头流量计

弯头流量计虽然不常用,但是在成本是一个因素并且不允许孔板产生额外压力损失 110
的应用中,可以将管道弯头用作压差主要装置。

弯头计量的应用肯定被低估了,因为其成本低,加上其在管道工程完工后的应用,可能是低精度液体流量计量应用的主要好处。由于大多数管道系统已有可以使用的弯头,因此,不会出现额外的压降,并且所涉及的费用也很低。

弯头流量计通常由两个以 45°角穿过弯管的取压口组成(图 6.40),以分别提供高压和低压取压口点。虽然 45°取压口更适合双向流量测量,但是 22.5°取压口可以提供更稳定和可靠的读数,并且受上游管道的影响较小。

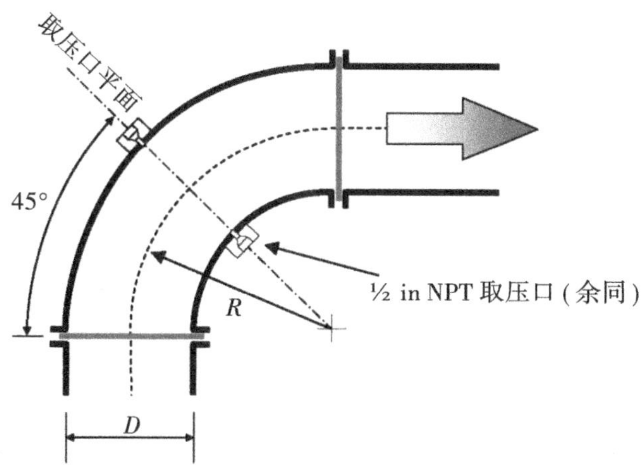

图 6.40 弯头流量计几何形状。

由于产生压差的因素很多,因此,很难准确预测确切的流量。其中一些因素包括:

- 外部取压口上的流动力

- 弯道处横轴流产生的湍流
- 外半径和内半径之间的不同速度

111 • 管道材质
- 弯头半径与管径关系

一般来说，弯头流量计只适用于较高流速的液体流量，不会产生优于±(4% ~5%)的精度。然而，现场校准可以产生更准确的结果，并且有高重复性的附加优点。

一般的经验法则是，弯头上游宜有 25 个管径的直管，下游宜有至少 10 个管径的直管。

6.20.1 优点

- 管线尺寸无限制
- 未校准精度约为±(4% ~5%)
- ±0.20% 量级的重复性
- 流量计不会产生额外的水头损失
- 购置成本相对较低
- 适用于双向流量测量
- 最小雷诺数为 50 000，没有最大限制

6.20.2 缺点

- 流量系数是非线性的，随着雷诺数而变化
- 流量计产生的压差明显低于其他主要压头损失元件
- 限于液态(不可压缩)流体

112 虽然弯头流量计基本上仅限于液体(不可压缩)应用，但是也可以计量气体流量，不过需要进行大量额外的校准工作，以根据经验确定特定于给定流量计和应用的绝热膨胀系数。

6.21 变截面流量计

变截面流量计是用于测量液体和气体流量的反向压差流量计。

该仪表通常包括一个垂直的锥形玻璃管和一个直径与管座大致相同的加重浮子(图 6.41)。

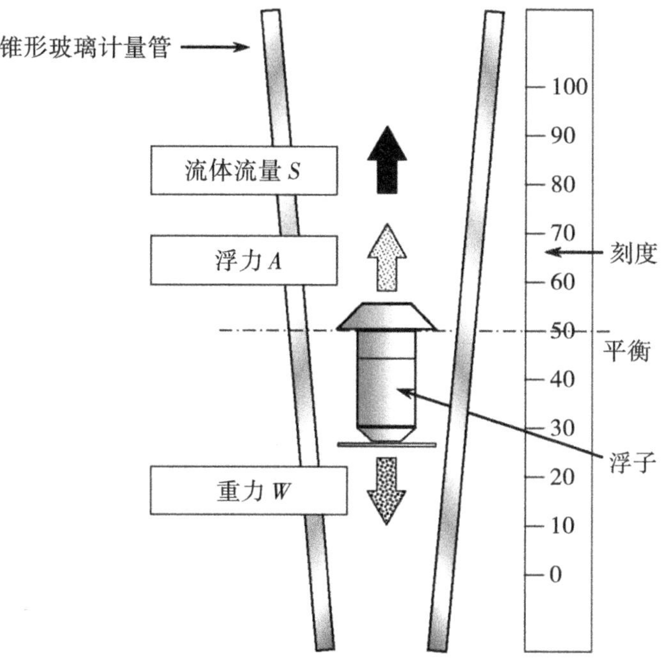

图 6.41　变截面流量计的基本配置。(供图:Brooks Instrument)

在操作中,流体或者气体从底部到顶部流过倒锥形管,携带浮子向上。由于管直径沿向上的方向增加,浮子上升到一个点,在该点上,由浮子和管之间的环形间隙上的压差产生的作用在浮子上的向上的力等于浮子的重量。

如图 6.41 所示,作用在浮子上的三个力为:

- 恒重力 W
- 根据阿基米德原理,如果流体密度恒定,则浮力为常数
- 力 S,流体流经浮子的向上力

对于给定的仪表,当浮子静止时,W 和 A 是常数,S 也必须是常数。在平衡位置(浮 113
动状态),力 $S+A$ 之和等于 W,方向与 W 相反,浮子位置对应于可以从刻度尺上读取的特定流量。变截面流量计的主要优点是流量与孔口面积直接成比例,而该孔口面积又可以使得与浮子的竖直位移成线性比例。因此,与大多数压差系统不同,不需要进行平方根提取。

可以研磨锥体,以提供特殊的理想特性,例如在低流量下具有更高分辨率的偏移。

▶在典型的变截面流量计中,可以由下式近似给出流量 q:

$$q = C \cdot A \cdot \sqrt{\rho} \tag{6.29}$$

其中：

q——流量；

C——主要取决于浮子的常数；

A——流体流过浮子的横截面积；

ρ——流体密度。

因此，指示流量取决于流体的密度，在气体的情况下，该密度随着气体的温度、压力和成分而强烈变化。

通过将孔板与流量计并联，可以扩展变截面流量计的范围。 ◀

6.21.1 浮子

浮子材料主要由介质和流量范围决定，包括不锈钢、钛、铝、黑玻璃、合成蓝宝石、聚丙烯、特氟龙、PVC、硬橡胶、蒙乃尔合金、镍和哈氏合金 C。

准确计量的一个重要要求是浮子在计量管中准确居中，通常采用以下三种方法之一：

浮头上的槽使浮子旋转并且居中，防止其粘在管壁上（图 6.42）。这种设计导致了术语“转子流量计”可应用于所有变截面流量计。* 槽可能不适用于所有浮子形状，此外，还可能导致指示流量变得略依赖于黏度。

计量管锥体内的三个模制肋（图 6.43）平行于管轴线，引导浮子并且使其保持居中。该原理允许使用多种浮子形状，并且即使在计量不透明流体时计量边缘也保持可见。

计量管内的固定中心导杆[图 6.44(a)]用于引导浮子并使其保持居中。或者，可以将杆连接到浮子上，并且在固定导轨内移动[图 6.44(b)]。导杆的使用主要局限于流体流受到脉动的影响而导致浮子“颤振”，在极端情况下，还可能使管道破裂的应用场合，它还广泛用于金属计量管。

---

* 术语“转子流量计”(Rotameter)目前是英国通用电气 Elliot 自动化公司转子流量计公司的注册品牌名称。在许多其他国家，Rotameter 这个品牌名称是注册在 Rota Yokogawa GmbH & Co. 名下。

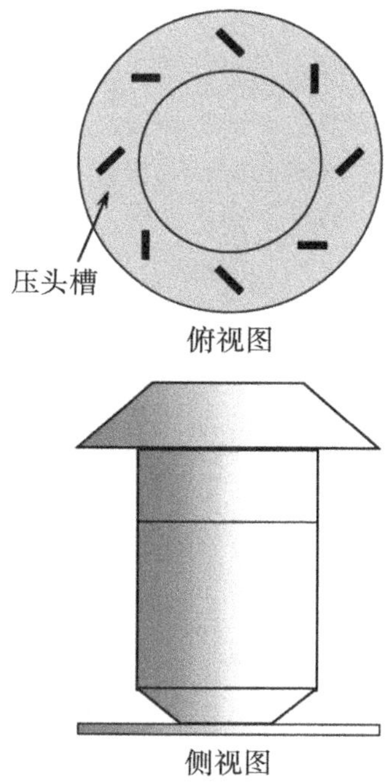

图6.42 开槽浮头旋转并且自动对中的浮子对中。

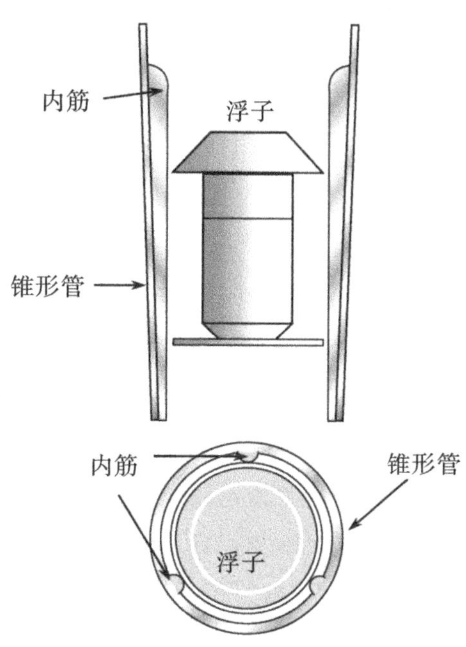

图6.43 浮子对中，其中浮子通过平行于管轴的三个模制肋条对中。

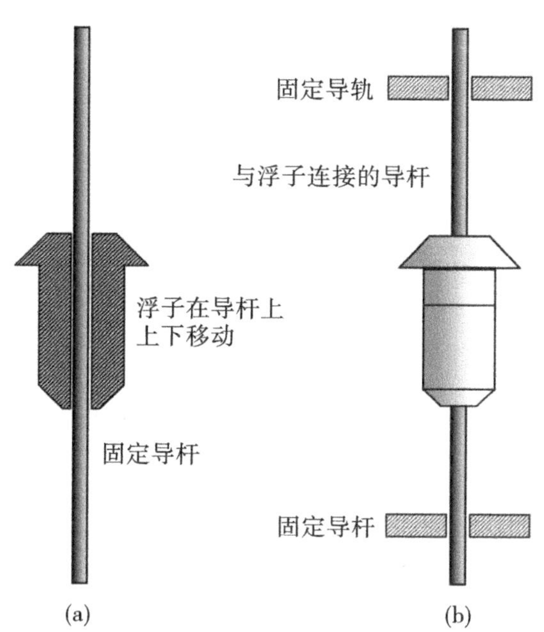

图6.44 浮子通过(a)固定中心导杆或者(b)连接到浮子上的导杆对中。(供图：ABB Fischer & Porter)

115 6.21.2 浮子形状

浮子的设计仅限于四种基本形状(图 6.45):

- 浮球
- 旋转(黏度非免疫)浮子
- 黏度免疫浮子
- 低压损失浮子

浮球[图 6.45(a)]主要用作小型流量计的计量元件,其重量由多种材料决定。

图 6.46 显示了黏度对流量指示的影响。由于其形状不能改变,将流量系数明确定义为图 6.46 中的 1,并且如图所示,几乎没有线性区域。因此,由于温度的微小变化,黏度的任何变化都会导致指示的变化。

旋转浮子[图 6.45(b)]用于较大尺寸的流量计,其特点是线性(黏度免疫)区域相对较窄,如图 6.46 中 2 所示。

116 黏度免疫浮子[图 6.45(c)]对黏度变化的敏感性明显较低,其特征是线性区域更宽,如图 6.46 中 3 所示。虽然这种仪表不受相对大的黏度变化的影响,但是相同尺寸的流量计具有比前述旋转浮子小 25% 的跨度。

可以将低压损失浮子[图 6.45(d)]用于气体流量计量。由于产生计量效果所需的能量来自流动流体的压降,因此,仪表两端的压降主要归因于浮子。该压降与浮子高度无关且恒定。

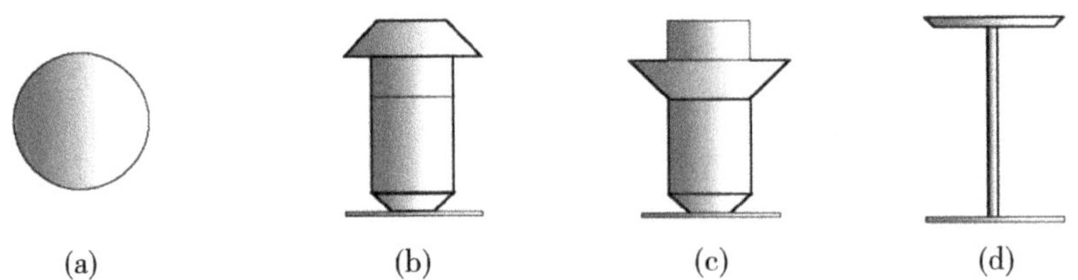

图 6.45 (a)浮球,(b)旋转(黏度非免疫)浮子,(c)黏度免疫浮子,(d)低压损失浮子。(供图:ABB Fischer & Porter)

此外,压降是由仪表配件(连接和安装装置)引起的,并且随着流量的平方而增加。因此,设计要求上游压力最小。

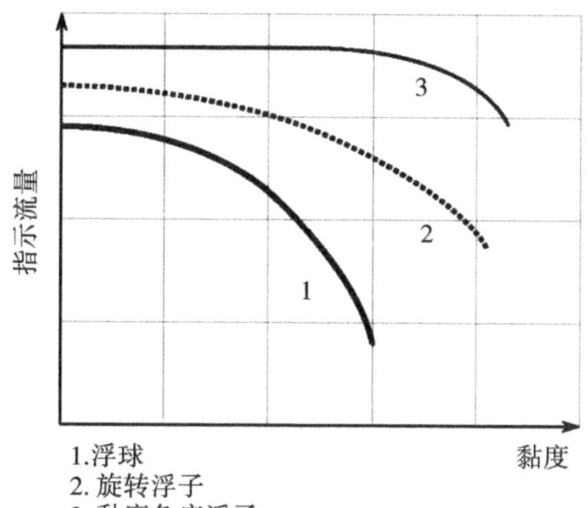

图 6.46 各种浮子形状的黏度效应。(供图:ABB Fischer & Porter)

6.21.3 计量管

计量管通常由硼硅酸盐玻璃制成,适用于计量温度高达 200 ℃(392 °F)和压力高达约 20 ~ 30 bar 的工艺介质。

由于玻璃管容易受到热冲击和压力锤击的损坏,因此,通常需要在玻璃管周围提供保护罩。 117

变截面流量计本质上是自清洁的,因为在管壁和浮子之间的流体流量起到了防止异物堆积的冲刷作用。尽管如此,如果流体很脏,管子可能会有涂层,影响校准并妨碍读数,这种影响可以通过使用在线过滤器来最小化。

在某些应用中,可以使用一个不透明管,与浮子跟踪器配合使用。这种管可由钢、不锈钢或塑料制成。

通过使用带有内置永磁体的浮子,可以将外部安装的簧片继电器用于检测流量上限和下限,并且触发适当的动作。

通过使用不锈钢计量管,可以将温度和压力范围大大扩大[例如高达 400 ℃(752 °F)和 7 bar]。同样,浮子可以结合内置的永磁体,将该永磁体耦合到外部场传感器,所述外部场传感器在流量计上提供流量读数。

如果流体可能含有铁磁性颗粒,这些颗粒可能会黏附在磁浮子上,则应在流量计的上游安装一个磁性过滤器。通常这种过滤器包含条形磁体(图 6.47),涂有聚四氟乙烯

(PTFE)作为防腐保护,以螺旋方式进行布置。

通常,变截面流量计的不确定度范围为满量程的1% ~3%。然而,精密仪表的不确定度为满量程的0.4%。

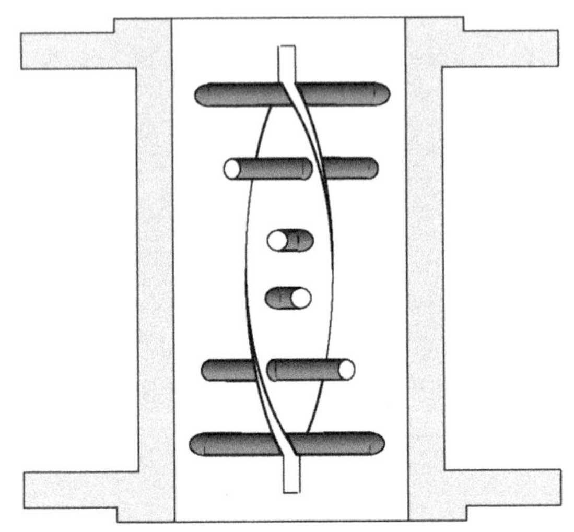

图6.47　典型磁性过滤器。(供图:Krohne)

6.21.4　优点

- 线性浮子对流量变化的响应
- 10:1 流量范围或调节比
- 轻松调整或者从一个特定服务转换到另一个
- 118 易于安装和维护
- 简易性
- 成本低
- 低流量精度高(低至 5 cm^3/min)
- 流量可视化

6.21.5　缺点

- 精度有限
- 对温度、密度和黏度变化敏感
- 流体必须干净,无固体成分

- 设备腐蚀(磨损)
- 大直径可能很贵
- 仅在垂直位置操作
- 数据传输需要附件

6.22 压差变送器

使用压差变送器进行压差的测量，其作用是测量压差并将其转换为电信号(图6.48)。

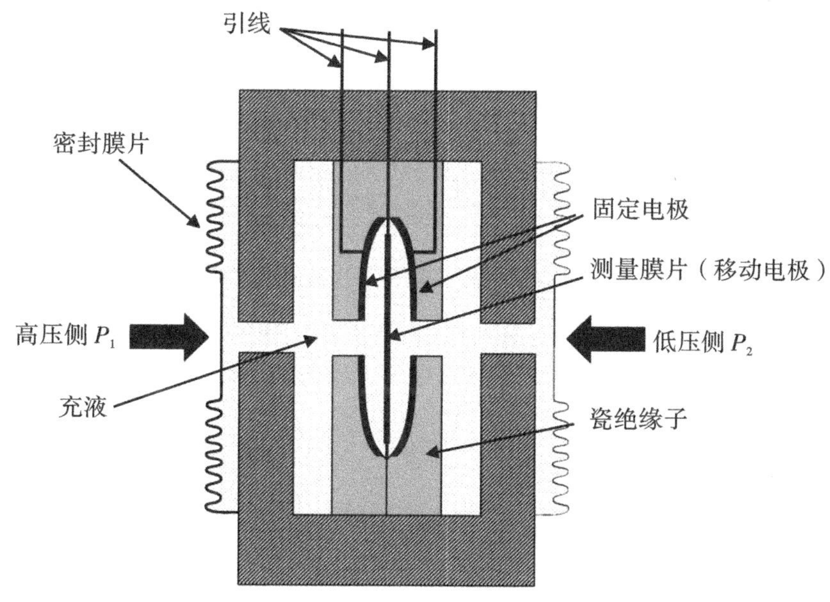

图6.48 电容式压差变送器的基本结构，其中将隔离膜片的运动通过隔离流体传递到测量膜片，其挠度是压差的测量值。

隔离膜片将测量元件与工艺介质隔离，施加在隔离膜片上的压力变化通过隔离流体 119
(例如硅油)传递到测量膜片，其挠度是压差的测量值。

可以通过多种方法对测量膜片的挠度进行测量，包括电感、应变仪和压电法。然而，被大量制造商采用的最流行的测量压差的方法是变电容变送器。

如图6.48所示，传感膜片为可移动电极的形式。当该电极与固定板电极的距离改变时，会使得电容产生变化，进而产生变化的电信号。

基于电容的变送器简单、可靠、准确(通常为0.1%或者更好)、体积小、重量轻，并且在宽温度范围内保持稳定。电容式变送器的主要优点是,它对压力(低至 0.001 bar)的微小变化极其敏感。

一些制造商广泛使用压阻元件,其中将压阻扩散到 N 型硅晶片的表面(图 6.49)。这种绝缘体上硅器件现在能够在高达 220 ℃(428 °F)的温度和高达 70 bar 的压力下连续运行。

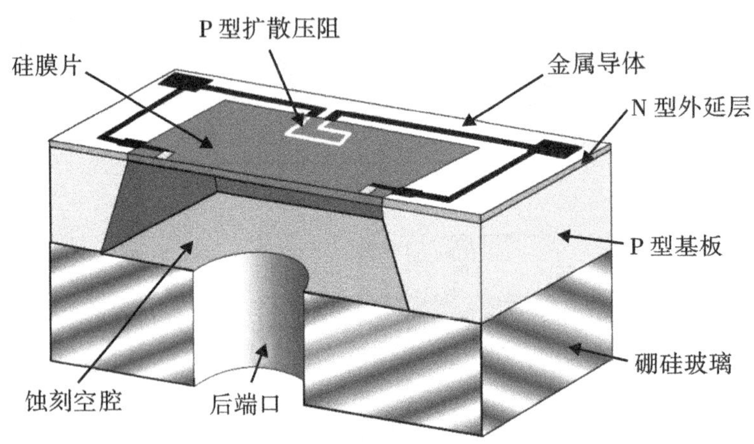

图 6.49 压阻扩散到 N 型硅晶片表面的压阻元件。

6.23 多变量变送器

▶本章开头表明,可以通过以下表达式将压差与流量关联起来:

$$Q = kC_d\sqrt{\frac{\Delta P}{\rho}} \tag{6.30}$$

其中:

Q——流量;

k——常数;

C_d——流量系数;

ΔP——压差,$\Delta P = P_1 - P_2$;

ρ——流体密度。

在实践中,这个表达式非常不充分,特别是在涉及气体或者蒸汽质量流量的应用中。美国机械工程师学会(AIME)最常用的液体、气体和蒸汽质量流量表达式是:

$$Q_m = NC_dE_vY_1d^2\sqrt{\Delta P\rho} \tag{6.31}$$

其中：

Q_m——质量流量；

N——单位系数；

C_d——流量系数；

E_v——渐近速度系数；

Y_1——气体膨胀系数（液体时取1）；

d——孔径；

ΔP——压差；

ρ——流体密度。

使用该方程，传统方法是利用三个单独的变送器来测量压差、静压和温度，以推断质量流量。如图6.50所示，可以通过测量静压和温度并且结合输入某些已知常数来对气体的密度进行推断，即压缩系数、气体常数、分子量和流体常数。

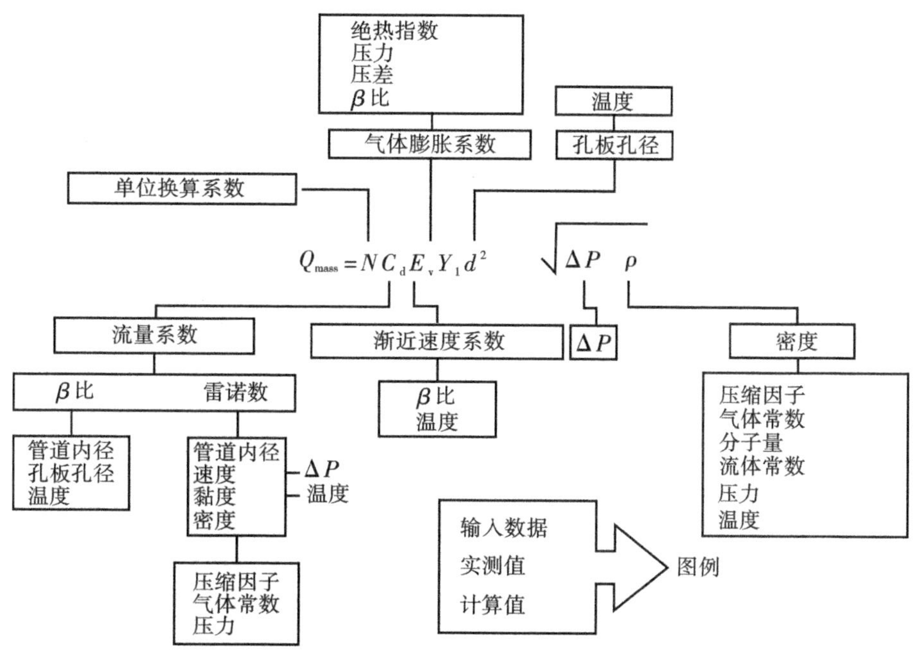

图6.50 完全补偿质量流量的计算需要测量压差、静压和温度。（供图：Emerson）

几家公司现在已经开发了一种单一变送器解决方案（多变量变送器），该方案可以同时测量压差、静压和温度，并且提供机载计算。

除了在购买价格和安装方面节约巨大的成本之外，无论是饱和还是过热，这种多变量变送器都可提供过程气体（燃烧空气和燃料气体）和蒸汽的准确的质量流量测量。其他应用包括跨过滤器和在蒸馏塔中的压差测量，其中用户关注静态压力和温度测量以推断成分，在测量液体流量时，由于温度变化大，需要密度和黏度补偿。

6.24 引压管线

引压管线（也称为传感管线）是连接上游和下游一次元件取压口（例如，孔板）到压差变送器的小口径管道。

121 脉冲管线还需要额外的辅助设备（图 6.51），包括隔离阀（有时称为分支阀）和阀门歧管。歧管阀将多个单个阀门整合到一个单独的阀块中，允许用户在不将压力变送器从其安装位置移除的情况下执行多种功能。单块还最大限度地减少了连接和潜在泄漏点的数量。

虚线框内所示的三阀歧管（图 6.52）包括一个均压阀和两个截止阀。额外的放气阀用于将截留的流体压力排放到大气中。在其正常工作模式下，截止阀打开，均压阀关闭。当变送器停止运行时，首先关闭高压（HP）截止阀，打开平衡阀，最后关闭低压（LP）阀。将变送器重新投入使用时，执行相反的操作。[*]

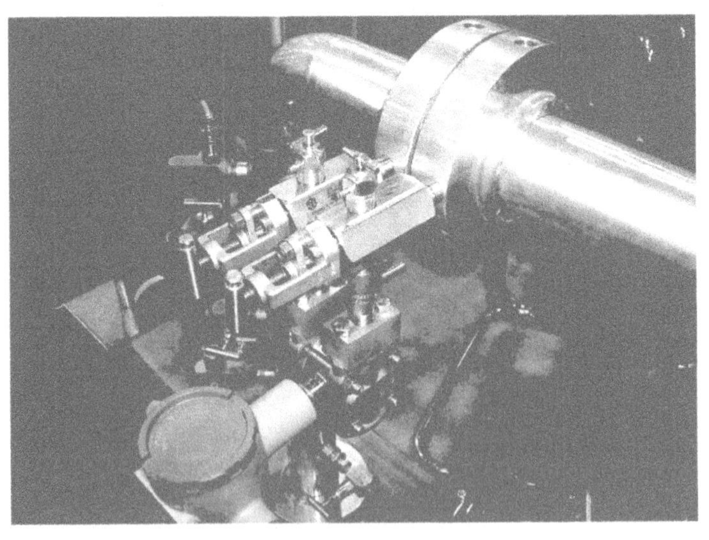

图 6.51 脉冲管线与一系列辅助设备一起使用，包括隔离阀和阀门歧管。

* 当两个截断阀也打开时，绝对不能打开均压阀，因为这将允许工艺流体从高压侧通过均压阀流向低压侧。

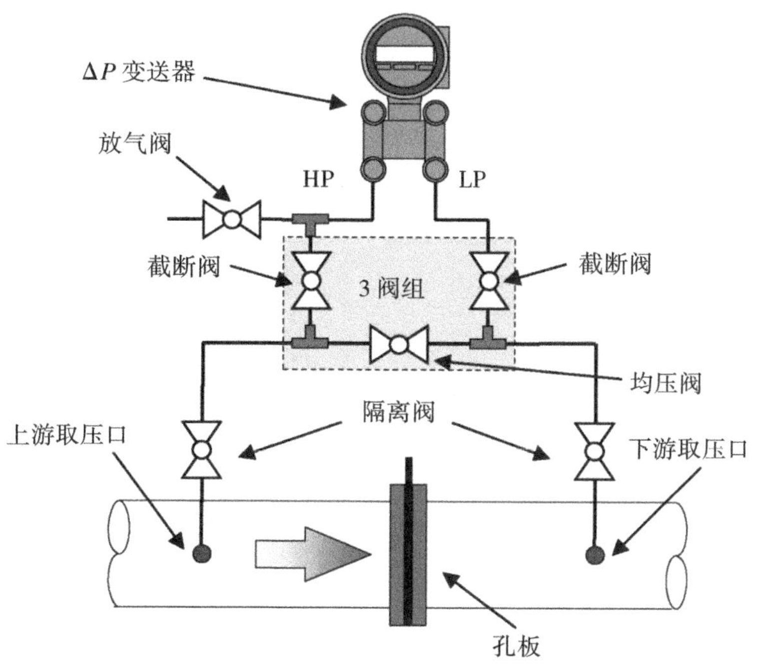

图 6.52　包含三阀歧管的典型引压管线和阀门连接。

五阀歧管(图 6.53)中存在内置放气阀,使用户更容易吹扫变送器。通过关闭截断阀和打开均压阀来检查变送器零点。

五阀歧管通常用 316 不锈钢制成,尽管海上应用通常使用双相钢以避免盐雾腐蚀。

推荐管孔直径差异很大,例如,ISO 2186 建议根据导压管的长度和应用,管道内径从 123
7 mm 到 25 mm 不等。由于存在管道堵塞或者阻塞的风险,大多数工艺控制应用建议最小内径为 16 ~ 18 mm(5/8 in 至 3/4 in)。对于冷凝蒸汽应用中的高温,规定为 25 mm(1 in),以允许冷凝水畅通无阻地流动。

尽管有上述所有建议,但是宜记住,大多数变送器在 12.7 mm(1/2 in)端口上是标准化的。因此,安装 25 mm(1 in)管道毫无意义,并且在变送器处仍然有 1/2 in 的瓶颈。

对于最大导压管长度的一般建议是:“……尽可能短。”尽管如此,ISO 2186 规定了最大 45 m 的长度,尽管之前有一个规定允许长度达到 90 m 的参考文件被废弃了。一个常见的经验法则是,如果要避免图 6.54 所示的一些问题,宜将最大长度保持在 15 m 左右。

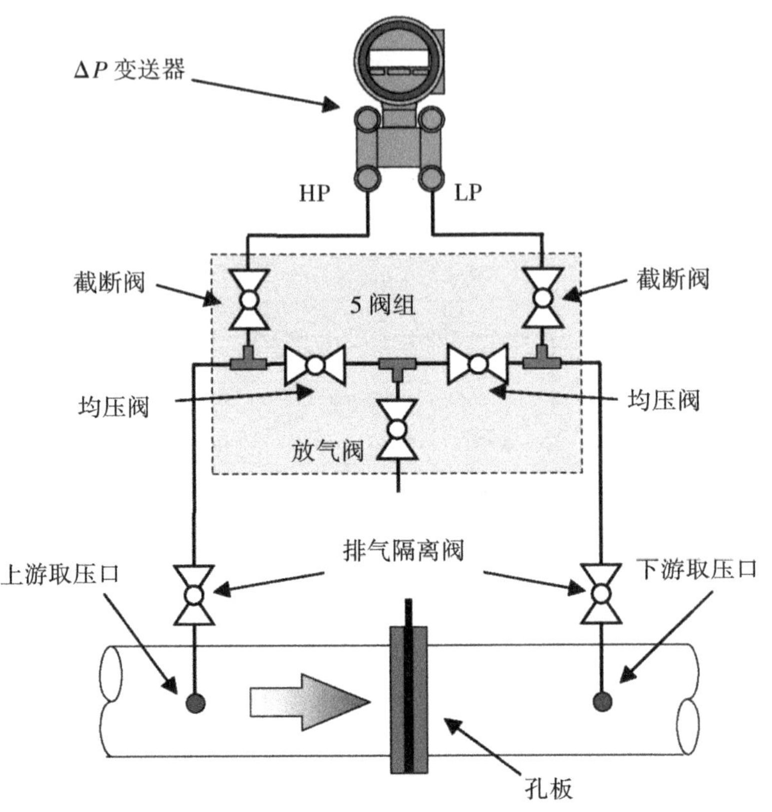

图 6.53　五阀歧管中存在内置放气阀，使得用户更容易吹扫变送器。

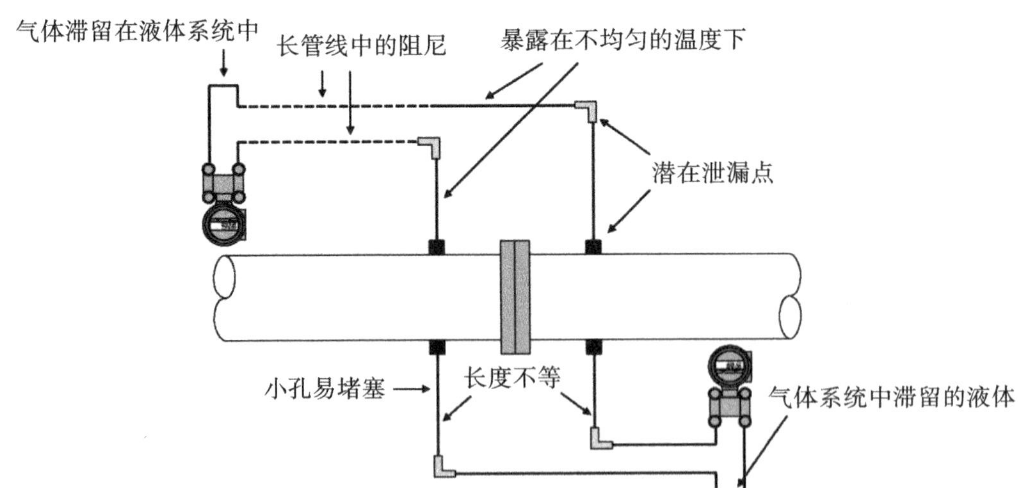

图 6.54　安装导压管时遇到的潜在问题和不良做法。

6.25 管道布置

为了避免图 6.54 所示的问题,一般建议如下:

- 使用等长的短引压管线
- 有效排放充液管线中的截留气体
- 排出充气管线中的任何液体
- 使用推荐配置——由工艺介质决定
- 如有必要,使用伴热和/或隔热材料,以确保两条管线的温度相等
- 对于脉动流:
    - 避免改变取压管线的直径
    - 确保脉动和脉冲管线频率不会重合

为避免充液管线中出现气泡或者蒸汽,以及充气管线中出现液体,充液管线宜从取压口向下倾斜至变送器,而充气管线宜向上流动。

6.25.1 水平管道中的液体

如图 6.55 所示,充液管线通常宜从取压口向下倾斜至变送器[图 6.55(a)]。因此,基本元件取压口可能位于水平中心线和中心线以下 60°之间的某个位置(3 点至 5 点钟方向)[图 6.55(b)]。应避免在下止点设置取压口,因为它们可能会积聚固体,而中心线上方的取压口可能会积聚空气或者不凝气体。

6.25.2 水平管道中的气体

为了避免液体聚集在充气管线中,管线宜向上流动,变送器安装在管道上方[图 6.56 125
(a)]。此处,取压口可位于垂直中心线和其下方 60°之间的某个位置(12 点至 2 点钟方向)[图 6.56(b)]。

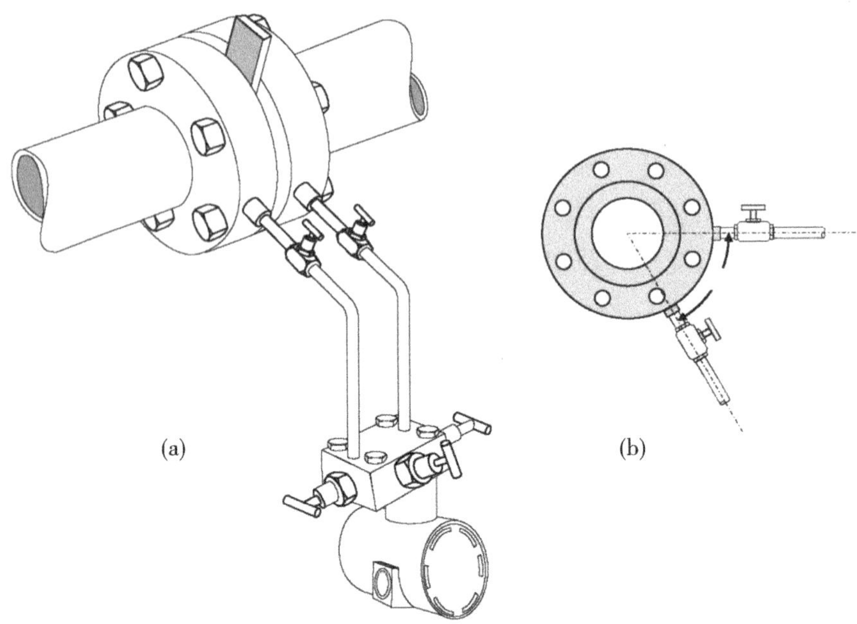

图 6.55　(a) 充液管线通常宜从取压口向下倾斜到变送器；(b) 取压口可位于水平中心线和中心线以下 60°之间的某个位置(3 点至 5 点钟方向)。

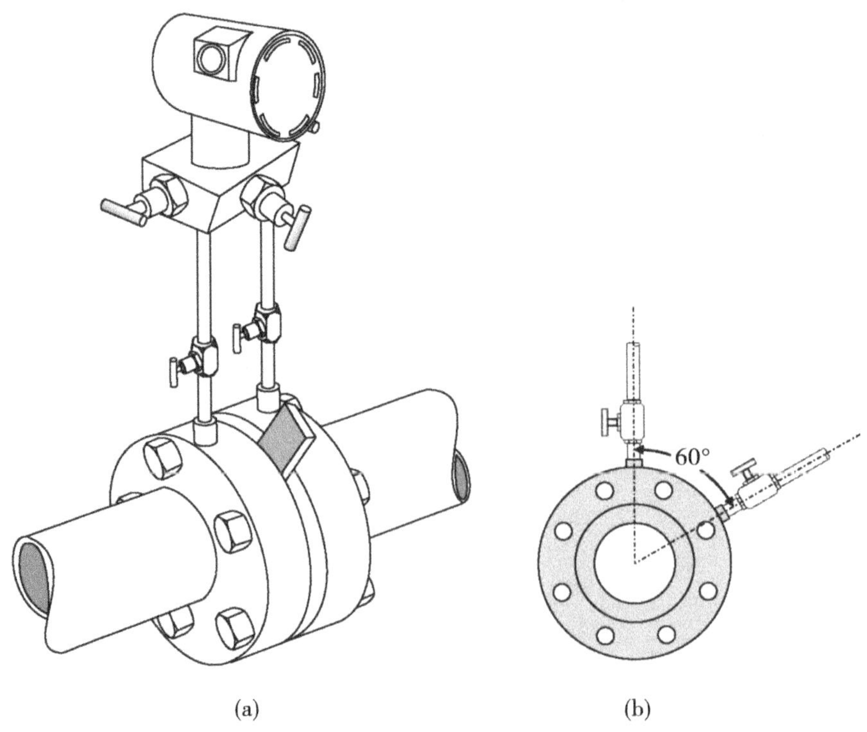

图 6.56　(a) 充气管线宜向上流动——变送器安装在管道上方；(b) 取压口可位于垂直中心线和其下方 60°之间的某个位置(12 点至 2 点钟方向)。

6.25.3 水平管道中的蒸汽

由于标准 ΔP 变送器的最高温度限值通常约为 100 ℃(212 °F),因此在测量温度高达 800 ℃(1 472 °F)的蒸汽时,必须适当考虑。此外,根据温度和压力,它可以是液相或者气相。因此,管道必须适应气体或者液体的存在。

如图 6.57 所示,取压口宜位于水平中心线(3 点钟方向)上,垂直管线充满冷凝水。

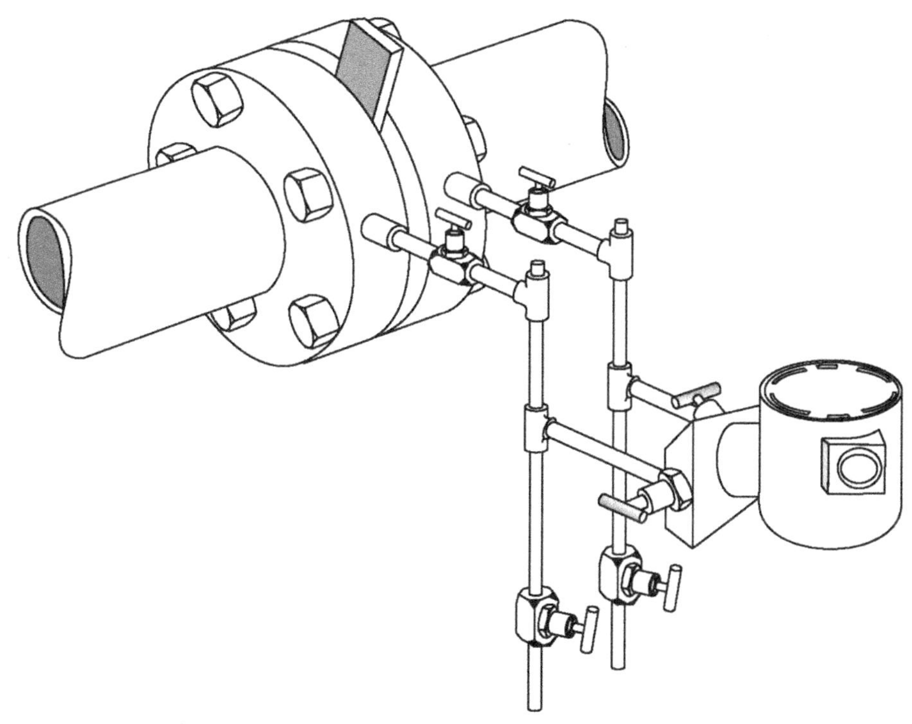

图 6.57 对于蒸汽应用,取压口宜位于水平中心线上,垂直管线充满冷凝水。

在启动过程中,可能在管线充满凝结水之前就将变送器暴露在蒸汽温度下。因此,通常提供带塞的三通接头,以便在启动前将垂直导压管线和变送器注满水。

6.25.4 垂直管道中的液体

在垂直流动中,取压口高度的微小差异(图 6.58)可能需要在变送器上设置校准偏移 126
量,具体取决于液体的密度。宜将管道水平伸出尽可能短的距离,然后向下延伸到两个取压口下方的变送器。

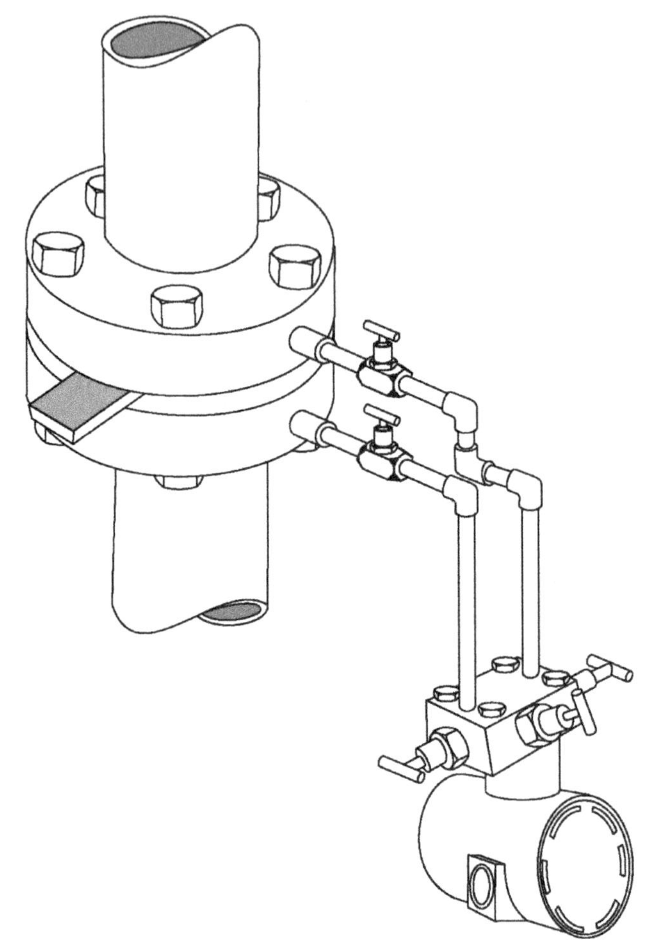

图 6.58　宜将管道水平伸出尽可能短的距离，然后向下延伸到两个取压口下方的变送器。

6.25.5　垂直管道中的气体

在垂直管道中，管线宜向上流动，以避免液体聚集在充气管线中，变送器安装在管道上方（图 6.59）。

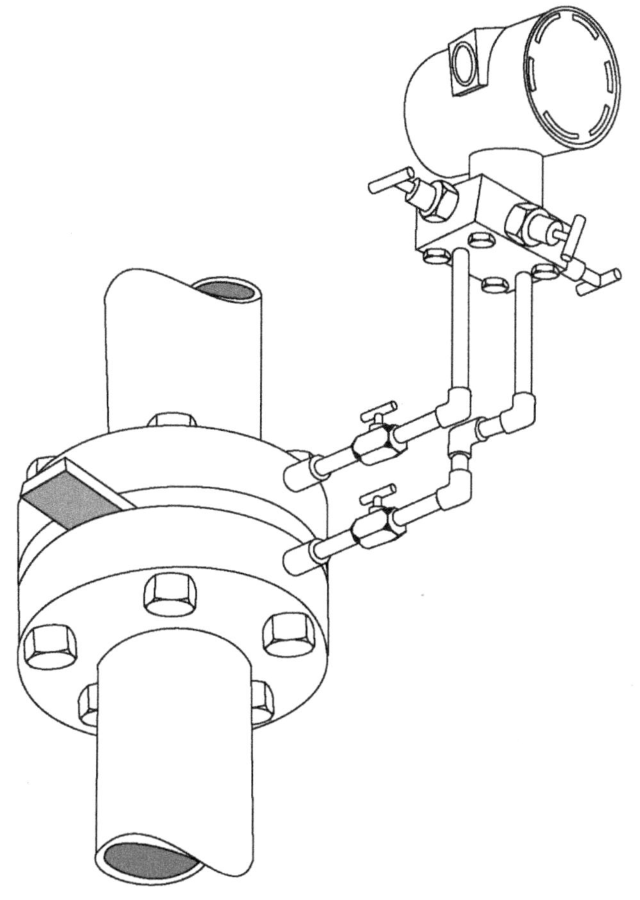

图 6.59　在垂直管道中，管线宜向上流动，以避免液体聚集在充气管线中，变送器安装在管道上方。

6.25.6　垂直管道中的蒸汽

在垂直导压管线和变送器充满液体的水平管道中，液体压头相同。然而，在垂直管 127
道中，取压口之间的液体压头存在差异。因此，即使在静态条件下，取压口之间也存在压差，可以通过两种方法之一来补偿该压力差。

一种方法（图 6.60）是在下降到变送器之前，将下导压管提升到与上导压管相同的高度。这种布置平衡了两条导压管线中变送器上方的液体压头，并且避免了在校准过程中进行偏移校正。

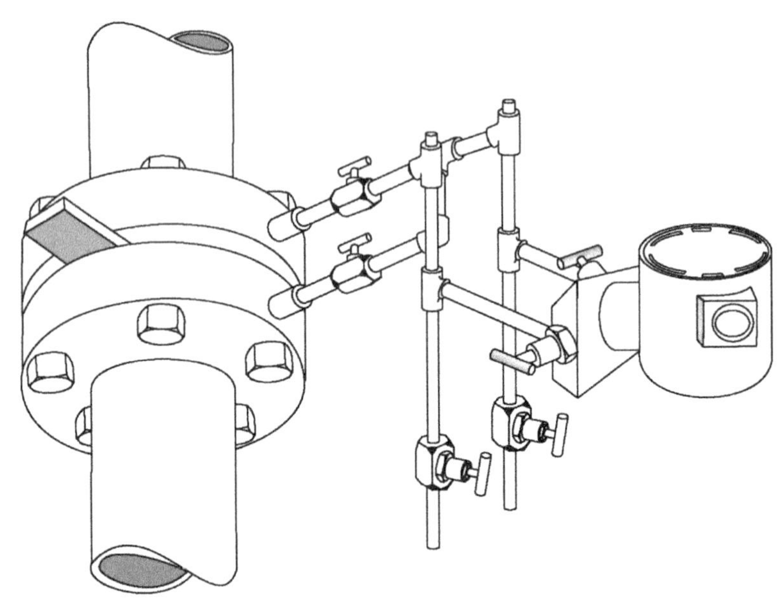

图 6.60　通过将下导压管提升到与上导压管相同的高度，两条管线中的液体压头达到平衡。

另一种方法是两条导压管水平离开取压口，然后向下连接到变送器。最后在校准过程中对变送器进行偏移校正，以补偿液体压头的差异。

6.26　管路堵塞检测

由于导压管直径小，容易堵塞——通常是由于冻结或者管线中的产品凝固。安装不良也可能造成堵塞，隔离阀对准或者就位不当，或者导压管实际上卷曲。不幸的是，尽管
128 一条或者甚至两条管线都堵塞，但是测量结果看起来仍然可以接受，因此，通常极难检测此类问题。

为了帮助操作人员识别是否存在堵塞的导压管，几家制造商开发了一种技术，将变送器的当前性能与调试期间确定的背景“特征”进行比较，利用过程的背景噪声。

由于许多因素，流量测量基本上是“嘈杂的”，这些因素包括：上游/下游管道不连续
129 性引起的涡旋脱落变化、管道粗糙度、脉动等。在正常运行条件下，当应用于变送器的高压（H）和低压（L）输入时（图 6.61），由于压力变送器测量压差，有效地抵消了该过程的噪声。

高压管路（H）
低压管路（L）
压差

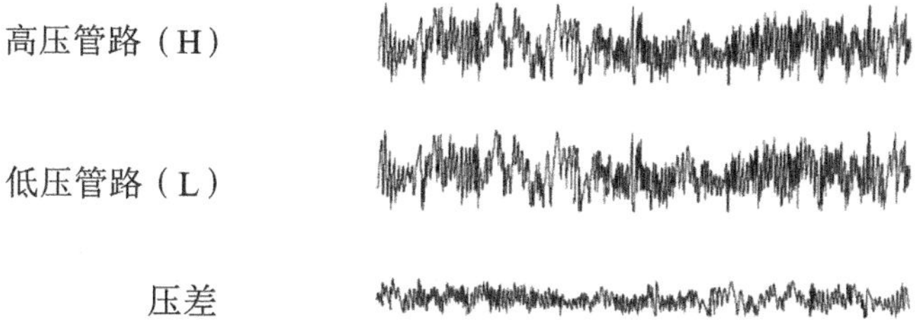

图6.61　在两条管线均未堵塞的情况下，由于压力变送器测量压差，有效地抵消了过程噪声。

如果一条或者另一条导压管线堵塞，则不会发生抵消，压差信号上升到未堵塞管线的压差信号（图6.62）。然而，当两条导压管线都堵塞时，测得的压差噪声级几乎降至零（图6.63）。

高压管路（H）
低压管路（L）
压差

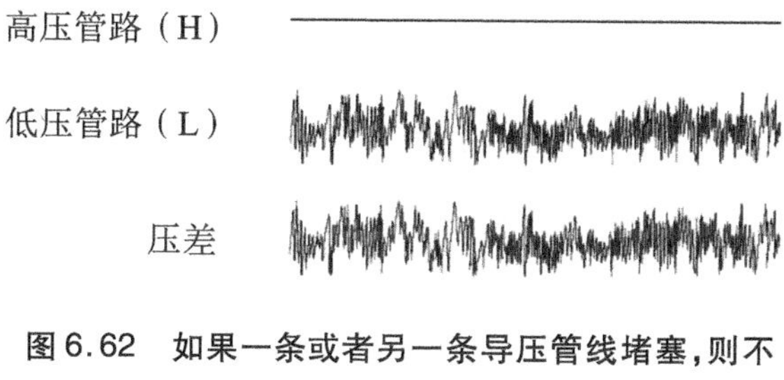

图6.62　如果一条或者另一条导压管线堵塞，则不会发生抵消，压差信号上升到未堵塞管线的压差信号。

高压管路（H）
低压管路（L）
压差

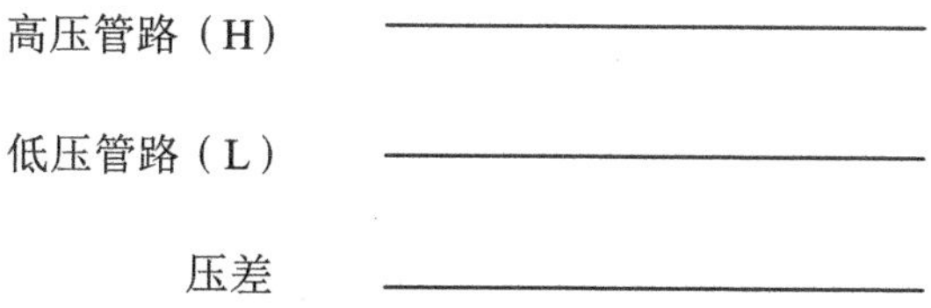

图6.63　当两条导压管线都堵塞时，测得的压差噪声级几乎降至零。

7 间接容积式流量计

7.1 简介

133 间接容积式流量计是一种间接容积式总量计,其中流动介质包从流动流体中分离出来,并从流量计输入端移动到输出端。然而,与容积式流量计不同,其封闭体积不是几何定义的,而是“推断出来的”。

间接容积式流量计配有安装在转子上的叶片,这些叶片的形式为有叶转子或有叶涡轮,由介质按与流量成正比的速度驱动。转了的转数与总流量成正比,并由齿轮系或电磁或光学拾波器监测。

间接容积式流量计在精度和可重复性方面可与容积式流量计相比,因此广泛应用于石油和天然气行业的交接计量。

7.2 涡轮流量计

涡轮流量计的尺寸从5 mm到600 mm不等,通常包括一个轴向安装的叶片转子组件(涡轮机),该组件在轴承上运行,并通过上游和下游支撑杆同心安装在流动流体内(图7.1)。支撑组件通常还包括上游导直段和下游导直段,以调节流动流体的状态。转子由冲击叶片的介质(气体或液体)驱动。

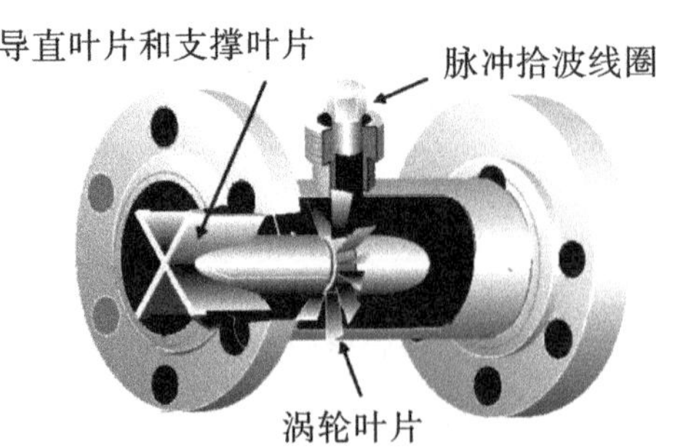

图7.1 涡轮流量计由悬浮在流动流体中的叶片转子组成,通常包括上部导直叶片和下部导直叶片。(供图:Emerson)

通常，转子叶片的尖端会嵌入永磁体，然后在外部安装的拾波线圈中感应出电脉冲。当每个叶片通过线圈时，线圈中会产生电压，每个脉冲代表一个独立的液体体积。

在改进的设计中，外部安装的拾波线圈与永磁体集成（图 7.2），转子叶片由透磁含铁材料制成。如前所述，当每个叶片经过拾波线圈时，会切割磁体产生的磁场，并在线圈中感应出电压脉冲。如图所示，安装在滞后角度的第二传感器为双向涡轮流量计提供了自动方向感应和冗余功能。两个信号的比较还可用来检查信号传输的安全性。

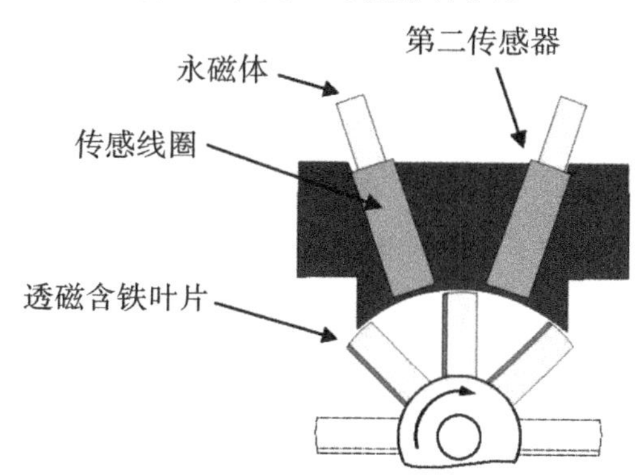

图 7.2　外部安装的拾波线圈与永磁体集成，转子叶片由透磁含铁材料制成。第二传感器可用于检测双向测量设备中的旋转方向。

转子叶片可以是开式叶片（无缘）或有缘型。开式叶片（无缘）转子（图 7.1）最常用于管线尺寸小于 150 mm（6 in）的较小流量计，通常由 400 系列不锈钢或其他易于被磁阻型拾波线圈检测到的顺磁性材料制成。

有缘转子通常用于尺寸在 150 mm（6 in）及以上的大流量计。如图 7.3 所示，轻质不 134
锈钢轮缘或护罩上装有小型磁性或顺磁按钮，这些按钮通过每单位体积产生更多脉冲，从而提供更高的流量分辨率。

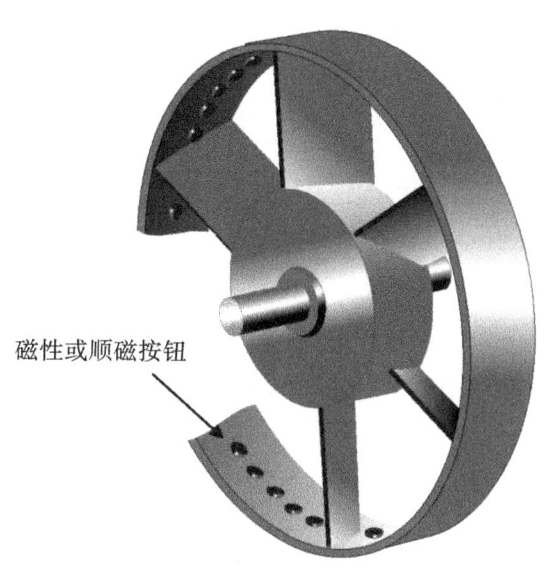

图 7.3　在有缘转子中，轻质不锈钢轮缘或护罩上装有小型磁性或顺磁按钮，这些按钮通过每单位体积产生更多脉冲，从而提供更高的流量分辨率。

7.2.1 *K* 系数

每单位体积产生的脉冲数量称为 *K* 系数。

理想情况下，流量计的输出与流量之间应呈线性关系，即 *K* 系数恒定。然而，在现实中，流体对转子的驱动力矩在黏性阻力、摩擦阻力和磁阻力等效应的影响下达到平衡。

由于这些因素随流量而变化，因此 *K* 系数曲线的形状（图 7.4）取决于黏度、流量、轴承设计、叶片边缘锐度、叶片粗糙度以及转子前缘的流量剖面性质。在实际操作中，这些因素都会对涡轮流量计的线性度产生不同的影响。因此，所有涡轮流量计，即使是同一生产批次，也应单独校准。

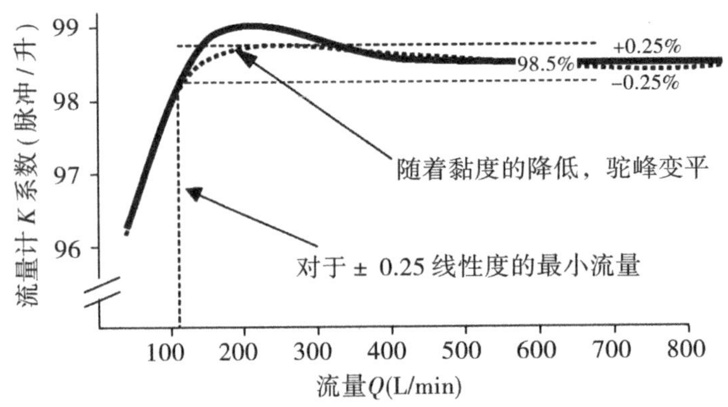

图 7.4 理想情况下，*K* 系数（流量计“常数”）应保持平稳。实际曲线图显示在低流量时出现下降，并存在一个黏度驼峰。

135 *K* 系数的线性关系被限制在大约 10∶1 的流量范围内，有时扩展到 20∶1。

在低流量下，流量计响应不佳是由于轴承摩擦、流体黏度影响以及使用磁性传感器对转子产生的磁阻力所致。

通过使用例如与高质量转子轴承结合使用的霍尔效应装置，可以扩展流量计响应的下限。随着黏度的降低，曲线的驼峰部分变平，从而提高精度。

7.3 霍尔效应传感器

136 霍尔效应是指载流导体置于磁场时会在垂直于电流和磁场的方向上产生电压的一种现象。

基本原理如图 7.5 所示。该图表明，当电流流经半导体材料时，电流分布均匀，电荷载流子(电子)几乎以直线方式通过。因此,在输出端测得的垂直于电流流动方向的电压为零。

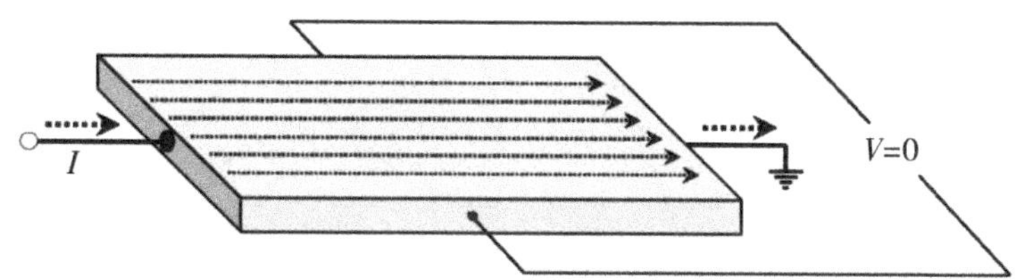

图 7.5 当电流流经半导体材料时,电流分布均匀,电荷载流子(电子)几乎以直线方式通过。

如果此时将导体置于磁场中(图 7.6),使其垂直于电流流动方向和输出方向,则会对移动的负电荷电子施加一个横向力,使其偏转到半导体材料的一侧。这个力(洛伦兹力)在一侧产生过多的电子,而在另一侧则导致电子缺乏,从而产生电位差——霍尔电压(V_H)。

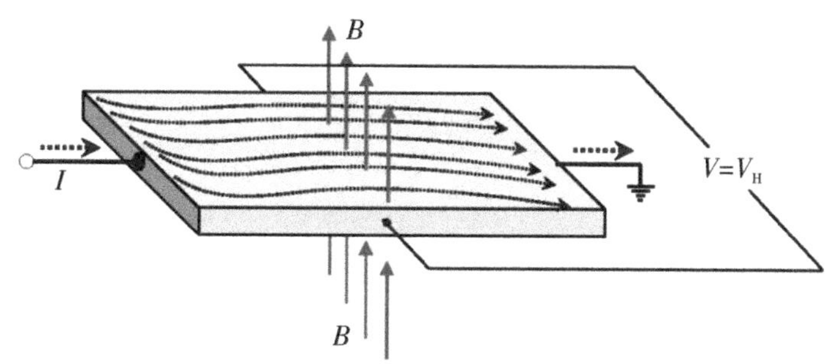

图 7.6 当导体放置在磁场中时,移动的负电荷电子受横向力的作用,被偏转到半导体材料的一侧。这导致一侧的电子过多,另一侧的电子缺乏,从而产生电位差——霍尔电压(V_H)。

由于霍尔效应传感器没有磁阻力,因此可在比电磁拾波器设计流量(0.15 ~ 0.3 m/s)更低的流量(0.06 m/s)下工作。

7.4 螺旋涡轮流量计

如图 7.7 所示,螺旋涡轮流量计的转子只有两个较宽的螺旋形叶片。此外,内部构件安装在可从壳体上拆卸的测量管中。

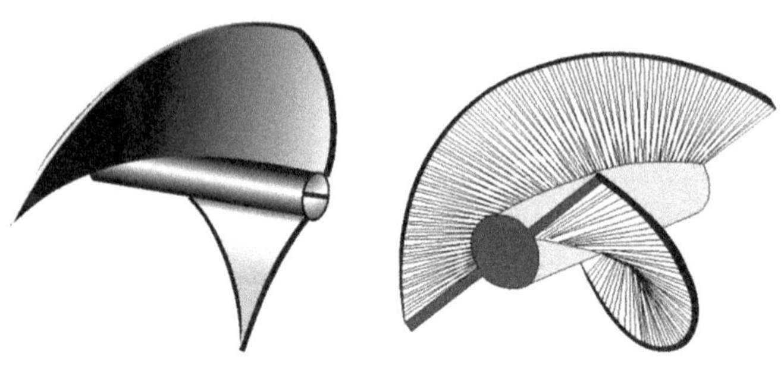

图 7.7　螺旋涡轮流量计的转子只有两个较宽的螺旋形叶片。

137　由于螺旋转子中的流量始终与叶片平行,因此无论位置如何,都能改善流量剖面。此外,还能将叶片末端的涡流最小化。

最重要的是,双叶转子赋予流量计准确测量高黏度液体的能力(图 7.8)。这是因为在测量高黏度油时,转子表面上形成的滞止边界层的影响减小了。

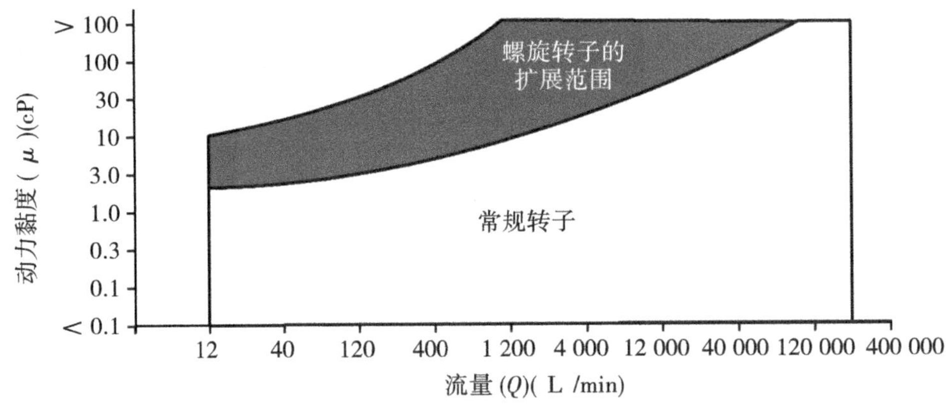

图 7.8　双叶转子赋予流量计准确测量高黏度液体的能力。(供图:Faure Herman)

尽管螺旋涡轮流量计已存在多年,但由于其固有的低脉冲分辨率导致验证困难,因此一直未能得到广泛应用。然而,随着脉冲插值技术被广泛接受并用于检验低分辨率流量计,螺旋涡轮流量计现已获得更广泛的受众。

7.5　闪蒸和空化

应避免闪蒸和空化。闪蒸会导致流量计读数偏高,空化会导致转子损坏。

138　为了理解闪蒸和空化之间的区别,首先需要了解“蒸汽压力”(P_V)的概念,即液体开始转变为蒸汽的热力学过程所需的压力。

图 7.9 所示的是水的“相图”——在压力-温度平面上绘制的水相图。在 101 kPa 的标准大气压和给定的参考温度(例如 20 ℃)下,水将在 100 ℃(正常沸点)时由液体转变为蒸汽。然而,在保持温度恒定的情况下降低压力,也会导致从液态向气态的转变——换句话说,这会引起沸腾,但温度更低,这就是“闪蒸”。

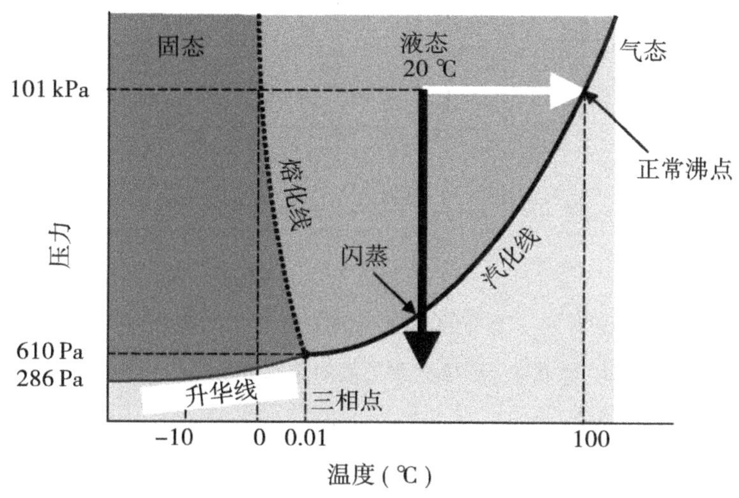

图 7.9 水相图——在压力-温度平面上绘制的水相图。

流量管线中的任何限制都会导致压降。如图 7.10 所示,压力下降到蒸汽压力(P_V)以下,并保持在该压力值以下。随之发生的闪蒸会产生蒸汽空泡,这些蒸汽空泡保持完整并继续向下游流动。

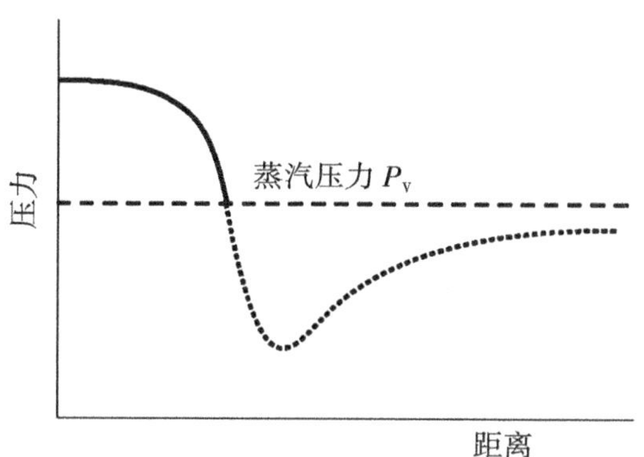

图 7.10 当压力降至蒸汽压力(P_V)以下并保持在该压力值以下时,会发生闪蒸。

139 液体汽化会导致体积大幅增加，从而使整体流体速度更高。

然而，如果压力恢复到高于流体蒸汽压力的水平，蒸汽空泡就会溃灭（图 7.11）。这种两阶段现象，即蒸汽空泡的形成和随后的溃灭，称为空化。

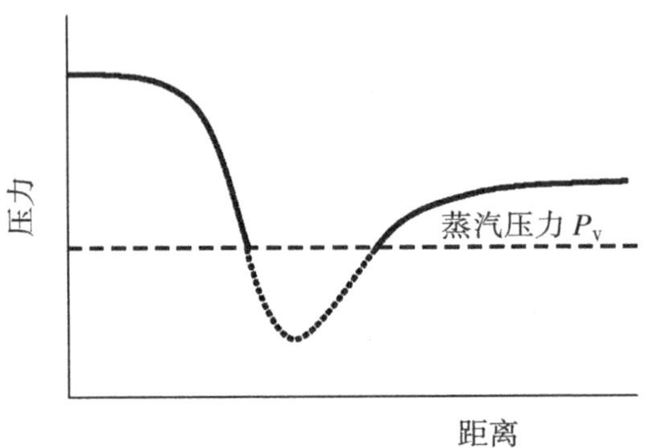

图 7.11 空化是由于压力降至流体的蒸汽压力，然后在下游上升到更高的压力引起的。

图 7.12 展示了当周围流体压力恢复到高于蒸汽压力时，单个蒸汽空泡溃灭的示意图。(a)在计量体附近初步形成球状空泡；(b)溃灭的空泡开始出现形状不稳定；(c)上部流体开始穿透空泡的上侧；(d)不对称性加剧，形成了快速加速的流体射流，从距离最近固体表面最远的边界进入空泡，而该固体表面因此受损；以及(e)最终形成的微射流速度很高，产生压力高达 7000 bar 或以上的冲击波。

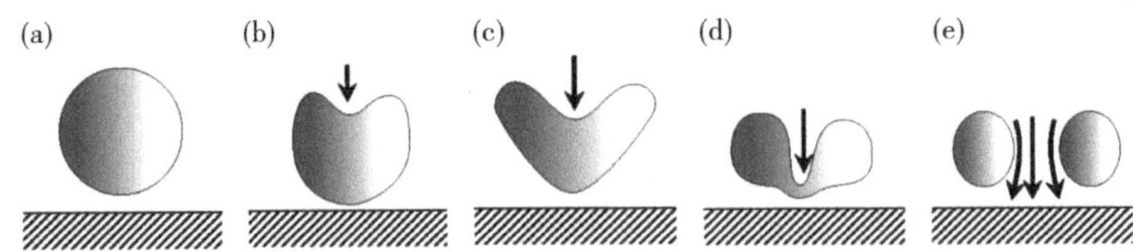

图 7.12 当周围流体压力恢复到蒸汽压力以上时，单个蒸汽空泡溃灭的示意图。

如果微射流空泡在固体表面或附近发生内爆溃灭，则材料会被剥离（图 7.13）。

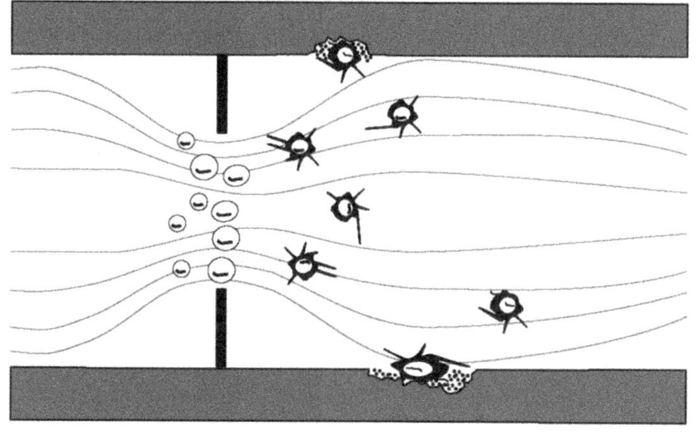

图7.13 当空泡在阀门或管道内的固体表面或附近溃灭，材料会被剥离，从而导致空化损伤。

7.6 预防闪蒸和空化

可通过增加流量计上的系统背压来消除闪蒸和空化现象。API 建议：

$$\text{最小背压} = 2 \cdot \Delta P + 1.25 \cdot P_V \qquad (7.1)$$

其中：

ΔP——最大流量下的压降； 140

P_V——流体的绝对蒸汽压力(38 ℃时)。

7.6.1 选型和尺寸确定

虽然涡轮流量计的尺寸取决于体积流量，但影响流量计的主要因素是黏度。通常，相较于小流量计，大流量计受黏度的影响更小，这看似表明大流量计更好，但事实上，情况正好相反。使用小流量计时，操作更有可能接近最大允许流量，同时远离低流量下的非线性“驼峰”响应。

一般来说，涡轮流量计适用于流速在 0.3 ~ 3 m/s 之间的流体，最大流速为 10 m/s。

为获得较好的量程，建议在确定流量计的尺寸时，确保应用最大流量为流量计最大流量的 70% ~ 80%。

如果管道尺寸过大(流速低于 0.3 m/s)，则选择霍尔效应拾波器或使用小于管线尺寸的流量计。但是，流量计的尺寸应能在最大流量下适应 0.2 ~ 0.35 bar 的压降。压降随流量的平方而增加,因此将流量计减小到更小尺寸会显著增加压降。

还应注意避免流量计叶片上出现任何形式的积聚。例如,100DN 转子所有表面上的 25 μm 积聚物将导致流过转子的流动面积减小,进而使 K 系数减小,幅度约为 0.5%。

通常需要上游为 10~15D、下游为 5D 的直管段。此外,还需要满足以下上游要求:

- 90°弯头、T 形接头、过滤器、粗滤器或热电偶套管——20D
- 半开阀门——25D
- 不同平面的两个弯头——50D 或以上

141 7.6.2 优点

- 适用压力高达 64 MPa
- 高精度(高达流量的±0.2%)
- 优异的可重复性(±0.05%)
- 量程宽,可达 20:1
- 适用温度范围广,-220~600 ℃
- 可测量非导电液体
- 可对测量装置加热

7.6.3 缺点

- 不适合高黏度流体
- 黏度必须已知——每支流量计都需要根据产品变化重新校准
- 要求上游有 10D、下游有 5D 的直管段
- 对旋涡流体无效
- 易磨损
- 仅适合清洁液体和气体
- 管道系统不得振动
- 规格对于测量范围和黏度至关重要
- 易受侵蚀和损坏
- 成本较高
- 液体涡轮机不能受气流影响(超速危险)——切勿使用压缩空气进行清洁。

7.7 Woltman 流量计

Woltman 流量计主要用作水表，其基本设计与涡轮流量计非常相似。本质区别在于，旋转测量是利用连接轮轴和累加器的低摩擦齿轮系以机械方式执行。

Woltman 流量计有两种基本设计，一种是配置卧式涡轮机（图 7.14），另一种是配置立式涡轮机（图 7.15）。立式设计的优点是轴承摩擦小，从而提高了灵敏度并扩大了流量范围。尽管立式涡轮流量计由于流道形状的原因，压降明显更高，但仍被广泛用于家用水表。

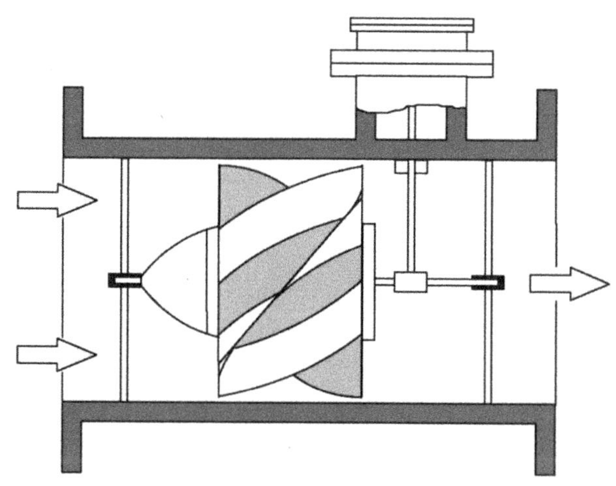

图 7.14　卧式涡轮机 Woltman 流量计。

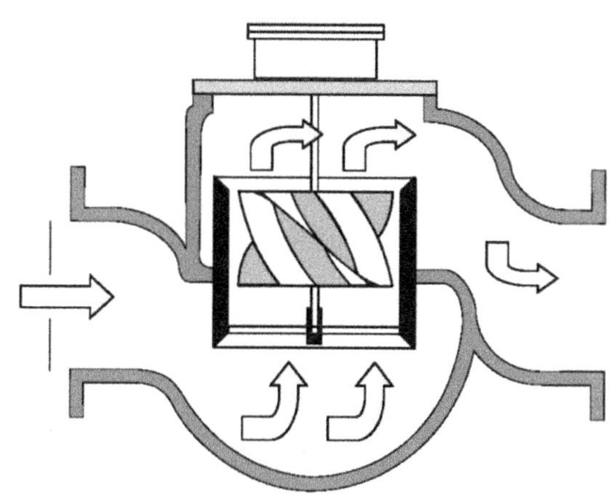

图 7.15　立式涡轮机 Woltman 流量计。

许多设计都使用可调节的调节叶片来控制偏转量，从而调整流量计的线性度。

7.8 螺旋桨式流量计

142 螺旋桨式流量计(图 7.16)主要用于灌溉领域,采用三叶螺旋桨,主体位于水流中央。叶片之间的间隙很大,并且只有螺旋桨处于流线上,因此悬浮颗粒能够轻松通过。此外,变送器和所有工作部件均可在几分钟内拆卸和更换,且不会破坏管道。

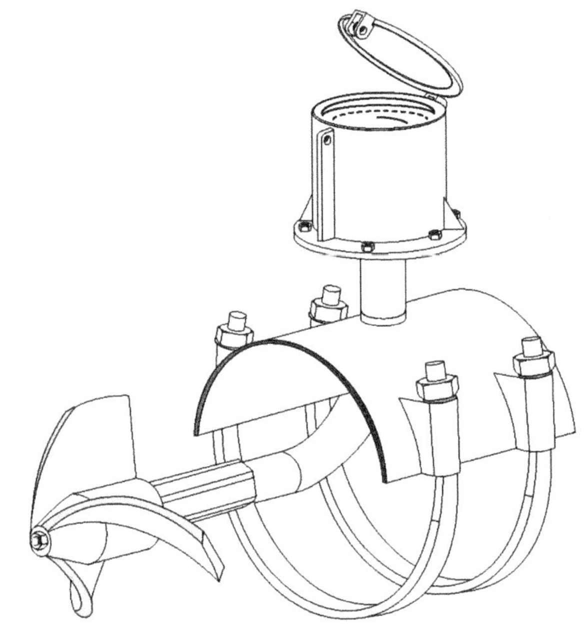

图 7.16 仅有螺旋桨位于流线上的螺旋桨式流量计。
(供图:McCrometer 公司)

鞍形结构(图 7.16)既可以焊接,也可以夹紧。

通常可用于最高 280 kL/min 的流量;调节比为 15 : 1,精度为 ±2%,可重复性为 ±0.25%。

7.9 叶轮式流量计

与涡轮型传感器的轴向叶片不同,叶轮式流量计的旋转叶片是垂直于气流的,这使其本质上不如涡轮型传感器精确。然而,其典型的 1% 精度和出色的可重复性使其成为众多应用的理想选择。

叶轮传感器特别适用于测量低黏度液体的流量,这些低黏度液体的悬浮固体含量低、线速度在 0.15 ~ 10 m/s 之间。

在较低流量下,流体无法保持克服轴承摩擦、叶轮惯性和流体阻力所需的力。当流量高于 10 m/s 时,可能会出现空化现象,并导致读数的增量超过流速的增量。在空化条件下,随着流速的持续增加,读数最终会相对于实际流速有所减小。

最常见的叶轮流量计形式是直列插入式,其主轴承位于主流动流体之外,因此仅产生极小压降。图 7.17 所示为适用于 10 ~ 100 mm 管道尺寸的 T 形安装流量传感器。

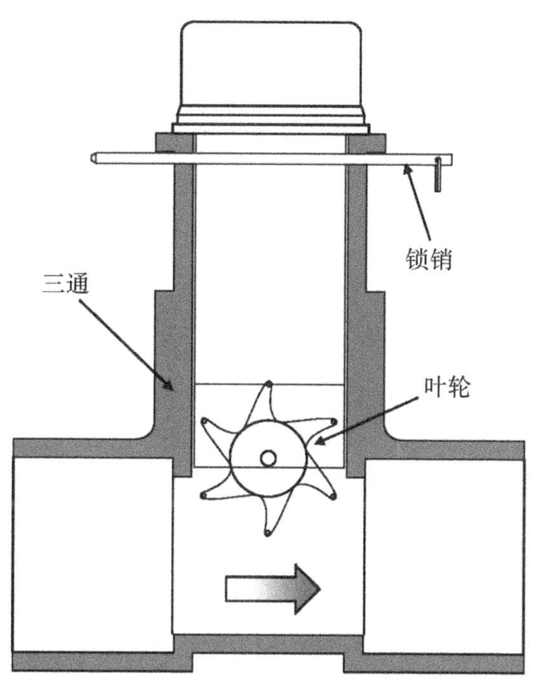

图 7.17　适用于 10 ~ 100 mm 管道尺寸的 T 形安装流量传感器。(供图:GLI International)

其他版本也可与焊接管螺纹配合使用,允许相同的流量计用在直径 75 mm 至 2.5 m 不等的管道上。这种技术还允许在"热分接"模式下使用,从而可在无须停机的情况下将流量计从高压管线上拆除并更换。

另一种形式的叶轮流量计是佩尔顿轮式涡轮流量计(图 7.18),能够测量最低 0.02 L/min 的极低流量,其调节比高达 50 : 1。

进入流量计的低速流体被集中成一束射流,并引导至悬挂在宝石轴承上的轻型转子上。旋转速度与流量呈线性关系,通过位于转子尖端的铁氧体磁体来检测,这些磁体在传感线圈中感应出电压脉冲。其缺点是喷嘴可能会引起相当大的压降。

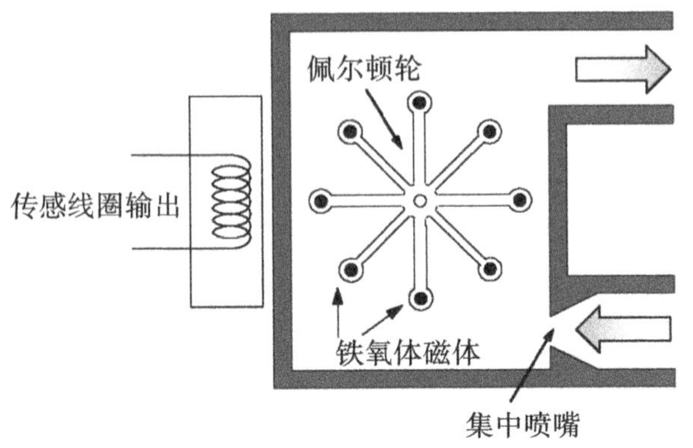

图 7.18　佩尔顿轮系统的横截面。

7.9.1　应用限制

144 与涡轮流量计一样，大多数此类传感器采用多个叶片，每个叶片中嵌入一个永磁体。传感器中的拾波线圈起着发电机定子的作用，每次叶片经过拾波线圈附近时，都会生成一个电脉冲。

然而，使用这种电磁拾波器有一些严重缺点。首先，信号易受线圈附近外来磁场的干扰。其次，很多工业应用中存在铁污染，会导致颗粒被吸附到各叶片中的磁体上。这不仅影响传感器的精度，还可能阻碍或停止叶轮的旋转。最后，在低流量下，旋转叶片与拾波线圈之间的磁吸引力增加了转动叶轮所需的力，导致线性度较差。

克服这个问题的方法之一是使用霍尔效应传感器，也可使用嵌入在叶轮叶片中的非磁性铁氧体棒，从而形成磁场的低导磁路径。

如图 7.19 所示，拾波器包括一个发射与传感复合线圈。在没有铁氧体棒的情况下，磁耦合较弱，接收线圈产生的信号很小。而在有铁氧体棒的情况下，磁耦合很强，导致输出信号大大增强。

由于未使用永磁体，因此没有磁阻力，也不会有磁性颗粒积聚导致精度降低或引起堵塞。

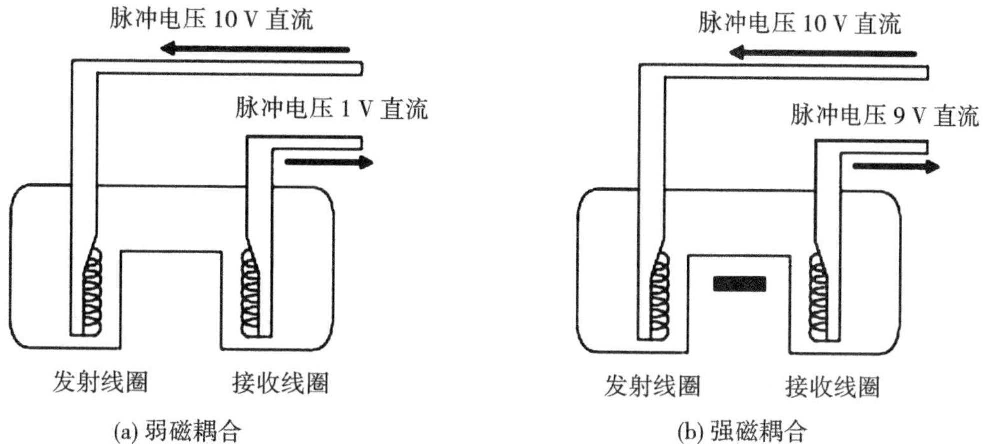

图 7.19　在没有铁氧体棒的情况下，磁耦合较弱，接收线圈产生的信号很小。在有铁氧体棒的情况下，磁耦合很强，导致输出信号大大增强。（供图：GLI International）

8 振荡式流量计

8.1 简介

147 振荡式流量测量系统涉及三个主要的计量原理:涡流效应、涡旋(进动)效应和康达效应。在这三种计量原理中,一次装置使流体产生振荡运动,然后通过二次测量装置检测该振荡运动的频率,从而产生与流速成正比的输出信号。

8.2 涡街流量计

用于工业流量测量的涡街流量计于20世纪70年代中期首次推出,但多家供应商对这项技术的应用情况均不理想。这导致涡街流量计量技术的声誉很差,一些制造商甚至放弃了这项技术。然而,自20世纪80年代中期以来,随着最初的诸多限制被打破,涡街流量计量技术已然成为一种快速发展的流量计量技术,尤其是在蒸汽计量领域。这是因为在面对高温环境时,超声波、科里奥利等其他流量计量技术都存在不足之处。

涡街流量计适用于流体(气体、蒸汽或液体)遇到非流线型障碍物(称为钝头体)时发生的涡街现象。由于流体不能沿着障碍物的已定义轮廓流动,导致流体的外围层与其表面分离,从而在钝头体后方的低压区形成涡旋(图8.1)。这些涡旋被卷向下游,形成所谓的卡门涡街。这些涡旋从钝头体的两侧交替脱落。在给定的雷诺数范围内,其脱落频率与管道中的平均流速成正比。

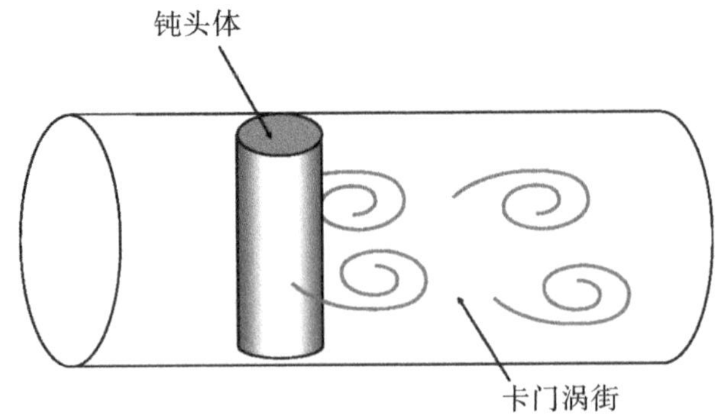

图8.1 卡门涡街——在钝头体低压区的两侧交替形成涡旋。

在涡街流量计中,利用涡旋形成和脱落时产生的压差变化来驱动封闭的传感器,其驱动频率与涡旋脱落成正比。

8.2.1 涡旋的形成

在非常低的速度下,即层流区[图 8.2(a)],流体在钝头体周围均匀流动,不产生湍流。随着流速增加,流体有穿过钝头体的倾向,使钝头体后方产生一个低压区[图 8.2(b)]。随着流速进一步增加,这个低压区开始产生如图 8.2(c)所示的流型,标志着湍流区的开始。这个过程暂时缓解了低压区一侧的压力空隙,并且流体形成了涡旋。涡旋与主流流体相互作用使其从钝头体表面脱落,并向下游移动。

涡旋脱落后,低压区向钝头体另一侧的后端移动,形成另一个涡旋。这个过程不断 148
重复,使涡旋从钝头体的两侧交替脱落,如图 8.1 所示。

涡旋脱落在整个自然界中自然发生,在风通过电话线产生的哨声中或从旗杆上随风飘扬的旗帜中均可观察到涡旋脱落现象。由于旗杆是钝头体,因此会发生涡旋脱落。随着风速的增加,涡旋脱落的速度加快,旗帜飘动也更快。

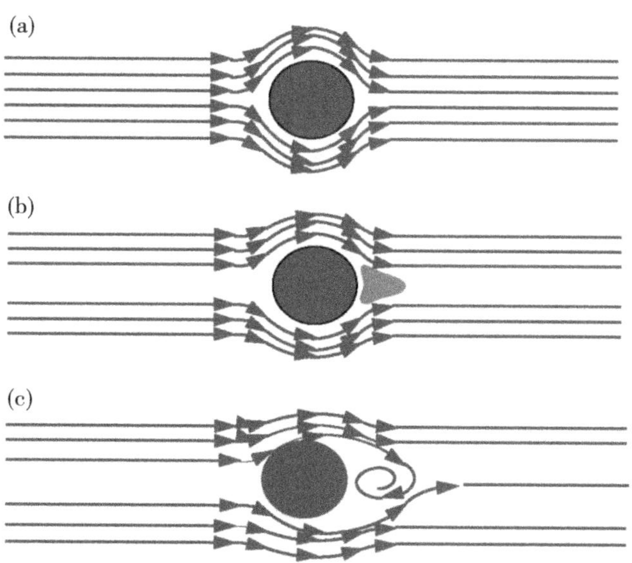

图 8.2 涡旋的形成:(a)流体在钝头体周围均匀流动的层流区;(b)流速较高时,钝头体后方开始形成一个低压区;(c)湍流区的开始以及涡旋的形成。

8.2.2 斯特劳哈尔数

149 ▶1878 年，斯特劳哈尔(Strouhal)发现导线在气流作用下的振荡频率与流速成正比。他证明：

$$f = \frac{St \cdot v}{d} \tag{8.1}$$

其中：

f——涡旋频率，Hz；

d——钝头体的直径，m；

v——流速，m/s；

St——斯特劳哈尔数，无量纲。

与其他流量传感系统不同，由于涡旋脱落频率与流速成正比，因此只要系统仍在其工作范围内，漂移就不是问题。此外，只要雷诺数(Re)保持在其定义范围内，频率将不受介质密度、黏度、温度、压力和传导性的影响。因此，无论流量计是用于测量蒸汽、气体还是液体，其都将具有几乎相同的校准特性和完全相同的流量计系数，尽管不一定在相同的体积流速范围内。

实际上，斯特劳哈尔数不是常数，而是随着钝头体形状和雷诺数的变化而变化，如图 8.3 所示。因此，理想的涡街流量计应具备能在尽可能宽的测量范围内维持恒定斯特劳哈尔数的钝头体形状。◀

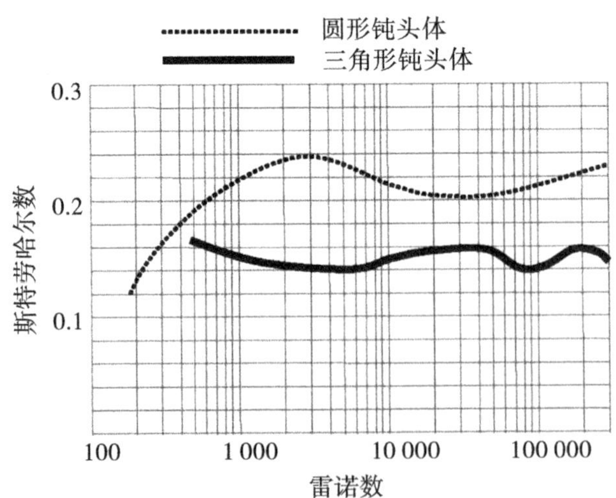

图 8.3 圆形钝头体和三角形钝头体的斯特劳哈尔数与雷诺数之间的关系。(供图：Endress + Hauser)

经证明,基于上述关系的流量计,在液体达到 50∶1 和气体达到 100∶1 的宽流量范 150
围内,线性度优于±0.5%。下限由黏度效应决定,而上限则由空化或压缩性决定。

涡街流量计的另一个主要优点是具有恒定的长期校准,使用期间无须任何调整或微调。对于给定尺寸和形状的钝头体,涡旋脱落频率与流量成正比。

8.2.3 钝头体设计

不同流量计之间的区别仅在于钝头体形状和传感方法的不同,所有制造商均声称自家流量计具有特殊优势。图 8.4 给出了一些钝头体形状。

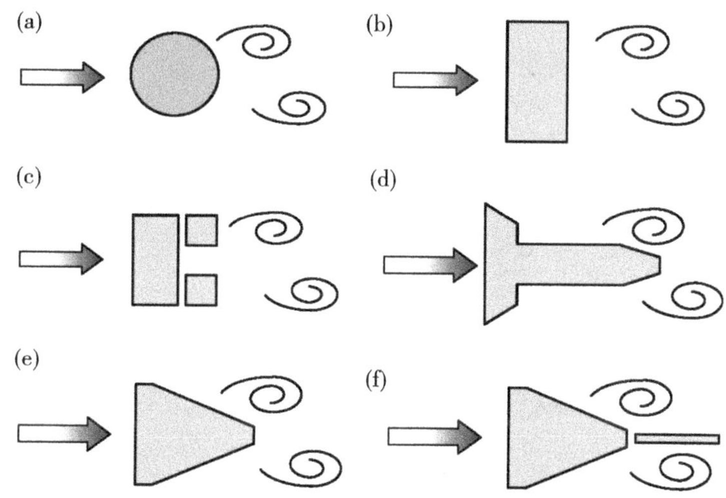

图 8.4 各种钝头体形状:(a)圆柱形;(b)矩形;(c)两段式矩形;(d)T 形棒状;(e)三角形;(f)两段式三角形。(供图:Endress + Hauser)

试验表明,钝头体尺寸的变化对校准的影响可以忽略不计。例如,用矩形钝头体进行的试验表明,当钝头体与流量计孔径之比为 0.3 时,钝头体宽度的变化可达±10%,但产生的流量计系数变化却小于 0.4%。同样,即使对钝头体边缘进行多达 4 mm 的圆弧形处理,也不会导致流量计校准超出标准精度范围(将其与仅对锐边进行了 0.4 mm 圆弧处理的孔板进行比较发现,后者会产生 4% 左右的读数误差)。

这种对钝头体尺寸变化不敏感的主要好处是,涡街流量计几乎不受侵蚀或沉积物的影响。

8.2.3.1 圆柱形钝头体

早期的钝头体是圆柱形的。然而,随着边界层从层流变为湍流,涡旋脱落点会根据

151 流速的不同而前后波动，导致频率与流速不完全成正比。因此，后来采用了具有锐边的钝头体，该锐边可明确界定涡旋脱落点。

8.2.3.2　矩形钝头体

继圆柱形钝头体之后，矩形钝头体使用了很多年。但是，目前的研究表明，这种钝头体形状在不同的工艺密度下会产生相当大的线性波动。

8.2.3.3　两段式矩形钝头体

在两段式矩形钝头体中，第一段钝头体用于产生涡旋，第二段钝头体则用于测量这些涡旋。

两段式矩形钝头体会产生较强的涡旋（液压放大），因此使用的传感器和放大器不太复杂。但是，其劣势是压力损失几乎翻倍。

8.2.3.4　三角形钝头体

三角形钝头体具有明确定义的涡旋脱落边缘。试验（包括 NASA 进行的试验）表明，三角形钝头体提供了极佳的线性度，其精度不受压力、黏度或其他流体条件的影响。三角形钝头体存在很多变体，并且这些变体也在使用。

8.2.3.5　两段式三角形钝头体

声称结合了现代技术的最优特性，三角形钝头体用于产生涡旋，而第二段钝头体则用于测量这些涡旋。

8.2.3.6　T 形棒状钝头体

也声称结合了三角形钝头体的最优特性和高液压放大功能。

8.2.4　传感器

▶由于脱落杆受到动能激励，因此涡旋信号的幅度取决于流体的动压：

$$p_d = \frac{1}{2} \cdot \rho \cdot v^2 \tag{8.2}$$

其中：

p_d——动压；

ρ——流体密度；

v——速度。

因此，如图 8.5 所示，传感器的幅度与流体密度、速度的平方成正比。

152 因此，涡街流量传感器需要相当大的动态灵敏度范围。对于 1∶50 的流速调节

比，涡街信号的幅度变化为 1 : 2 500。这导致测量范围低端的信号电平非常小。◀

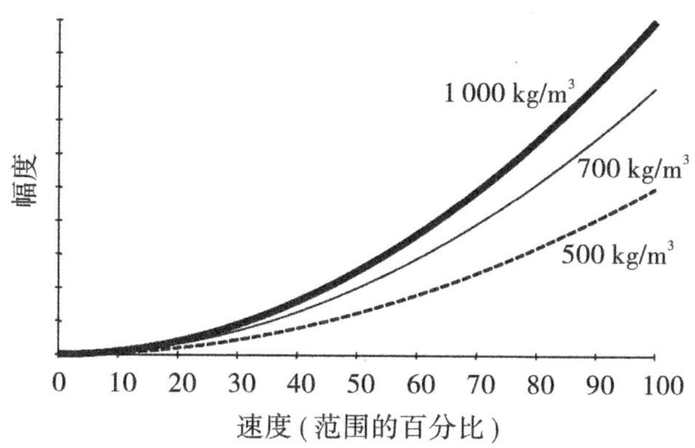

图 8.5　幅度是流速和工艺密度的函数。

虽然随着钝头体或流量计尺寸的增大，涡旋脱落频率会降低，但信号强度却随尺寸的减小而下降。因此，通常将流量计尺寸限制在 15 ~ 200 mm 孔径范围内。尽管测量涡旋频率的方法有多种，但目前还没有一种传感器能适用所有工况。

许多涡街流量计采用的是非接触式外部传感器，这些传感器连接在会随涡旋脱落而移动或转动的内部部件上。以前，这项技术受困于对管道振动的敏感性。当管道中没有流量时，管道振动会类似于涡旋脱落的运动，并可能导致流量为零时的错误输出。但现代仪器已在很大程度上攻克了这个问题，并且系统对各轴上 1 g 及以下的振动通常不敏感，能覆盖最高 500 Hz 的频率范围。

8.2.4.1　电容式传感器

在图 8.6 所示示例中，脱落杆后方设置有一根感应条。感应条伸入管道内部，在涡旋的作用下发生偏转。这会改变中心电极与外部电极之间的距离，同时也改变检测系统的电容，如图 8.7 所示。

8.2.4.2　压电式传感器

压电式传感器的每一侧都设置有两个膜片，与电容式传感器一样，钝头体两侧脱落的交替涡旋作用于这两个膜片上。在这种情况下（图 8.8），膜片的弯曲运动耦合到流量管线外的压电式传感器，压电式传感器感应交变力并将其转化为交变信号。

压电元件产生一个与施加的压力成正比的电压输出。压电陶瓷材料虽然可在给定压力下产生高输出（高“耦合系数”），但其工作温度范围有限（约 250 ℃）。

压电材料铌酸锂（$LiNbO_3$）虽然只能提供中等耦合系数，但却能够在 300 ℃以上的温度下工作。

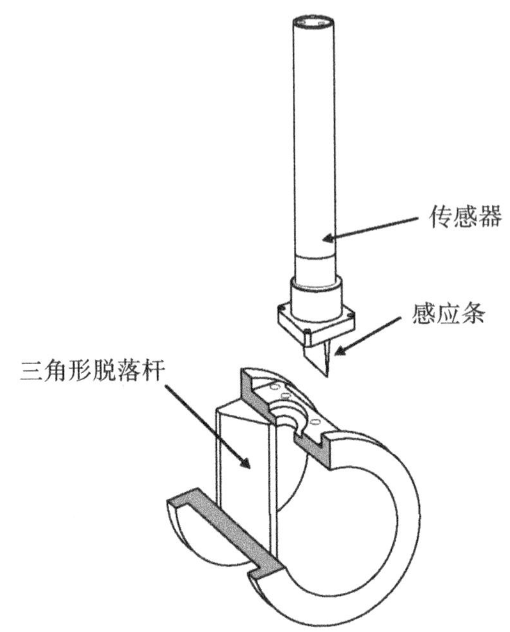

图8.6　在钝头体后方使用独立式机械平衡传感器。(供图:Endress + Hauser)

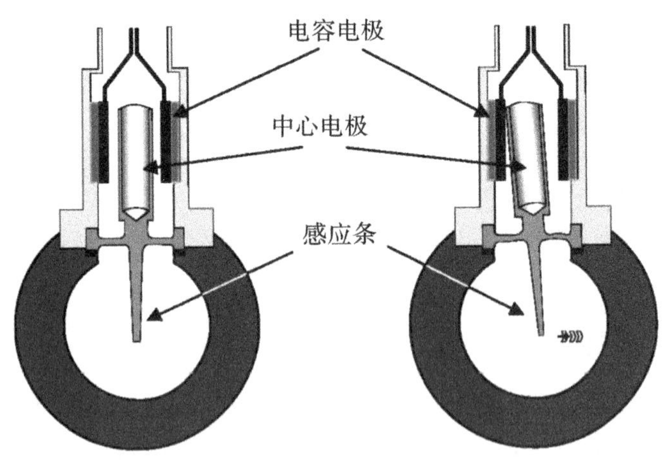

图8.7　感应条的偏转改变中心电极与外部电极之间的距离,同时也改变检测系统的电容。(供图:Endress + Hauser)

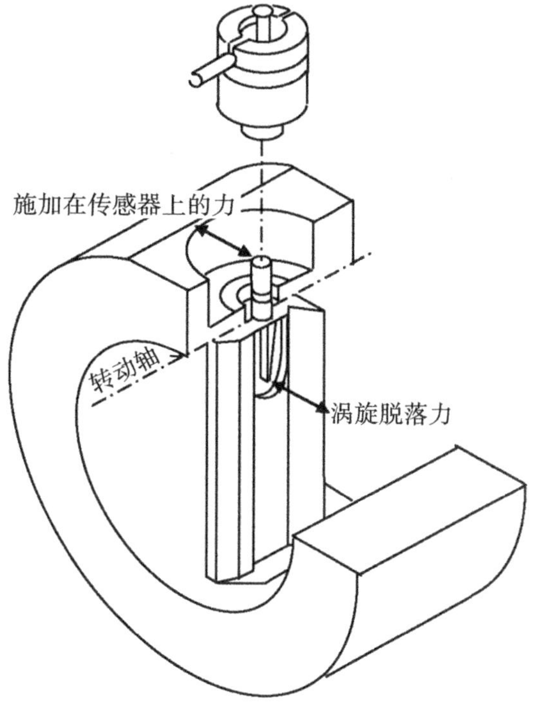

图8.8 使用安装在流量管线外的压电式传感器。(供图:Emerson)

通常情况下,压电材料不适合在-40 ℃以下的温度下工作,这是因为低于该温度,压 153
电效应将非常小。

由于压电元件的输出受运动或加速度的影响,因此压电元件对外部管道振动也很敏
感。这个问题可通过以下方法解决:使用第二个压电元件来测量振动,并将其用在补偿 154
电路中,从而确保仅获得干净的涡旋脱落频率。

8.2.5 涡街流量计应用指南*

一般来说,涡街流量计在相对干净的低黏度液体、气体和蒸汽上表现良好,能获得规定的精度。

8.2.5.1 黏度

系统的雷诺数至少宜高于30 000。这意味着涡街流量计只能用于低黏度液体。不

* 这些应用指南根据科隆提供的一系列说明汇编而成。

建议将其用于高黏度流体[>3 Pa·s(30 cP)]和浆液。根据经验法则,黏度宜为0.8 Pa·s(8 cP)或更低(0.8 Pa·s的黏度相当于食用油的黏度)。虽然涡街流量计可以计量较高黏度的流体,但要以牺牲量程和压头损失为代价。

8.2.5.2 低流量

涡街流量计无法测量低至零流量的流体,这是因为在低流量下,涡旋脱落极度不规
155 则,并且流量计也完全不准确。这通常对应5 000至10 000之间的雷诺数,因此流量取决于管道直径和流体黏度。对于水,典型的最小流速流量值从15DN管道的2.4 m/s到300DN管道的0.5 m/s不等。

虽然最小雷诺数要求对涡街流量计的可用性有限制,但这对于许多应用来说并不是严重限制。例如,在25DN及以上尺寸的管道中,水流通常对应数万至数十万的雷诺数,而对于气体和蒸汽应用而言,则通常对应几十万到几百万的雷诺数。

大多数涡街流量计都包括一个低流量切入点,当流量低于该切入点时,涡街流量计的输出自动固定在零位(例如,对于模拟输出,为4 mA)。

对很多应用来说,低流量截止点不会造成问题。但是,对于在启闭操作期间会出现低流量的应用(即流量远低于正常工况,通常为1/10或更低)来说,这可能是一个严重的缺点。尽管用户可能不需要在这些时段进行精确的流量测量,但可能也想获得一些流量指示。对于这类应用,涡街流量计并非一个好选项。

8.2.5.3 批量操作

涡街流量计可能适合也可能不适合涉及间歇(开/关)流动的典型批量应用,尤其是当管道在零流量时不能保持满管的情况下。当流体从零加速到低流量切入值时,以及当流量从低流量切入值减速到零时,涡街流量计不会记录流量。由此损失的流量,是否会产生显著误差取决于系统的动态以及测量批次的大小。此外,涡街流量计只能测量一个方向的流量,而不会测量通过流量计的任何回流(例如,关闭水泵后产生的回流),也不会将任何回流从已记录的成批总数中扣除。为尽量减少间歇流量误差,一种方法是在水平管线上安装带涡街流量计的止回阀,以便在零流量条件下保持管线满管。

8.2.5.4 测量范围

请注意,在涡街流量计中,对于给定应用和流量计尺寸,测量范围是固定的。虽然测量范围由具体应用决定,但对于气体和蒸汽,测量范围通常大于20:1,而对于液体,则大于10:1。

通常,50 mm涡街流量计对水的流量测量范围为1~15 L/s(15:1量程)。如果我们需要在0.5~3 L/s的范围内进行测量,那么对50DN流量计采取任何措施均无法使其测

量更低流量，此时有必要使用25DN 流量计。因此，涡街流量计的尺寸应根据所需的流量范围确定，而不是根据标称管径确定。为获得合适的测量范围（图8.9），通常需要使用比标称管径更小的流量计。

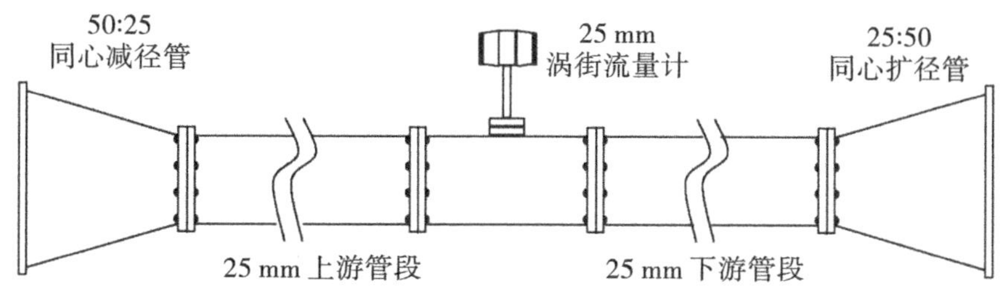

图8.9　使用减径管和扩径管来获得正确的测量范围。（供图：Krohne）

购买流量计时，仪表工程师通常不知道具体的流量范围，而必须根据经验做出估算。
对于给定管线尺寸而言，涡街流量计的量程是根据工艺条件确定的，因此根据经验估算 156
确定的流量计尺寸可能无法满足实际工艺条件。

因此，如果用户在量程方面没有一个较为精确的估算，那么通常选择宽容度更高的技术（例如磁流量计）会更好。

8.2.5.5　工艺噪声

泵、压缩机、蒸汽疏水阀、阀门等装置产生的工艺噪声可使传感器产生高于预期的频率输出，或在系统处于零流量时显示错误的流量，从而导致流量计的读数偏高。对于液体而言，工艺噪声通常不是问题，这是因为传感器的信噪比处于最大值。但是，气体和蒸汽产生的传感器信号弱得多，在低流量下可能很难将其与工艺噪声区分开来。

由于在安装流量计之前无法对工艺噪声进行量化，因此，建议始终假设存在一些工艺噪声。工艺噪声可利用内置的噪声滤波电路消除，但是这会提高低流量截止阈值。因此，用于消除工艺噪声的滤波越多，流量计的净量程越小。为避免这种情况，需合理确定涡街流量计的尺寸，以确保所需量程。为此，建议遵循以下两个通用尺寸指南：

（1）用户 URV 不得低于 URL 的 20%。

注：URL 为流量计经调整后能测量的最高流量，而 URV 则是流量计经调整后测量的最高流量。URV 始终等于或小于 URL。

（2）最小所需流量必须大于流量计低流量切入值的2倍。

8.2.5.6　精度

涡街流量计的精度基于已知的流量计系数（*K* 系数），该系数在工厂通过水校准确定。对于雷诺数大于30 000 的液体，精度通常为流量的±0.75%。

157 水校准数据无法精确预测气体和蒸汽的 K 系数值,因为气体和蒸汽能在远超测试数据范围的雷诺数条件下流动。因此,对于雷诺数大于 30 000 的气体和蒸汽,精度通常表述为流量的±1.0%。

长期精度取决于流管和钝头体的内部尺寸稳定性。只有当这些尺寸(由于腐蚀、侵蚀、涂层等原因)随时间的推移发生重大变化时,才会影响涡街流量计的精度。虽然涡街流量计的 K 系数只能通过湿校准来确定,但流管内径和钝头体厚度的尺寸也可作为确定是否需要重新校准的一个"标志"。安装前,需检查流管,并仔细测量和记录这两个参考尺寸。流量计使用一段时间后,可将其拆下进行清洁并重新校准。如果这两个参考尺寸没有明显变化,则不需要重新校准流量计。

8.2.5.7 侵蚀影响

虽然涡街流量计主要设计用于测量清洁液体和气体的流量,但即使存在少量异物时也可以使用。由于没有活动部件或涉及主动流的端口,因此几乎不存在侵蚀、物理损坏或堵塞的问题。侵蚀对钝头体突出边缘的影响很小,通常不会造成明显的精度下降。

8.2.5.8 低密度气体

当工艺压力较低(即低密度气体)时,测量气体流量可能会有问题,这是因为在这种条件下产生的涡旋没有足够强的压力脉冲,导致传感器无法将其与流动噪声区分开来。对于这种应用,最小可测流量是一个关于压力脉动强度的函数(流体密度与流速平方乘积的函数),而非关于雷诺数的函数。低密度气体可以用涡街流量计测量,但是最小可测流量可能对应的是高流速,且量程可能明显小于 20∶1。

8.2.5.9 安装方向

涡街流量计可以垂直安装、水平安装或以一定角度安装。但是,用于测量液体时,流量计内必须始终充满液体。在安装流量计时,还应避免在内部传感器腔体中形成二次相(液体、气体或固体)。

8.2.5.10 压降

如果流量计的内径与工艺管道的标称直径相同(即在 50DN 管线中使用 50DN 流量计),则在 URL 下,液体流量的压降通常小于 40 kPa(在用户的 URV 下,压降范围通常为 14~20 kPa)。但是,为实现期望的量程而减小涡街流量计的尺寸时,通过涡街流量计的不可恢复压力损失会增加。

158 因此,必须确保增加的压力损失不足以导致液体在管道内闪蒸或空化。闪蒸和空化会对流量计的精度产生不利影响,并且有可能损坏流量计本身。

8.2.5.11　多相流

两相流或三相流(例如,含沙和空气的水或含蒸汽和液体的“湿”蒸汽)很难测量,若存在多相流,则涡街流量计的精度将有所下降。

因为涡街流量计只是一种体积测量装置,无法区分流体中哪部分是液体,哪部分是气体或蒸汽。因此,涡街流量计会根据设备的原始配置将所有流量报告为气体或者液体。例如,如果涡街流量计配置为以升为单位测量水的流量,但实际待测水中混入了一些空气和沙子,则由涡街流量计记录的升数中将包含水及其中存在的空气和沙子。因此,如果关注的是水量,由于水中存在一定比例的空气和沙子,那么涡街流量计的读数将始终偏高。因此,用户需在计量之前进行相位分离,否则就必须容忍这种固有误差。

8.2.5.12　材料积聚

涡街流量计不适用于计量易形成覆盖层的流体。若钝头体上有覆盖层积聚,则会导致其尺寸发生变化,从而引起 K 系数值的变化。

8.2.5.13　管道影响

涡街流量计精度规范要求管道内必须形成良好、对称的流速剖面,且无变形或漩涡。为避免误差,最常用的方法是在流量计的上游和下游提供足够长的、畅通无阻的直管,以确保流量计所在位置形成稳定的流动剖面。

一般来说,涡街流量计对上游管段和下游管段的长度要求与孔板流量计、涡轮流量计和超声波流量计相似。对于直管段有限的“紧凑型”管道,通常不建议使用涡街流量计,除非可重复性比精度更重要。在不使用流动调整器的情况下,典型的制造商建议如图 8.10 所示。

大多数性能规范都基于 40 号工艺管道。在涡街流量计上游 4 个管道直径、下游 2 个管道直径的距离范围内,管道的内表面应无轧屑、凹坑、孔洞、铰孔划痕、隆起或其他不规则形状。相邻管道、流量计和配套垫圈的孔径必须仔细对准,以免产生测量误差。

对于液体控制应用,建议将涡街流量计安装在控制阀上游至少 5 个管道直径的位置。对于气体或蒸汽控制应用,建议将涡街流量计安装在控制阀下游至少 30 个管道直径的位置。上述建议不适用于蝶阀。在使用蝶阀的情况下,对于液体,建议将距离增加到 10 个管道直径,而对于气体和蒸汽,则建议将距离增加到 40 ~ 60 个管道直径。

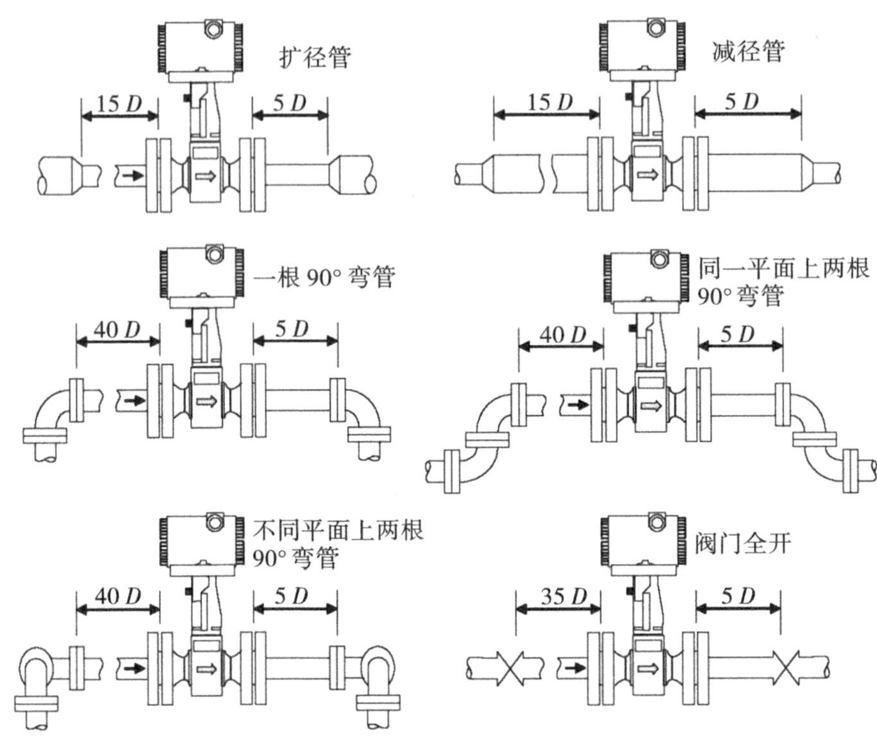

图 8.10　制造商对直管段长度的典型建议。(供图:Emerson)

8.2.6　避免问题

以下指南有助于避免涡街流量计的应用问题和计量问题,同时保障其优越性能:

- 配置不当
- 尺寸不当
- 上游/下游直管段长度不足
- 流量计方向安装错误
- 管道部分充满
- 流量计内存在二次相(气体、液体或固体)积聚
- 温度/压力测量点不正确
- 雷诺数低于 30 000
- 流量低于低流量切入值
- 工艺噪声(低流量或零流量时)
- 存在多相

8.3 涡旋进动流量计

“旋进流量计”基于涡旋进动原理。

涡旋进动流量计入口(图8.11)使用形状类似于涡轮机转子的导流叶片,迫使进入流量计的流体围绕中心线旋转。之后,旋涡流会通过文丘里管,在其中加速,然后在膨胀室中进行膨胀。

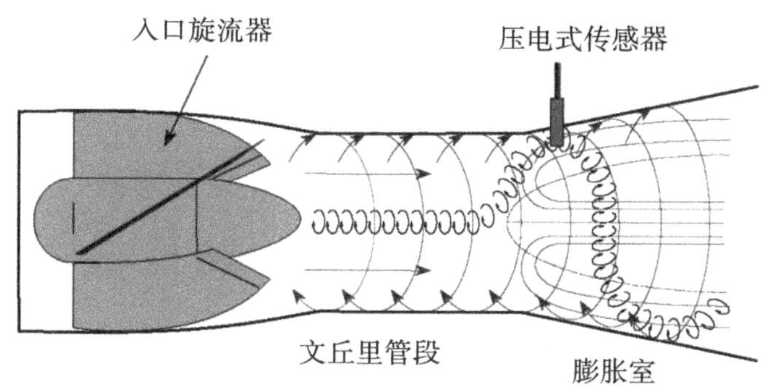

图8.11 涡旋进动流量计的基本原理。(供图:ABB)

膨胀改变了涡流旋转轴线的方向,将轴线从直线变为螺旋路径。这种螺旋状涡流称为涡旋进动。流量计的出口处使用了整流器,将流量计与任何可能影响涡旋形成的下游管道效应隔离开。

高于给定雷诺数时,涡旋进动频率在10~1500 Hz,用压电式传感器测量。该频率与流量成正比。

虽然旋进流量计可用于测量气体和液体,但其主要应用是作为气体流量计。与涡旋脱落技术相比,涡旋进动技术的一个主要优势是其对流动剖面的敏感性要低得多,因此,流量计上游只需 $3D$ 的直管段即可。此外,旋进流量计具有线性流量测量功能,量程在1∶10~1∶30之间,无活动部件,可在管线中以任意角度安装。

由于旋进流量计的制造公差较大,因此其价格高于同类流量计。

8.4 射流流量计

射流流量计基于附壁效应或康达效应。当边界壁靠近流体射流时,会产生附壁效应,导致射流弯曲并附着在边界壁上。

这种效应是由射流两端的压差引起，使其向边界壁偏转（图 8.12）。在这里，射流与边界壁形成一种稳定附着，几乎不受任何下游扰动的影响。

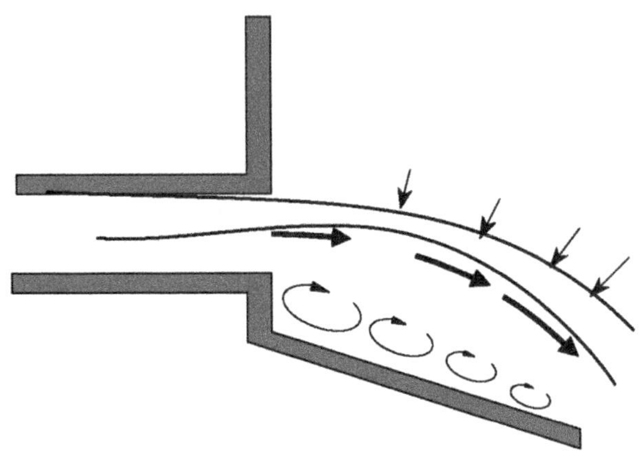

图 8.12　康达效应解释——导致流体稳定附着在边界壁上。

161　在射流流量计（图 8.13）中，流体本身附着在其中的一面边界壁上，另有一小部分流体通过流道回到控制端口。

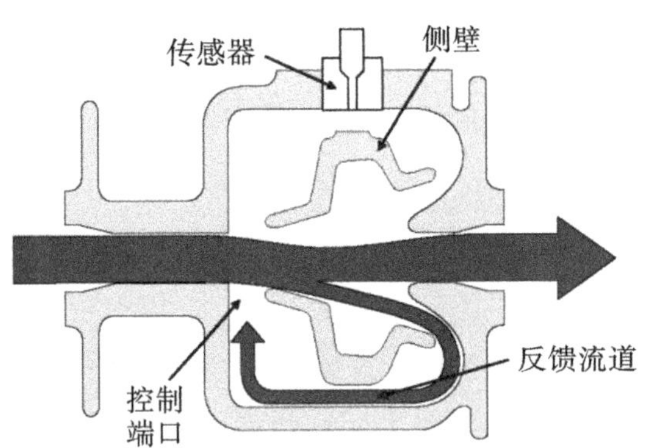

图 8.13　一旦附着在其中一面边界壁上，反馈流道即将一部分流体导回主流。（供图：Fluidic Flowmeters）

这种反馈将主流导向对面侧壁上并在对面侧壁重复相同的反馈动作（图 8.14）。结果是流体在流量计本体的对向侧壁之间发生连续振荡，其振荡频率与流速呈线性相关关系。反馈流道中的流量在零和最大值之间循环，可利用内置的热敏电阻传感器进行检测。

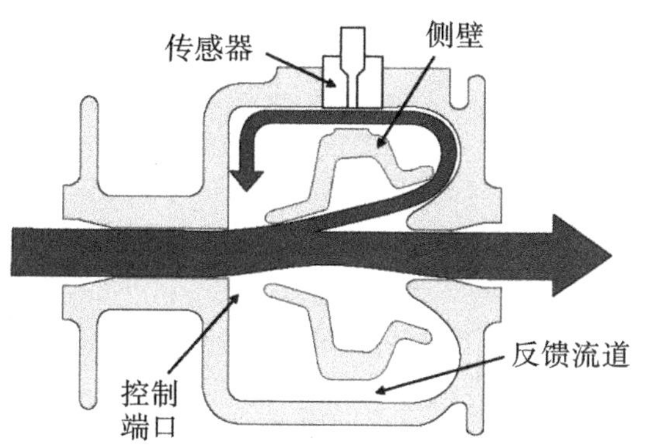

图 8.14 通过反馈控制动作将主流导向另一面侧壁，然后重复这个过程。(供图：Fluidic Flowmeters)

射流流量计的主要优势是可在更低雷诺数下发生反馈，因此可用于黏度较高的介质。此外，由于射流振荡器不涉及会随时间推移而发生磨损的活动部件，因此在其预期寿命期间无须重新校准。其他优势包括：

- 结构坚固
- 抗冲击和抗管道振动的能力强
- 调节比高(通常为 30 ∶ 1) 162
- 线性输出
- 可在最低 400 的雷诺数条件下运行
- 工作压力(38 mm 单位)为 10 bar

射流振荡器的主要缺点是不适合用于气体，并且不可恢复的压力损失(随流量的变化而变化)相对较高。例如，对于最大尺寸的射流流量计(38 mm)，26 L/min 的流量会产生 0.007 bar 的不可恢复压降。而在 750 L/min 的最大流量下，不可恢复的压力损失则会上升至接近 7 bar。

由于下游闪蒸会导致误差，因此需要根据以下公式确定出一个最小背压：

$$\text{最小背压} = 1.5 \cdot \Delta P + 1.25 \cdot P_V \tag{8.3}$$

其中：

ΔP——最大流量下的压降；

P_V——流体的绝对蒸汽压力(38 ℃时)。

9 电磁流量计

9.1 简介

163 电磁(EM)流量计,也称为磁流量计,已经在工业中广泛使用了超过40年,是第一种无活动部件和零压降的现代流量计。

9.2 测量原理

电磁流量计的原理基于法拉第感应定律,该定律指出,如果导体在磁场中移动,导体中会感应出与导体速度成正比的电压。

参见图9.1,如果长度为l的导体以速度v穿过磁通密度为B的磁场,则会产生感应电压:

$$e = B \cdot l \cdot v \tag{9.1}$$

其中:

e——感应电压,V;

B——磁通密度,Wb/m^2;

l——导体长度,m;

v——导体速度,m/s。

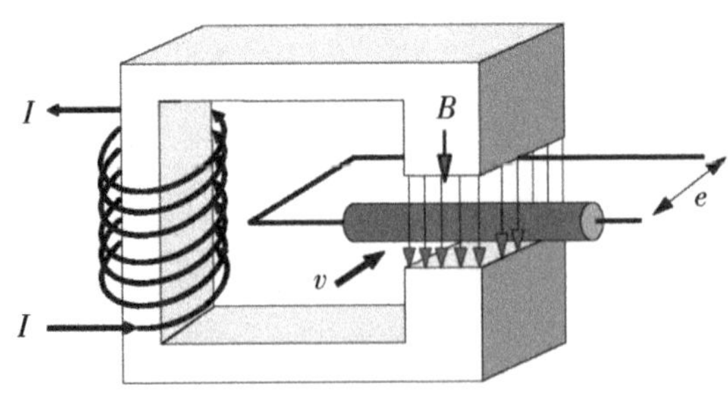

图9.1 法拉第电磁感应定律图解。

在电磁流量计(图9.2)中,管道横截面上产生磁场,导电液体形成导体(图9.3)。与磁场成直角设置的两个传感电极用于检测在流动液体两端产生的电压,该电压与介质的流量成正比。

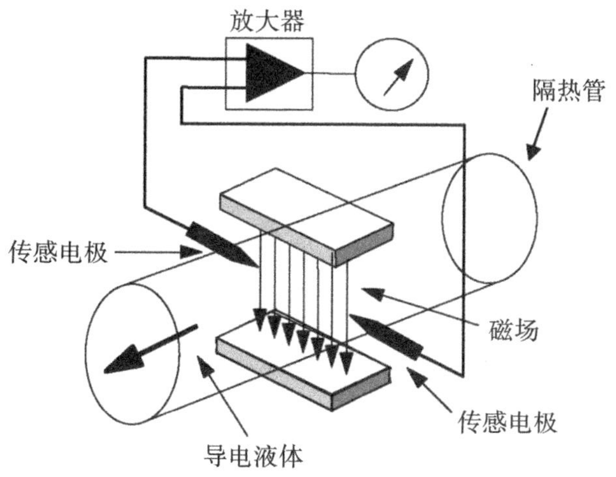

图 9.2 电磁流量计的基本原理。

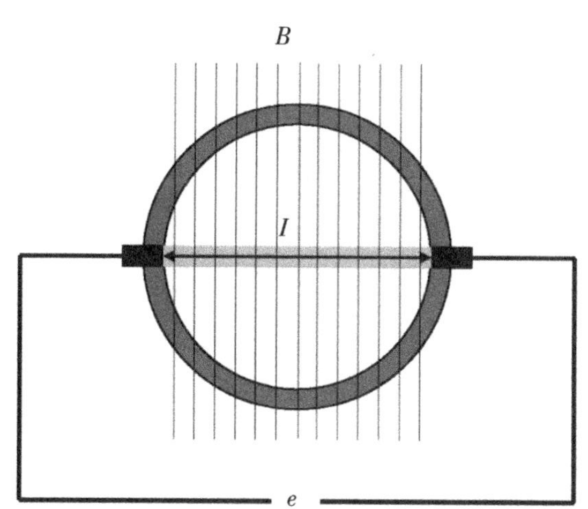

图 9.3 导电液体形成与电极接触的导体。

▶由此可见,由于 v 是流量(待测参数),产生的电压受导体长度(管道直径)和磁通密度的限制。反过来,通量密度由下式给出:

$$B = \mu \cdot H \tag{9.2}$$

其中:

B——磁通密度;

μ——磁导率;

H——磁化场强度,安培匝数/m。

165 由于磁路的磁导率在很大程度上取决于管道的物理限制(铁液隙组合),因此只有通过增加线圈(绕组数量及其长度)和磁化电流的函数 H 才能最大限度地提高磁通密度 B(进而提高感应电压)。 ◀

9.3 结构

由于电磁流量计的工作原理基于导体(流动液体)在磁场中的运动,因此输送介质的管道(计量管)不得对磁场产生影响,这一点非常重要。因此,为了防止磁场短路,计量管必须由诸如不锈钢或镍铬等非铁磁性材料制成。

同样重要的是,两个传感电极检测到的信号电压不能通过管壁发生电气短路。因此,计量管必须内衬绝缘材料。这些材料必须根据用途及其耐化学腐蚀性、耐磨性、耐压性和耐温性进行选择。

9.3.1 衬里材料

9.3.1.1 PTFE(特氟龙®)

PTFE 是一种可热变形的树脂,是应用最广泛的衬里材料。它包括一根插入流量计的挤压管,无须黏合,两端倾斜形成法兰面。

PTFE 衬里可能会受到真空条件的不利影响——随着管线尺寸的增加和温度的升高而增加。

注:在瞬态条件下,例如排空管线时,可能会出现真空情况。

特点:

- 耐温范围广,-20 ~ 180 ℃(-4 ~ 356 °F)
- 卓越的防粘特性,减少积聚
- 最佳耐化学性——对各种酸和碱呈惰性
- 获准用于食品和饮料
- 适用压力高达 50 bar
- 不适合用于泥浆等磨蚀性工况

9.3.1.2 PFA

全氟烷氧基(PFA)是一种可熔融加工的树脂,直接在增强不锈钢管中模制,在温度波动和真空条件下具有极好的机械性能。不锈钢管加固件还满足高温要求,且不会变形。

特点：

- 与 PTFE 产品比较：
    - 形状精度更高
    - 没有凸起或变形，耐磨性更好
- 更好的真空强度
- 耐温范围广，-20～150 ℃（-4～302 °F）
- 卓越的防粘特性减少积聚
- 优异的耐化学性——对各种酸和碱呈惰性
- 适用压力高达 50 bar
- 一般不适合用于磨蚀性工况

9.3.1.3 聚氨酯

聚氨酯具有弹性，并且与 PTFE/PFA 相比，对磨蚀性工艺流体（例如泥浆）具有更高的耐受性。因此，聚氨酯通常用于采矿应用。但是，聚氨酯的最高工艺温度限制在 140 °F。

特点：

- 对磨蚀性工艺流体具有很强的耐受性
- 耐高压，高达 200 bar
- 耐化学性差——不能与强酸或强碱一起使用
- 最高工艺温度为 40 ℃

9.3.1.4 氯丁橡胶

氯丁橡胶（聚氯丁烯或 PC 橡胶）是一种多用途的合成软橡胶，最初是作为天然橡胶的耐油替代品而开发的。因此，非常适合存在油的废水应用工况（如工艺水）。

特点：

- 耐化学腐蚀性
- 耐磨性好，但低于聚氨酯
- 最高耐温为 70 ℃（158 °F）
- 遇水膨胀的风险
- 适用压力高达 100 bar

9.3.1.5 天然软橡胶

硫化天然生橡胶具有优异的耐磨性能，尤其是在重浆料应用工况中。

Linatex®是一种 95% 的天然橡胶，通常被列为滑动或湿磨损工况中的优质耐磨橡胶，并且是唯一能够承受低至-40 ℃低温应用工况的衬里材料。

特点：

● 出色的耐磨性，尤其是对沙子、泥浆和颗粒的耐磨性，因为颗粒会从柔软的橡胶上弹起，而不会造成损坏。

167 ● 在-40 ℃(-40 °F)的低温环境下应用

● 受油和溶剂的不利影响

● 适用压力高达 40 bar

9.3.1.6　硬橡胶

硬橡胶以前称为硫化橡胶，是通过长时间对天然橡胶进行硫化而获得的，含有约 25%～80%的硫黄和亚麻籽油。

硬橡胶衬里具有极低的吸水率和高稳定性，尤其是在高压应用工况和超过 70 ℃的温度下。

特点：

● 价格低廉的通用衬里

● 耐腐蚀性强

● 较好的耐化学性和耐碳氢化合物性

● 主要应用于饮用水和废水处理行业

● 耐温高达 95 ℃(203 °F)

● 极低吸水率

● 适用压力高达 100 bar

9.3.1.7　EPDM

三元乙丙橡胶(EPDM)是一种特别适用于饮用水应用的弹性体。

特点：

● 主要用于饮用水

● 可用于管道尺寸大于 100 DN(4″)的某些食品和饮料应用中

● 耐温高达 70 ℃(158 °F)

● 不适用于存在碳氢化合物的废水应用工况

● 极低吸水率

● 适用压力高达 40 bar

9.3.1.8　丁腈橡胶

丁腈橡胶，也称为 NBR、Buna-N 和丙烯腈(ACN)丁二烯橡胶，是 ACN 和丁二烯的合成橡胶共聚物，对水和碳氢化合物都具有很强的耐受性。

特点：

- 价格最低的衬里
- 对水和碳氢化合物都具有很强的耐受性
- 耐温高达 70 ℃(158 °F)
- 适用压力高达 40 bar

9.3.1.9 酚醛树脂

开发了多种酚醛(PF)树脂，作为高温应用中 PTFE 衬里的经济替代品。衬里经过喷 168
涂，形成光滑、坚硬的无孔表面和高度耐腐蚀的饰面。

由于其优异的耐化学性，它们通常用于纸浆和造纸应用以及化学工业。

特点：

- 在真空条件下相当平稳
- 与 pH 值在 3 至 13 之间的化学品相容
- 耐温高达 130 ℃(266 °F)
- 适用压力高达 40 bar
- 不适用于含有臭氧的介质

9.3.1.10 陶瓷(Al_2O_3)

氧化铝衬里耐酸碱，具有很强的耐磨性。由于超光滑，它们不会产生可积聚细菌的空腔，因此常用于食品和饮料行业。它们还经常用于核工业，因为它们不受辐射损伤。

由于随温度变化几乎没有膨胀或收缩，因此横截面积以及体积流量的测量值实际上保持不变。

通过使用与陶瓷材料集成的电容耦合电极或烧结铂电极，可以完全消除电极泄漏。

氧化铝的缺点是，由于其脆性，它们容易受到外部管道拉伸或弯曲的影响。此外，热冲击超过 30 ℃的阶跃变化可能会导致开裂。另一个限制是，它不能用于 50 ℃以上的氧化酸或热浓碱应用。

特点：

- 最适合在小直径、高精度情况中应用
- 最佳长期精度
- 即使在高温下，在大多数物质存在时也具有化学惰性
- 耐温高达 200 ℃(392 °F)
- 完全耐真空
- 适用压力高达 40 bar

- 对外部管道的拉伸或弯曲敏感
- 对热冲击敏感

9.3.1.11　陶瓷(ZrO_2)

氧化锆是一种先进的陶瓷材料，由于没有热冲击限制，因此克服了氧化铝的一个主要限制。

表9.1汇总了这些材料。

表9.1　常用磁流量计衬里材料

材料	概述	缺点	磨损抗性	酸抗性	温度限值	压力范围(bar)
PTFE	可热变形树脂，具有优异的防粘性能，适用于食品和饮料	受真空的不利影响。不适合用于磨蚀性工况	差	优	-20～180 ℃ (-4～356 °F)	50
PFA	可熔融加工树脂，形状精度、耐磨性和真空强度优于PTFE		良好	优	-20～150 ℃ (-4～302 °F)	50
聚氨酯	极强的耐磨性和抗侵蚀性	不适用于强酸或强碱	优	差	40 ℃ (104 °F)	200
氯丁橡胶	结合了PTFE的耐化学侵蚀性和良好的耐磨性	遇水膨胀的风险	良好	良好	70 ℃	100
天然软橡胶(Linatex)	卓越的耐磨性——适用于重浆料，可耐受低至-40 ℃的低温	受油和溶剂的不利影响	优	差	低至-40 ℃	40
硬橡胶	价格低廉，极低吸水率。主要应用于饮用水和废水处理行业		良好	良好	95 ℃ (203 °F)	100
三元乙丙橡胶	特别适用于饮用水的弹性体	不适用于存在碳氢化合物的废水应用工况	优	差	70 ℃ (158 °F)	40

续表 9.1

材料	概述	缺点	磨损抗性	酸抗性	温度限值	压力范围(bar)
丁腈橡胶	对水和碳氢化合物都具有很强的耐受性；价格最低的衬里		良好	差	高达 70 ℃(158 °F)	40
改性酚醛树脂	针对含酸的恶劣环境而开发； 真空条件下平稳	不适用于含有臭氧的介质	良好	优	130 ℃(266 °F)	管道屈服强度
陶瓷(Al_2O_3)	强烈建议用于磨蚀性和/或腐蚀性很强的应用工况；超光滑表面；无空腔，不受辐射损伤；横截面积保持不变；通过使用电容耦合电极或烧结铂电极可以消除电极泄漏	易受管道拉伸/弯曲的影响。超过 30 ℃的热冲击会导致开裂	优	优	200 ℃(392 °F)	40
陶瓷(ZrO_2)	无热冲击限制		优	优	200 ℃(392 °F)	40

9.3.2 电极

电极与衬里一样直接接触工艺介质，并且必须根据应用及其对化学腐蚀、磨损、压力 171
和温度的耐受性来选择构造材料。由于电极的尺寸相对较小，且电极和衬里之间的密封很重要，因此只能接受较低的腐蚀速率——通常每年小于 50 μm(0.002 in)。

常用的材料包括 316 不锈钢、哈氏合金 C、钽、铂/铑和钛。

另一个考虑因素是材料的电极电位。例如，铂的电极电位为+1.2 V，而钛的电极电位为-1.63 V。因此，根据所用材料的不同，电极电位将成为传感器输出端需要抑制的共模电压(CMV)。不锈钢电极的 CMV 值只有几百毫伏，因此更容易剔除共模。

9.3.2.1 316 不锈钢

这种最常用的电极材料具有良好的耐腐蚀性和耐磨性。虽然适合与硝酸一起使用，但在大多数情况下不适合与硫酸或盐酸一起使用。

9.3.2.2　哈氏合金 C

在氧化条件、海水和许多还原介质中,它比 316 SST 具有更强的耐腐蚀性。此外,其高强度使其成为浆料应用中的首选。

9.3.2.3　钽

与 316 SS 和哈氏合金 C 相比,钽的使用寿命更长,而且非常耐盐酸、硝酸和王水(硝酸和盐酸的混合物)。但是,它不应与氢氟酸、氟硅酸或氢氧化钠一起使用。

9.3.2.4　90% 铂-10% 铱

虽然它是最昂贵的材料,但在所有可用的电极材料中,它的抗侵蚀能力最强。但不宜与王水合用。

9.3.2.5　钛

钛比 316 SS 更耐硝酸,在海水和稀碱溶液中性能卓越。不得与氢氟酸、盐酸或硫酸一起使用。

9.3.3　电极泄漏问题

电磁流量计一个主要问题是需要确保工艺介质不会泄漏。在图 9.4 所示的结构设计中,通过使用五个单独的密封表面和一个螺旋弹簧来保持电极密封。

172 不过,为了确保系统的整体完整性,即使在衬里/电极接口处发生工艺泄漏,也可以对电极室进行单独密封。这种密封装置通常适用于全管线压力,确保在发生泄漏时,励磁线圈不会受到污染。

在电极可能受到严重磨损或污染的情况下,许多制造商都提供可现场更换的电极(图 9.5)。

173 绝缘沉积物对电极的污染会大大增加信号电路的内阻,从而改变励磁线圈和信号电路之间的电容耦合。

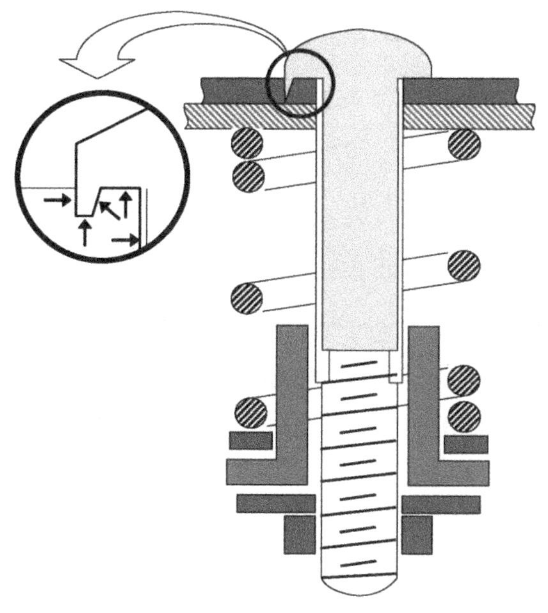

图 9.4　通过使用五个单独的密封表面和一个螺旋弹簧来保持电极密封。(供图:Emerson)

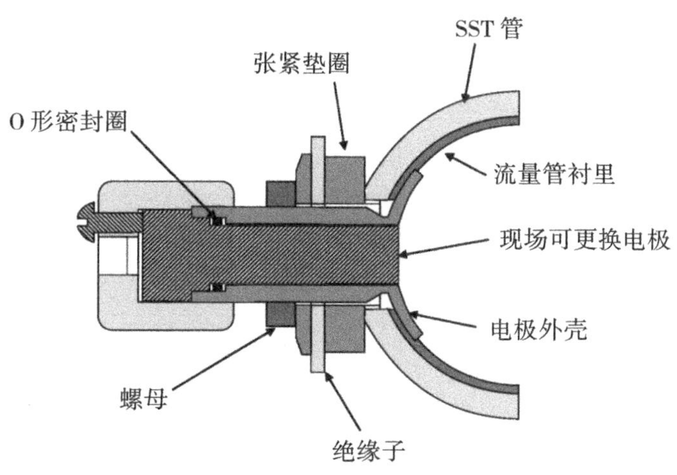

图 9.5　现场可更换电极。(供图:Emerson)

9.4　电导率

▶需要考虑的工艺介质的两个主要特征是其电导率和在电极上形成绝缘层的倾向。如图 9.6 所示,为了在仪表放大器的输入阻抗(R_i)上产生大部分电极电位(e),并尽量减少温度变化引起的阻抗变化带来的影响，R_i 需要比最大电极阻抗 R_s 至少高 1 000 倍。

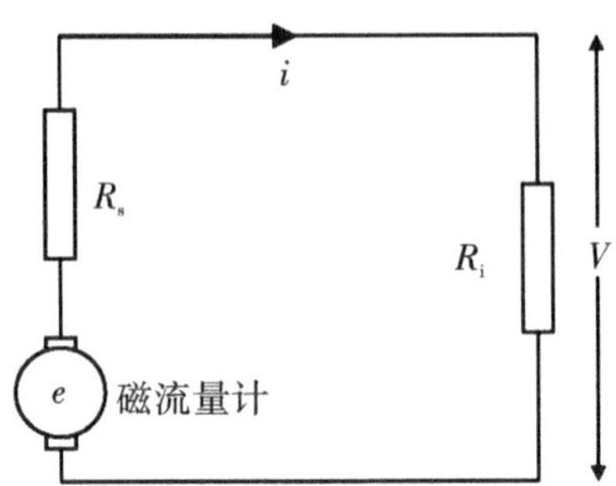

图 9.6　为了在仪表放大器的输入阻抗（R_i）上产生大部分电极电位（e），R_i 需要比最大电极阻抗 R_s 至少高 1 000 倍。

174　现代高输入阻抗放大器的阻抗范围为 $10^{13} \sim 10^{14}\ \Omega$。因此，对于具有例如 $10^{13}\ \Omega$ 输入阻抗的放大器，由于阻抗匹配引起的误差小于 0.01%，以及电极阻抗从 1 M ~ 1 000 MΩ 的变化，将仅对电压产生 0.001% 的影响。

电极阻抗取决于流体电导率，并随计量管的尺寸而变化。在老式交流驱动仪器中，流体的最小电导率通常在 5 ~ 20 μS/cm 之间。对于直流场仪器，最小电导率约为 1 μS/cm。然而，现代仪器采用了多种技术，包括可用于电导率水平低至 0.05 μS/cm 的液体中的电容耦合仪表。◀

大多数炼油产品和一些有机产品的电导率不足，无法使用电磁流量计进行计量（表 9.2）。

表 9.2　一些典型流体的电导率

液体	电导率/(μS/cm)
18 ℃下的四氯化碳	4×10^{-12}
甲苯	10^{-8}
煤油	0.017
25 ℃时的苯胺	0.024
大豆油	0.04
超纯水	0.1
磷	0.4
25 ℃时的粗苯醇	1.8

续表 9.2

液体	电导率/(μS/cm)
醋酸(1%溶液)	5.8×10^2
醋酸(10%溶液)	16×10^2
25 ℃时的乳胶	5×10^3
硅酸钠	24×10^3
硫酸(90%溶液)	10.75×10^4
硝酸铵(10%溶液)	11×10^4
氢氧化钠(10%溶液)	31×10^4
盐酸(10%溶液)	63×10^4

应当注意,液体的电导率可随温度而变化,并且应注意确保在临界电导率应用中液体的性能不受操作温度的影响。大多数液体的导电温度系数为正。然而,在一些液体中可能存在负系数。

乍一看,电磁流量计低至 0.05 μS/cm 的扩展量程似乎涵盖了低至 0.1 μS/cm 的超纯水电导率。然而,为了满足这些要求,需要使用 $10^{13}\sim10^{14}$ Ω 或更高范围内的极高输入阻抗放大器,这些放大器非常容易受到电气噪声的影响。不幸的是,水是一种双极振动分子,会产生相对较大的电气噪声振幅,这往往会淹没用于获得这种灵敏度的放大器。

在某些应用中,电极上的涂层令人担忧,多年来,人们提出了许多解决方案,包括机械刮刀组件(图 9.7)和超声波清洗。

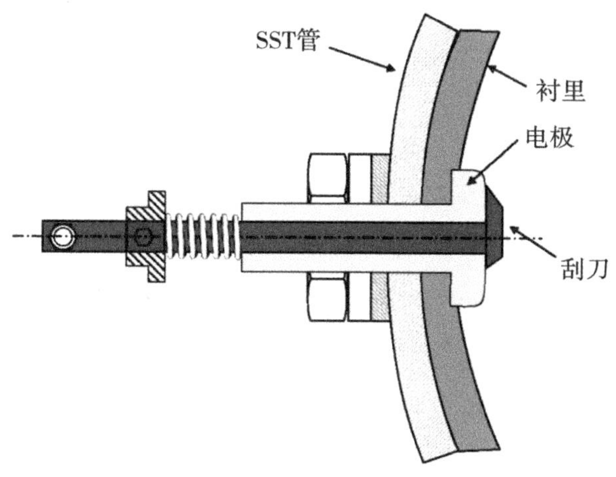

图 9.7　电极结垢后,机械刮刀装置可清除污垢。

9.4.1 电容耦合电极

175 上述解决方案并不能解决“电极涂层”的问题，在这种情况下，绝缘沉积物会有效地隔离电极。这些绝缘沉积物经常在造纸工业和污水处理应用中发现，其中油脂和蛋白质聚集体可以发展成厚的绝缘层。

在电容耦合流量计中，通常被工艺液体浸湿的电极已被粘接在陶瓷流量管外部的两块大板所取代(图 9.8)，超高阻抗前置放大器直接安装在流量管上。电容耦合磁流量计能够用于电导率水平低至 0.05 μS/cm 的液体，无间隙或裂缝，没有因磨损而损坏电极的风险，无泄漏以及无电化学效应。

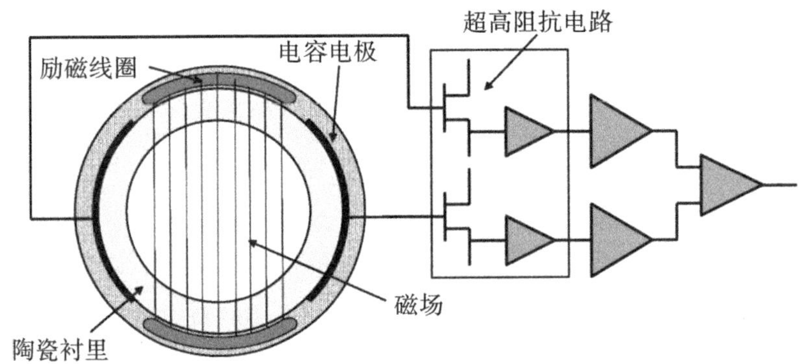

图 9.8 传统的湿电极已被粘接到陶瓷衬里外部的电容电极所取代。

9.5 磁场特性

流量计的用途是测量管段内的真实平均速度，因此它可以与单位时间内的总体积量直接相关。在电极处产生的电压是由流动流体的横截面的每个单元体积在其以不同的相对速度穿过电极平面时产生的增量电压的总和。

最初，为了实现精确的流量测量，设计假设磁场在管道的被测横截面和长度上是均匀的。然而，早期的研究人员表明，对于给定的速度，介质不会在电极中所有点上产生相同的电压信号。因此，对于给定的速度(v)，在位置 A_1 处流动的介质(图 9.9)不会产生与在位置 A_2 处流动的介质相同的电压信号。

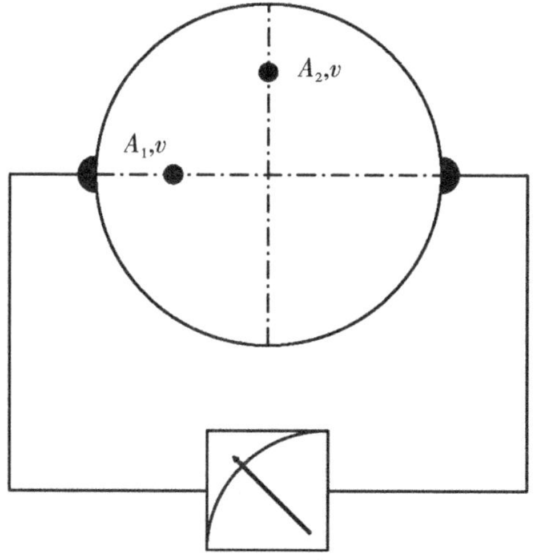

图 9.9 对于给定的速度(v),在位置 A_1 处流动的介质不会产生与在位置 A_2 处流动的介质相同的电压信号。(供图:Endress + Hauser)

Rummel 和 Ketelsen 绘制了在距离测量电极不同距离处流动的介质图(图 9.10),并介绍了这些介质如何以不同的方式产生测量信号。这表明,将速度集中在一个电极区域的流动剖面将在管道中心产生 8 倍的输出,从而导致不可忽视的误差。

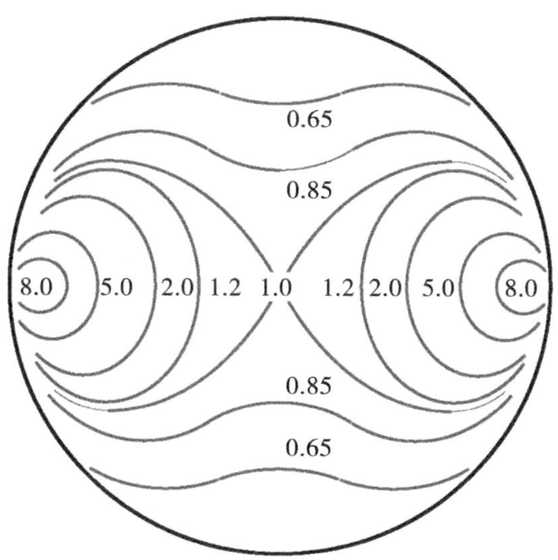

图 9.10 电极平面上的加权因子分布(Rummel 和 Ketelsen)。

176 解决这一问题的一个方案是使用非均质场来补偿这些非线性浓度。

在其研究之后，Ketelsen 设计了一种利用“特征场”的磁流量计。与磁通密度（B）在整个平面上恒定的均匀场不同［图 9.11（a）］，“特征场”的标志是 x 方向的 B 值增加，y 方向的 B 值减少［图 9.11（b）］。

177 由于该设计的商业开发受限于以 B. Ketelsen 名义申请的专利，并且专利已转让给 Fischer & Porter GmbH，因此开发了一种“改进场”，其中在电极平面上任意位置的磁通量线特征为在 x 方向上，从中心到壁面，B 值逐渐增加，而在 y 方向上保持恒定［图 9.11（c）］。因此，“改进场”是“特征场”和“均匀场”之间的折中方案。

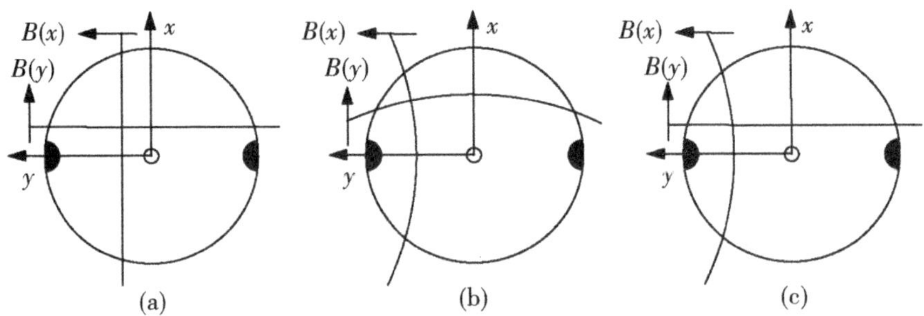

图 9.11　三种最常见的磁场形式：（a）均匀场，其中 B 值在整个平面上是恒定的；（b）“特征场”，其中 B 值在 x 方向上增加，但在 y 方向上减少；（c）改进场，其中 B 值在 x 方向上增加，但在 y 方向上是恒定的。

9.6　场畸变

鉴于产生“特征”磁场的重要性，用户应了解某些会抵消该方向所做努力的应用。

其中一个领域是采矿和矿物选矿领域，矿浆中可能含有大量固体磁性材料，如磁铁矿（Fe_3O_4）。磁铁矿是一种天然存在的铁磁性岩石，几乎出现在所有的火成岩和变质岩中。

由于磁铁矿容易磁化，它的存在会大大改变磁场的几何形状（图 9.12），从而导致显著误差。

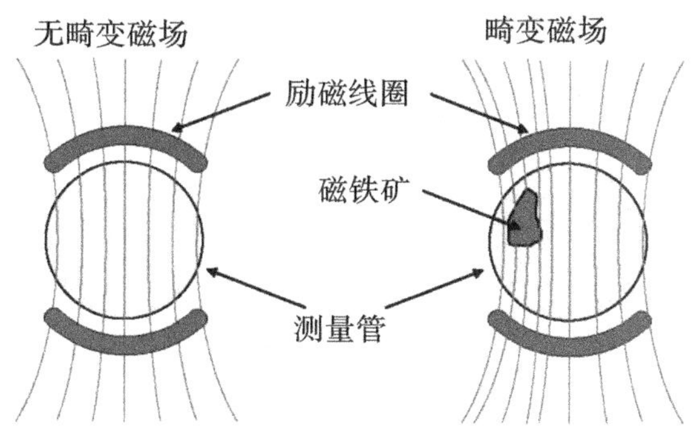

图 9.12　磁铁矿的存在会大大改变磁场的几何形状，并导致显著误差。

9.7　部分填充管道的测量

精确体积流量测量的一个基本要求是管道应充满。给定恒定速度，则随着填充水平 178
的降低，电极处的感应电位仍然与介质速度成比例。然而，由于介质的横截面积未知，因此不可能计算体积流量。

在使用大口径流量计且水力基于重力的水务行业中，由于流量低，管道经常出现部分填充的情况。

虽然在 U 形管段或仰拱的管道最低点安装流量计（图 9.13）可以解决这个问题，但在许多情况下，即使是最好的工程设计也不能保证满管，从而导致体积读数不正确。

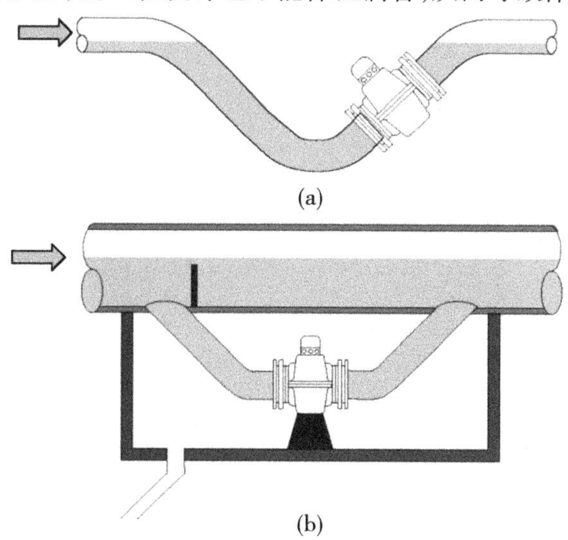

图 9.13　安装在（a）U 形截面或（b）仰拱中的流量计通常可以确保，当介质管道仅部分充满时，流量计保持充满。（供图：ABB）

解决这个问题的一个办法是实际确定横截面积,从而计算出容积流量。

ABB 在其 Parti-MAG 中提供的解决方案中,两个额外的电极对位于仪表的下半部分,以满足低至10%的部分流量测量要求。此外,磁场依次从串联线圈励磁切换到反向线圈励磁。串联励磁模式(图 9.14)对应于传统仪表的励磁模式。在该场的作用下,电极对中感应出与介质速度相关的电压。

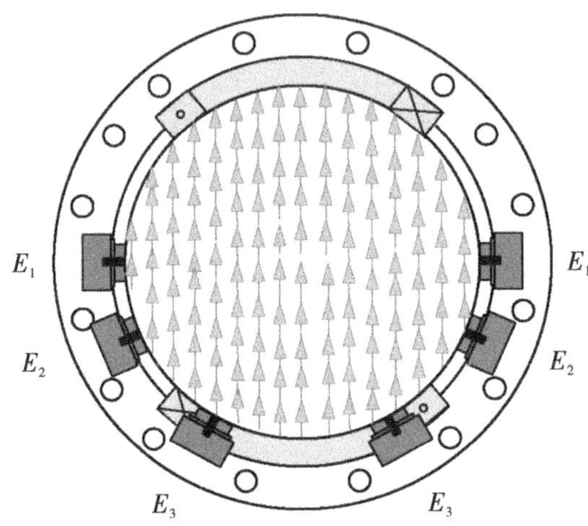

图 9.14　串联励磁模式对应于传统仪表的励磁模式。(供图:ABB)

179　在反向励磁模式下(图 9.15),仪表上半部分和下半部分的感应电压大小相等,但符号相反。因此,在满管中,电极对 E_1 处的电位为零,而电极对 E_2 和 E_3 处的电位为某个确定值。

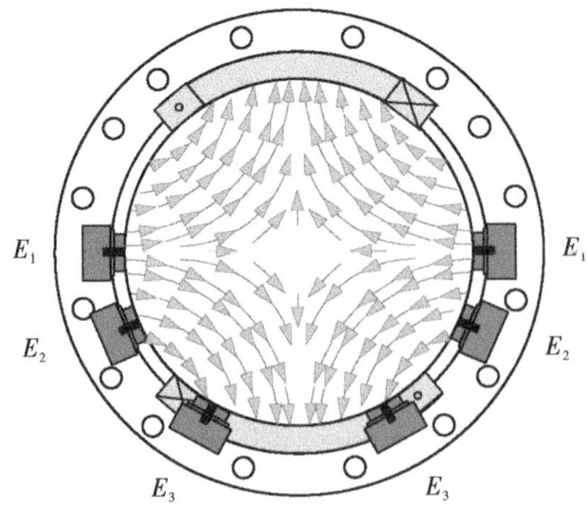

图 9.15　在反向励磁模式下,仪表上半部分和下半部分的感应电压大小相等,但符号相反。(供图:ABB)

随着液位的下降,上半部分的信号贡献减少,而下半部分的信号贡献保持不变,导致各电极对发生电位变化,这可能与介质液位的变化直接相关。然后使用微处理器技术计算横截面积,从而计算体积流量。

Krohne 的 TIDALFLUX 测量仪采用的方案略有不同。该仪器将电磁流量计与独立的电容式液位测量系统相结合。

电磁流量测量部分的功能类似于传统的电磁流量计,使用一组电极,这些电极放置在管道底部附近,如图 9.16 所示。 180

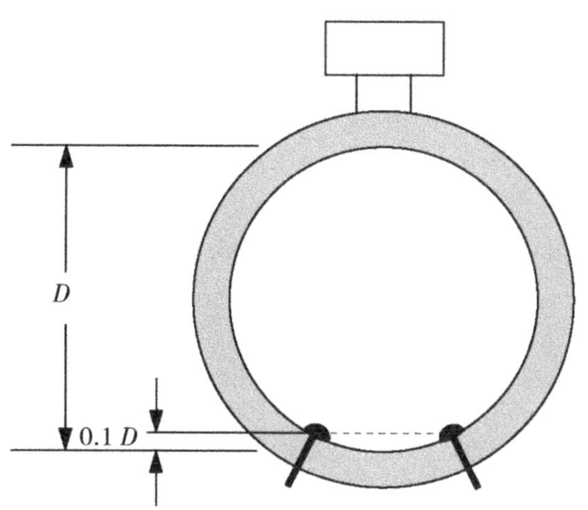

图 9.16 两个传感电极的位置应确保当填充水平下降到管道直径的 10% 以下时,电极仍然被覆盖。(供图:Krohne)

以这种方式,即使当填充水平下降到小于管道直径的 10% 时,电极仍然被覆盖,并且能够提供与流速相关的输出。

液位测量部分利用嵌入流量计衬里中的绝缘传输和检测板系统(图 9.17),其中电容耦合的变化与润湿横截面成正比。

使用这两个测量值,可以根据以下公式计算实际体积流量(图 9.18): 181

$$Q = v \cdot A \tag{9.3}$$

其中:

Q——体积流量;

v——速度相关信号;

A——润湿横截面面积。

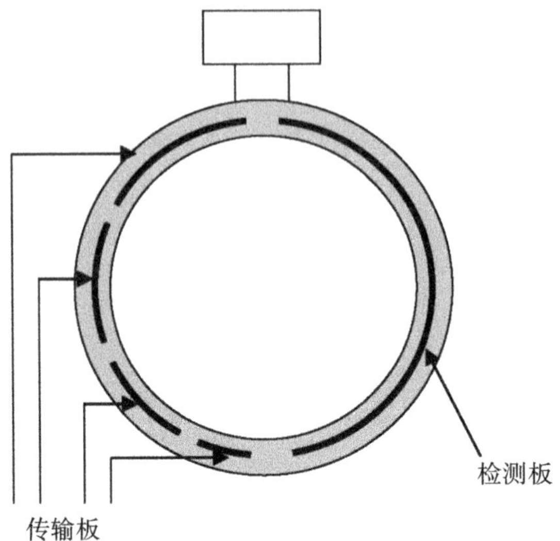

图9.17　液位测量部分利用嵌入流量计中的绝缘传输和检测板。(供图:Krohne)

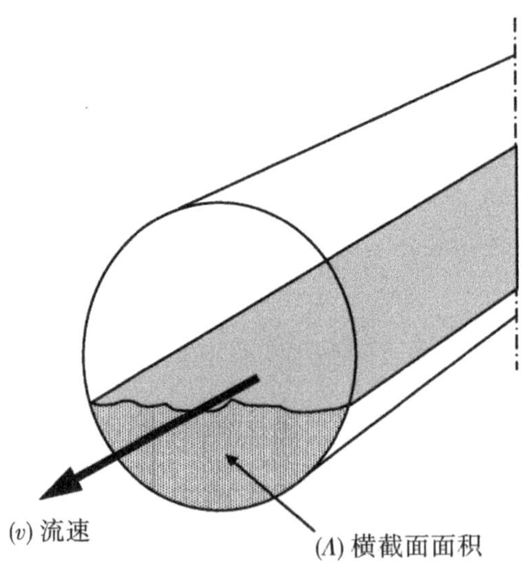

图9.18　使用速度和横截面面积的两个测量值计算体积流量。(供图:Krohne)

9.8 空管检测

在许多情况下,不需要测量部分填充的管道。尽管如此,为了引起人们对这种情况的注意,许多仪表都包含了“空管检测”选项。

在最常见的系统中(图9.19),一种方案是安装在管道顶部的电导率探头可感测导电介质的存在。如果介质通过传感器,由于管道部分填充,电导率下降并产生警报。

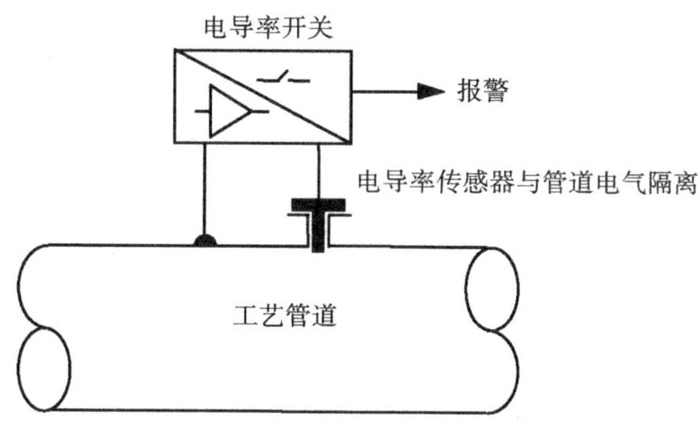

图9.19 用于空管检测的电导率探头。

另一种方案是在流量计传感探头上使用高频电流发生器。由于正常流量测量使用相对较低的频率,因此用于测量电导率的高频信号被流量信号放大器忽略。

“空管检测”不仅用于指示体积读数不正确。例如,在双线备用系统中,一条线路处理工艺,另一条线路用作备用。由于备用管线不含任何工艺介质,流量计传感电极处于 182
“开路”状态,放大器输出信号会随机漂移。因此,连接到系统的任何过程控制器、记录仪等都会产生错误的输入,从而发出错误的状态警报。此处,“空管检测”系统用于将信号“冻结”至基准零点。

“空管检测”的另一个应用是防止损坏励磁线圈。基于“脉冲直流”磁场的磁流量计产生的励磁线圈功率相对较低,通常在14~20 VA之间。这通常与励磁线圈中的发热无关。然而,基于“交流生成”磁场的流量传感器消耗的功率超过几百伏安。为了吸收励磁线圈中产生的热量,管道中需要一种介质,以将温度保持在励磁线圈绝缘能力范围内。空管将导致过热和励磁线圈永久损坏,因此,这种类型的流量计需要“空管检测”系统关闭励磁线圈的电源。

9.9 电气设计

在电磁流量计中实际应用法拉第定律所面临的最大挑战之一是，电极处的流动感应电压相对较小。例如，内径为 50 mm、流量为 50 L/min（流速约为 4.2 m/s）的交流流量计中的感应电动势（emf）典型值仅为 2 ~ 3 mV 左右。因此，信号电压很容易被不需要的外部电压扭曲，特别是电化学电动势。

根据材料的选择，与流动液体接触的金属电极产生干扰电化学直流电压。该电压取决于温度、流量、压力和液体的化学成分以及电极的表面状况。因此，根据所用材料的不同，电极电位将成为传感器输出端需要抑制的 CMV（V_{CM}）。不锈钢电极的 V_{CM} 值只有几百毫伏，因此更容易剔除共模。

与流动液体接触的金属电极形成产生干扰电化学直流电压的原电池。该电压取决
183 于温度、流量、压力和液体的化学成分以及电极的表面状况。实际上，液体和每个电极之间的电压会有所不同，从而导致两个电极之间的电压不平衡。为了将流量信号与干扰直流电压分离，使用了交流励磁场——通过电容耦合或变压器耦合，可轻松将干扰直流电压与交流信号电压分离。虽然交流电磁流量计已成功使用多年，但由于使用交变场励磁，因此容易受到内部和外部误差源的影响。

9.9.1 非均匀电导率

虽然电磁流量计在很大范围内不受液体电导率的影响，但假设电导率是均匀的，因此沿主要压头的横截面和长度方向保持恒定。然而，在许多污水和废水处理应用中，人们经常发现，在低流速下会形成密度和导电率不同的层。因此，由感应的时间导数产生的涡流分布会被完全扭曲，从而产生干扰电压，这些电压在变流器中无法完全抑制。

9.9.2 电极结垢

绝缘沉积物对电极的污染会大大增加信号电路的内阻，从而改变励磁线圈和信号电路之间的电容耦合。

9.9.3 直接耦合

因为场励磁是直接从电源电压得到的，所以不可能将信号电压与外部干扰电压分开。干扰电压可以通过电容耦合或感应耦合从附近铺设的大电流电缆传输到信号电缆

上。虽然通过对信号电缆进行多重屏蔽可以在很大程度上抑制这些干扰电压，但可能无法完全消除。

9.9.4 轴向电流

管道和/或流动介质偶尔会携带来自其他系统的杂散电流，这些杂散电流会在电极处产生电压，这些电压无法与信号电压区分开来。

9.9.5 接地不良

通过接地环或适当接地的法兰将主要压头和管道接地，确保液体处于零电位。如果接地不对称，接地回路电流会产生干扰电压，从而产生零点漂移。

9.10 交流场励磁

早期的磁流量计将它们的励磁线圈直接连接到交流电源上，工作频率为 50 Hz/ 184
60 Hz。因此，容易将感应信号电压与电化学直流电压区分开。

不幸的是，正弦磁场也会在所有导电材料（包括测量电极）中引入涡流（以及随后的干扰电压）。由此产生的干扰电压往往会叠加在信号电压上，使其产生误差。因此，交流电磁流量计需要定期进行零点校准，这样就必须切断流量。

测量管壁中产生的涡流也会产生自身的磁场，与线圈的信号场相反，从而削弱信号场。

交流磁流量计是一种成本相对较低的系统，精度约为 2%。目前在工业上很少见到这种装置，基本上已被脉冲直流场所取代。

9.11 脉冲直流场

为了克服交流和直流干扰带来的问题，脉冲直流场以特定间隔周期性地接通和断开。磁场断开时，电化学直流干扰电压被储存起来，然后从表示信号电压和磁场接通时的干扰电压之和的信号中减去。

图 9.20 显示了传感器处的电压，其中测量的信号电压 V_S 叠加在伪不平衡 CMV V_{CM} 上。通过在周期 A 和 B 期间获取（并存储）样本，可以通过两个值的代数相减来获得平均值 V_S：

$$V_S = (V_{CM} + V_S) - V_{CM} \tag{9.4}$$

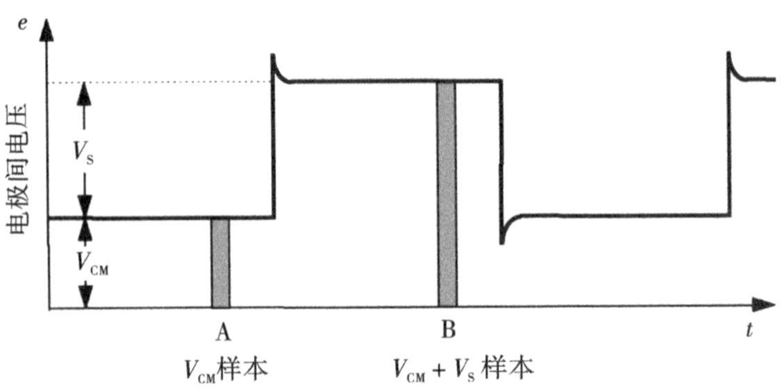

图 9.20　传感器处的电压，其中测量电压 V_m 叠加在伪不平衡偏移电压 V_u 上。

185 该方法假设样本 A 和 B 之间的电化学干扰电压(V_{CM})的值在测量期间保持恒定。然而，如果在此期间干扰电压发生变化，则可能发生严重误差。图 9.21 将不平衡偏移电压显示为一个稳定上升的斜坡。这里的误差与不平衡电压在测量周期 A 和 B 期间的变化量一样大，可能导致高达 100% 的感应误差。

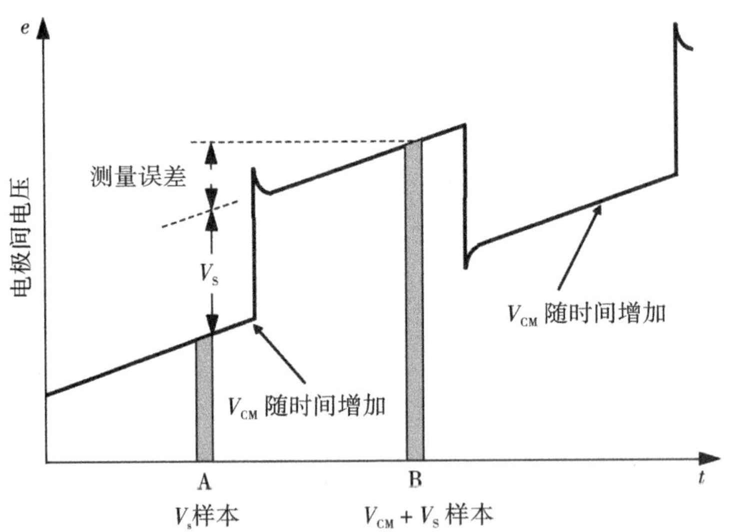

图 9.21　随着不平衡偏移电压呈现为一个稳定上升的斜坡，误差与不平衡电压在测量周期 A 和 B 期间的变化量一样大。

克服这个问题的一种方法是采用线性插值法，如图 9.22 所示；在磁感应之前，测量不平衡电压 A。在磁感应阶段期间，测量值 B(不平衡电压和流量信号的总和)；在磁感应之后，测量改变后的不平衡电压 C。

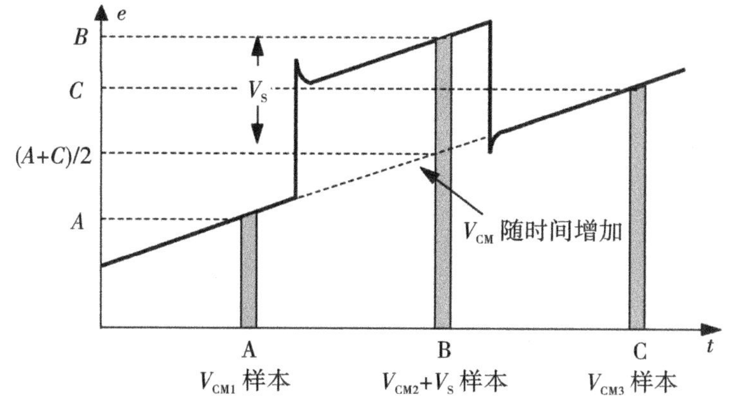

图 9.22　不平衡电压 A 在磁感应之前测量；B 值（不平衡电压和流量信号之和）在磁感应阶段测量；变化后的不平衡电压 C 在磁感应之后测量。

以电子方式产生磁感应前后平衡电压的平均值 $(A+C)/2$，并从磁感应期间测量的和信号中减去。因此，确切的流量信号为：

$$V_m = B - \frac{(A+C)}{2} \tag{9.5}$$

不受不平衡电压的影响。该方法不仅校正共模干扰电压的幅度，而且校正其相对于时间的变化。

9.12　双极脉冲运行

另一种补偿方法如图 9.23 所示，使用交流（或双极）直流脉冲。在理想或参考条件 186
下，V_1 和 V_2 的值将相等并且都具有测量值 V_S。由此：

$$V_1 - V_2 = (V_S) - (-V_S) = 2 \cdot V_S \tag{9.6}$$

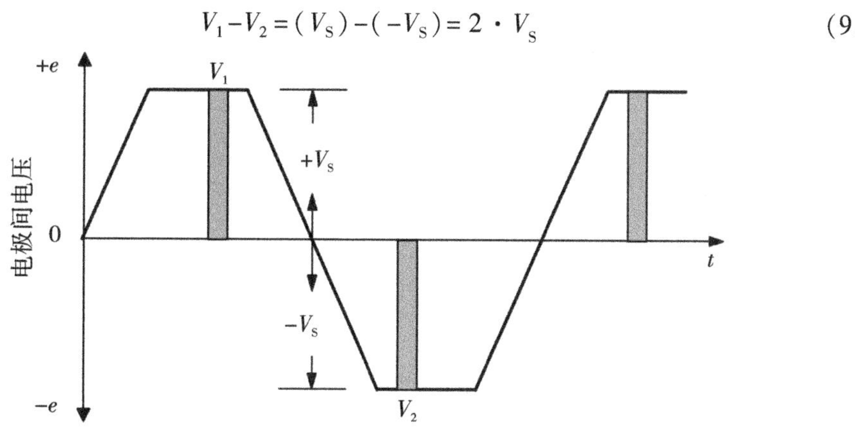

图 9.23　理想或参考条件下的双极脉冲补偿。

现在,如果零信号或无流量信号被一个不平衡的 CMV(例如在正方向上)偏移(图 9.24),那么

$$V_1 = V_{CM} + V_S \tag{9.7}$$

187 以及

$$V_2 = (V_{CM} - V_S) \tag{9.8}$$

$$V_1 - V_2 = (V_{CM} + V_S) - (V_{CM} - V_S) = 2 \cdot V_S \tag{9.9}$$

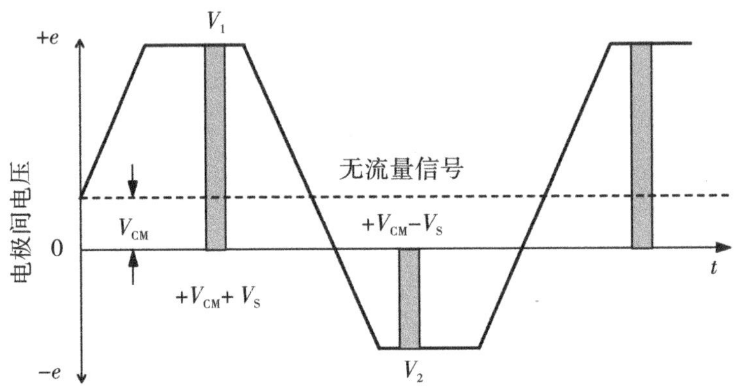

图 9.24　双极脉冲补偿消除了 CMV 引起的误差。

同样,可以采用线性插值法,如图 9.25 所示,在每个测量周期内采集五个单独的样本。在循环开始时进行零电位测量,在正峰值处进行第二次测量,再次在零电位处进行第三次测量,在负峰值处进行第四次测量,最后在循环结束时进行另一次零电位测量。在这种情况下,结果将是:

$$2 \cdot V_S = \left[V_1 - \frac{Z_1 - Z_2}{2}\right] - \left[V_2 - \frac{Z_2 + Z_3}{2}\right] \tag{9.10}$$

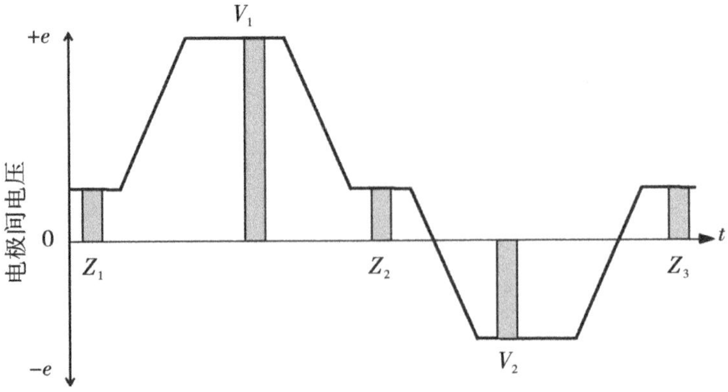

图 9.25　采用线性插值的双极脉冲补偿。

9.13 双频励磁

尽管前面提到的交流励磁在精度、零稳定性和高频功耗方面存在问题，但它提供的 188
响应时间比脉冲直流励磁快得多，从而提供了高噪声抑制，并使其适用于浆料应用工况。相反，低频脉冲直流设计的局限性在于其响应速度相对较慢，而且对所有低电导率流体的浆料造成的测量噪声非常敏感。

一种解决方案是使用双频励磁，其中高频分量叠加在低频双极信号上（图 9.26）。在 Yokogawa 提供的解决方案中，以 75 Hz 频率运行的 250 mA 励磁电流（每 13 ms 提供一次流量数据）叠加在以 12.5 Hz 频率运行的低频双极信号上。这样，低频励磁的零点稳定性与高频励磁的良好噪声抑制和高速响应相结合。

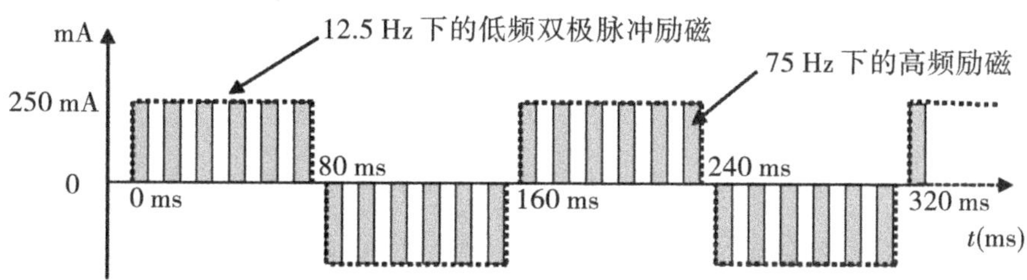

图 9.26　在该解决方案中，以 75 Hz 频率运行的 250 mA 励磁电流（每 13 ms 提供一次流量数据）叠加在以 12.5 Hz 频率运行的低频双极信号上。（供图：Yokogawa）

9.14 插入式流量计

虽然电磁流量计是饮用水和废水处理行业的理想选择，但由于其在大口径管道中的高昂成本，电磁流量计的使用往往被排除在外。

解决这个问题的一个方法是使用插入式流量计（图 9.27），其中电磁场由内置线圈产生。电压（e）与流经通量（B）的介质速度成正比，由相隔距离（d）的内置传感器检测。

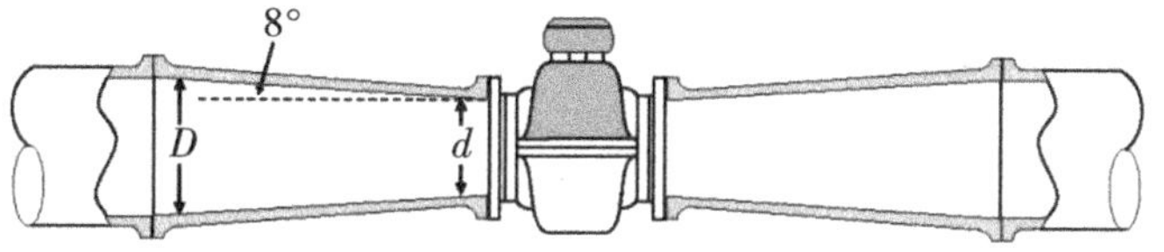

图 9.27　电压（e）与流经通量（B）的介质速度成正比，由相隔距离（d）的内置传感器检测。

由于这种插入式电磁流量计仅测量管道特定区域的流速，因此不能代表通过管道整个横截面积的流量。因此，精度仅为2% ~4%左右。

189 在实践中，其应用还有不少限制。例如，为了避免气泡或固体沉积，不应在管道的上部或下部安装非常短的传感器（图9.28）。

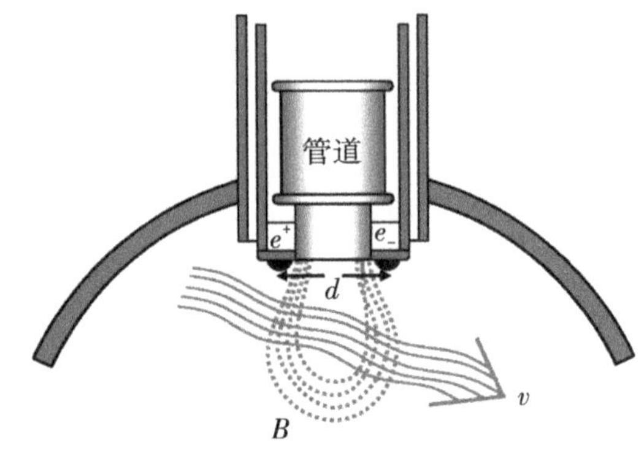

图9.28 为了避免气泡或固体沉积，不得在管道的上部或下部安装传感器。

此外，对上游和下游的不连续性也有相当严格的限制，要求上游的直管直径至少为50D，下游至少为5D。

最后，应记住，所有插入式探针装置都容易受到涡旋脱落的影响，涡旋脱落会产生严重的探针振动，从而导致损坏和/或测量不稳定。这种影响取决于探针本身的插入长度，但无论如何，它都会将流速限制在最高5 m/s，插入长度为1 m时，流速会降低到1 m/s。

一种改进的解决方案是使用全断面插入探头，其中电磁线圈安装在传感器的整个长度内，电极对安装在整个传感器长度范围的外侧（图9.29）。因此，该解决方案不是只对一小部分流量剖面取样，而是对整个管道直径的流量剖面取平均值，从而提供0.5%的精度。

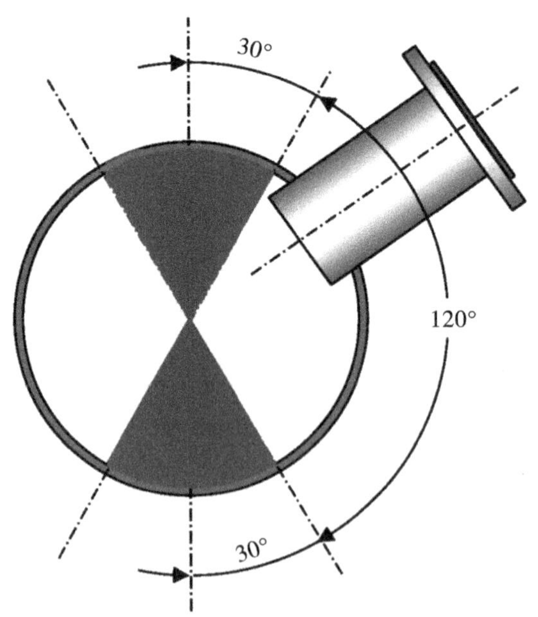

图9.29 一种改进的精度解决方案是使用全断面插入探头，其中电磁线圈安装在传感器的整个长度内，电极对安装在整个传感器长度范围的外侧。（供图：McCrometer 公司）

9.15 两线制系统

早期交流场励磁流量计的一个主要特点是功耗高，功耗范围从 200 VA 到更高（适用于大管径）。虽然基于脉冲直流场的系统需要相对较低的励磁线圈功率（通常在 14 ~ 20 VA），但对于要求低于 0.1 VA 的回路供电设备来说，功率仍然过高。

参考下面的法拉第方程：

$$e = B \cdot d \cdot v \tag{9.11}$$

其中：

e——感应电压，V；

B——磁通密度，Wb/m^2；

d——传感电极之间的距离，m；

v——流动介质的速度，m/s。

这表明，只有通过增加磁通密度（B）才能使感应电压（e）最大化——磁通密度由绕 190
组数量、线圈长度和磁化电流决定。

乍一看，这似乎是一个相对容易解决的问题。然而，仍有许多问题需要克服。

首先，尽管从表面上看增加传感电极之间的距离有助于使电压最大化，但问题在于随着管径的增大，在增大的面积上使通量密度最大化变得越来越困难。因此，回路供电的两线制操作通常仅限于直径为 200 mm（8 in）及更小的管道。

其次，由此产生的较低场强会降低信噪比，从而使两线制系统更容易受到电活性流体（如浆料、造纸液和酸洗液）产生的背景噪声的影响。

为了在读数之间节省电能，两线制系统往往会降低响应速度。因此，在需要更快响应的批处理操作中，使用它们会产生总和误差。

两线制系统还利用功率转换电路来存储线圈工作电流。遗憾的是，这通常会使它们无法用于 I 类 1 分区（0 区和 1 区），甚至无法用于某些 I 类 2 分区（2 区）危险区域。

最后，两线制系统的性能不仅在准确性方面低于传统的 4 线制系统，而且其价格也 191
往往比传统的 4 线制系统高得多（高达 25%）。

9.16 流量计尺寸

通常，主要压头的尺寸与管道的公称直径相匹配。然而，还必须确保介质的流量处于特定仪表的最小和最大满量程范围之间。最小和最大满量程范围的典型值分别为

0.3 m/s 和 12 m/s。

经验还表明，通过电磁流量计的介质的最佳流速通常为 2 ~ 3 m/s，具体取决于介质。例如，对于含有固体成分的液体，流速应在 3 ~ 5 m/s 之间，以防止沉积物产生并使磨损最小化。

知道介质的体积流量（例如以 m^3/h 计）和管道直径，很容易计算并检查流速是否在推荐范围内。大多数制造商提供的图表或表格，都能让用户一目了然地确定这些数据。

有时，在计算出的流量计尺寸需要小于介质管道尺寸的情况下，可以安装使用锥形截面的过渡件。锥角应小于或等于 8°，由此产生的压降也可根据制造商的表格确定（图 9.30）。

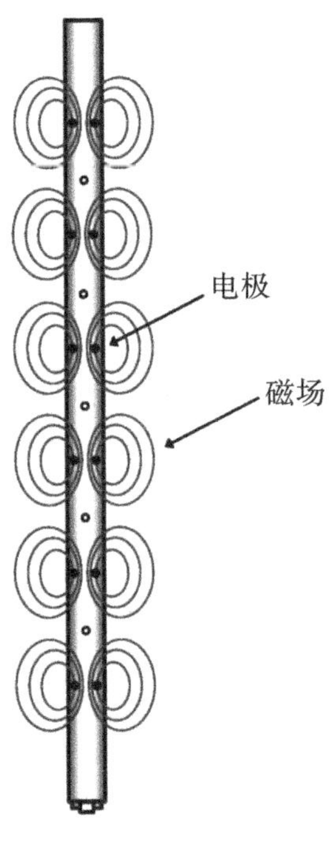

图 9.30　用于减小流量计尺寸的锥形截面。

9.17　结论

192 电磁流量计被许多用户（石油和天然气行业之外）视为 90% 以上流量测量应用的通用解决方案。电磁流量计提供的许多优点包括：

- 无压降

- 进/出口段短(5D/2D)
- 关系是线性的(非平方根)
- 对流动剖面变化(层流到湍流)不敏感,包括许多非牛顿液体
- 量程比为 40 : 1 或更高
- 全量程内实际流量的误差优于±0.1%
- 无重新校准要求
- 双向测量
- 无开孔或空腔
- 不阻碍流动
- 不仅限于清洁流体
- 耐高温能力
- 耐高压能力
- 体积流量
- 可安装在法兰之间
- 可由低成本的耐腐蚀材料制成

但是,有一个主要的缺点——电磁流量计需要导电流体。因此,它们不能用于测量气体、蒸汽、超纯水和所有碳氢化合物。

尽管如此,在降低电导率限值方面已经取得了巨大进展。对于大多数现代直流场驱动仪器,最小电导率约为 1 μS/cm。然而,许多采用电容耦合传感器的仪器可用于电导率水平低至 0.05 μS/cm 的液体。虽然这与原油的碳氢化合物上限 0.001 7 μS/cm 非常接近,但与喷气燃料(150 ~ 300 pS/cm)相比还是相差甚远。

如前所述,另一个令人失望的问题是纯水和超纯水的流量测量,纯水和超纯水的电导率可低至 0.1 μS/cm,因此似乎可将量程扩展至 0.05 μS/cm。

不幸的是,水是一种双极振动分子,会产生相对较大的电气噪声振幅,这往往会淹没用于获得这种灵敏度的放大器。

10 超声波流量计

10.1 简介

193 超声波流量计最早由东京计器(Tokoyo Keiki)在1963年推出,适用于液体和气体,并且越来越多地应用于密封运输场合。

可惜的是,尽管最初被誉为流量测量行业的通用灵丹妙药,但由于对早期仪器(特别是多普勒方法)的局限性缺乏了解,导致其经常被用于不合适的应用场合。不过,超声波流量计可能是唯一能够在较大直径管道(直径超过3 m)上以合理成本和性能使用的流量计。

10.2 超声波换能器

术语"超声波"(或通常简称为超声)通常指的是从低至5 kHz到10 MHz甚至更高的频率——但一般指高于人类正常听力范围(20 kHz)的频率。

超声波技术的核心是采用压电陶瓷晶体的换能器,用于发送和接收声信号。这一现象是由皮埃尔·居里和他的兄弟雅克·居里发现的,被称为压电效应(piezoelectric effect,piezo源自希腊语*piezein*,意为"挤压")。当机械拉伸或压缩力施加于不对称晶体材料[如石英(SiO_2)]上时,会在其两侧产生相等且相反的电荷(图10.1)。

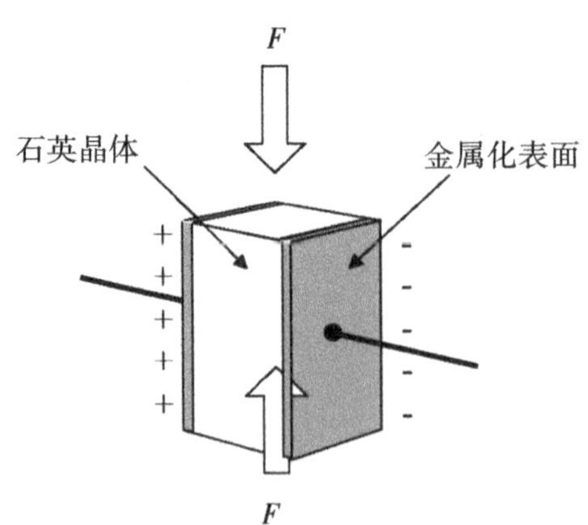

图10.1 当机械拉伸或压缩力施加于不对称晶体材料上时,会在其两侧产生相等且相反的电荷。

同样地，当电压施加于材料上时，极化的分子会沿着产生的电场方向排列。这种分子的排列会导致材料尺寸发生变化（图 10.2）。这一现象被称为电致伸缩。

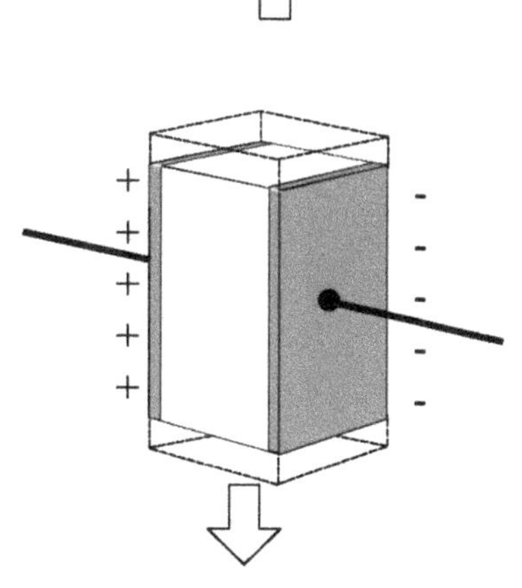

图 10.2　当电压施加于电致伸缩材料上时，极化的分子会沿着产生的电场方向排列，从而导致材料尺寸发生变化。

实际上，高频电信号被施加于电致伸缩材料上——通过膜片将微小的机械运动转换成声信号。相反地，当接收到的声信号通过膜片传输时，它会将这种微小的机械运动转换成电信号。

早期的压电换能器由基于钛酸钡（$BaTiO_3$）的陶瓷材料制成。然而，这些设备由于其居里温度（居里温度是指材料失去其压电特性的温度）较低（大约 120 ℃）而工作温度范围有限。因此，大多数现代换能器现在使用铅锆钛酸（$PbZrTiO_3$，PZT），因为其居里温度较高，达 250 ℃。

对于高达 300 ℃或 400 ℃的高温应用场景，通常采用某种形式的隔离机制来耦合声信号，例如通过耦合杆（图 10.3）。采用声波导管，还可用于达到 600 ℃的更高温度的场景。

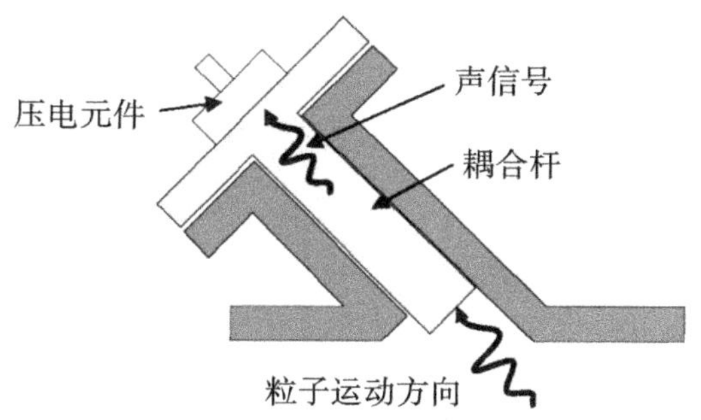

图 10.3　更高温度的应用场景采用诸如耦合杆之类的隔离机制。

10.3　声传播

声音在空气中通过空气分子在纵向方向（即传播方向）上的压缩和稀疏来传播 195
（图 10.4）。这些被称为纵波。

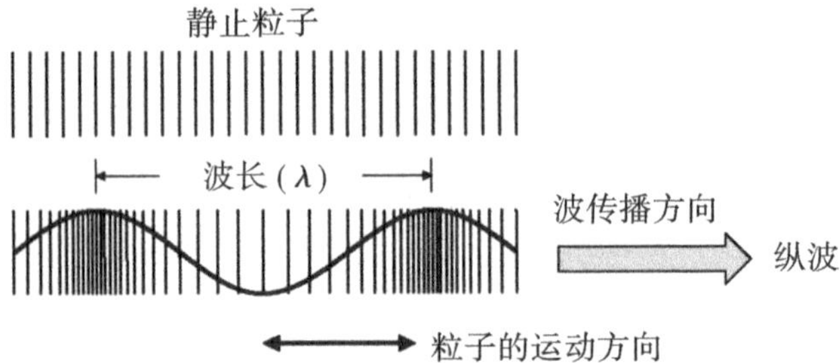

图 10.4　声音在空气中通过空气分子在纵向方向(即传播方向)上的压缩和稀疏来传播。

然而,分子在固体中可支持其他方向上的振动,因此可能存在多种不同类型的声波。其中一种传播模式称为横波或剪切波(图 10.5)。

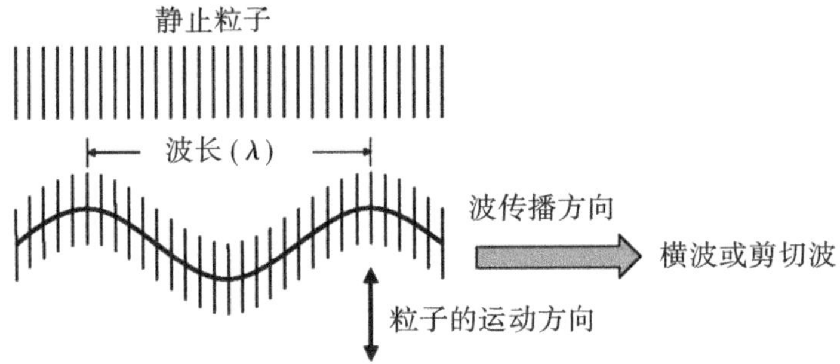

图 10.5　分子在固体中可支持其他方向上的振动,其中一种传播模式称为横波或剪切波。

声速因介质而异(表 10.1)。

表 10.1　各种介质中的声速

介质		声速/(m/s)
气体(20 ℃)	空气(21% O_2,78% N_2)	343
	二氧化碳(CO_2)	268
	乙烯(C_2H_4)	336
	甲烷(CH_4)	445
	氮气(N_2)	349

续表 10.1

介质		声速/(m/s)
液体(25 ℃)	甘油	1 904
	煤油	1 324
	甲醇	1 103
	水	1 493
固体	铝	5 100
	铁	5 960
	不锈钢	5 800

例如,在气体中,声速很大程度上取决于:

$$c=\sqrt{\frac{\gamma\cdot R\cdot T}{M}} \tag{10.1}$$

其中:

c——声速,m/s;

γ——绝热指数,1.4;*

R——普适摩尔气体常数,8 314.5 J/kmol;

T——温度,K;

M——分子量,kg/kmol。

因此,在 20 ℃(68 ℉)的干燥空气中,声速为 343 m/s(1 125 ft/s)——相当于 1 236 km/h(768 mph)或大约 3 s 内传播 1 km。这个数值在很大程度上取决于空气温度,但几乎不受空气压力或密度的影响。

由于流体不承受剪切力,因此流体中的声速由以下公式给出:

$$c_{液体}=\sqrt{\frac{K}{\rho}} \tag{10.2}$$

其中:

K——体积模量;

ρ——密度。

在固体中,可以根据不同的变形模式生成不同速度的声波。

本质上,超声波计量有三种基本原理:多普勒法、飞行时间法和频率差法。然而,这

* 此为典型值,但对于单原子稀有气体可以高达 1.666 7,而对于三原子分子气体可以低至 1.3。

些方法都是基于压电效应的超声波换能器的应用展开的。

10.4 多普勒流量计

197 多普勒流量计基于多普勒效应——当声源和接收者相互靠近或远离时发生频率变化的现象。最典型的例子就是高速列车穿过车站的情形。对于站在站台上的观察者来说,列车接近时声音似乎更高,而当列车通过车站并远离时,声音又会降低。这种频率的变化被称为多普勒频移。

在多普勒超声波流量计中,以一定角度向液体发射超声波束(通常为 1 ~5 MHz 的频率)(图 10.6)。假设流体中含有反射粒子(如污垢、气泡或强烈的涡旋),部分发射的能量会被反射回接收者。因为反射粒子朝着传感器移动,接收的能量频率将与发射频率不同(多普勒效应)。

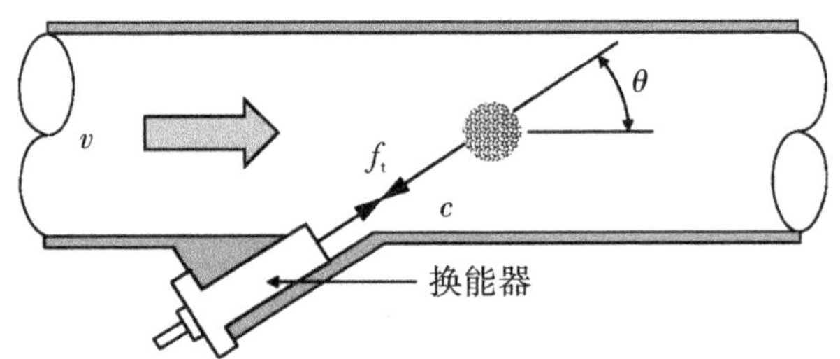

图 10.6 在多普勒超声波流量计中,超声波束以一定角度传输到液体中。

这个频率差异,即多普勒频移,直接正比于粒子的速度。

▶假设介质的速度(v)远小于介质中的声速(c),多普勒频移(Δf)由以下公式给出:

$$\Delta f=\frac{2\cdot f_t\cdot v\cdot \cos\theta}{c} \tag{10.3}$$

其中:

f_t——发射频率。

从这里可以看出,多普勒频移 Δf 与流量成正比。

水中的声速约为 1 500 m/s。如果发射频率为 1 MHz,换能器的角度为 60°,那么对于介质速度为 1 m/s 的情况,多普勒频移大约为 670 Hz。◀

由于该技术要求介质中存在反射粒子,因此通常杜绝将其用在超洁净应用场景或任何未受污染的介质中。虽然一些制造商声称能够测量“非充气”的液体,但实际上这类流量计依赖于因阀门、弯头或其他不连续处产生的微空化而形成的气泡。

为了使粒子能够被“看到”,粒子的大小应该大约是液体中声波频率波长的 1/10 以 198
上。再次以水为例,1 MHz 的超声波束会有大约 1.5 mm 的波长,因此粒子需要大于 150 μm 才能有效反射。

虽然空气、油粒和沙子都是很好的声波反射物,但过多的粒子可能会衰减信号,以致能够到达接收换能器的信号很少。

这项技术的最大缺点之一是在多相流中,粒子速度与介质速度之间的关系可能很小。即使在单相流中,由于粒子的速度取决于它们在管道中的位置,而且无法保证粒子的位置(因此也无法保证速度),可能会出现几种不同的频率偏移——每种偏移都起源于管道的不同位置(图 10.7)。

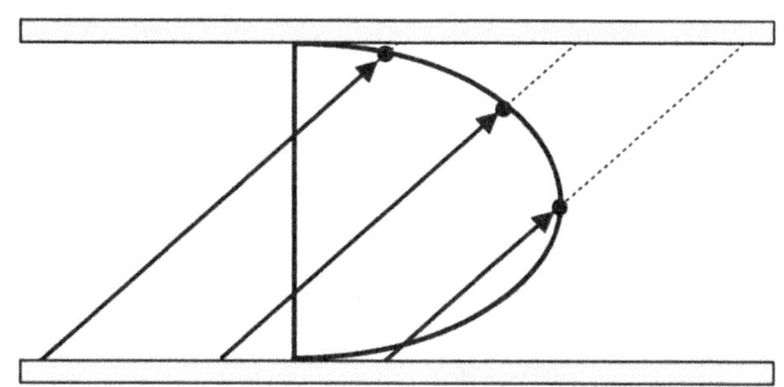

图 10.7　由于无法保证粒子的位置(因此也无法保证速度),可能会出现几种不同的频率偏移——每种偏移都起源于管道的不同位置。

因此,多普勒方法通常涉及 10% 甚至更大的测量误差。

如图 10.8 所示的插入式多普勒探头中,反射区域在很大程度上是局部的,从而减少了潜在的误差源。

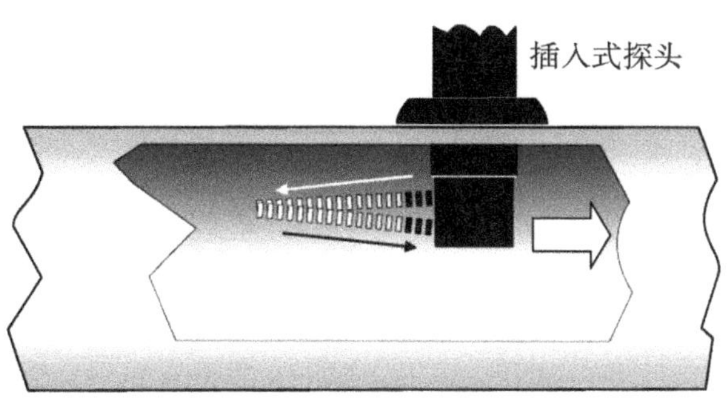

图 10.8　插入式多普勒探头。(供图:Dynasonics)

一般来说,不应将多普勒流量计视为高性能设备,当用作流量监测器时,比较经济。它们在脏污流体上表现良好,典型应用场景包括污水、脏水和污泥。多普勒流量计对流速分布效应敏感,并且对温度敏感。

10.5 时差法流量计

199 超声波时差测量法基于这样一个事实:相对于管道和换能器,逆着介质流动方向传播的超声脉冲的传播速度将因流速的一个分量而减小。类似地,顺流方向传播的脉冲的传播速度将因流体速度而增加。这两个传播时间之间的差异可以直接关联到流速。

实际上,流量计包含两个换能器(A 和 B),它们以一定的角度安装在流体流动方向上,并具有路径长度 L(图 10.9)——每个换能器交替作为接收器和发射器。首先测量从上游到下游换能器的超声脉冲的传播时间,然后将其与反方向的传播时间进行比较。

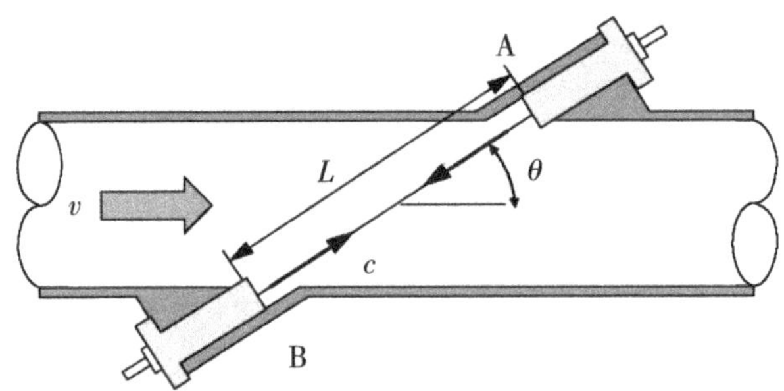

图 10.9 在时差法流量计中,两个换能器(A 和 B)各自交替作为接收器和发射器。

▶用数学公式表示为:

$$T_{AB}=\frac{L}{c-v\cdot\cos\theta} \tag{10.4}$$

以及:

$$T_{BA}=\frac{L}{c+v\cdot\cos\theta} \tag{10.5}$$

其中:

T_{AB}——上游行程时间;

T_{BA}——下游行程时间;

L——通过流体的路径长度;

c——介质中的声速;

v——介质速度。

传播时间 ΔT 之差为：

$$\Delta T=T_{AB}-T_{BA} \tag{10.6}$$

$$\Delta T=\frac{L}{c-v\cdot\cos\theta}-\frac{L}{c+v\cdot\cos\theta} \tag{10.7}$$

$$\Delta T=\frac{2\cdot L\cdot v\cdot\cos\theta}{c^2-v^2\cdot\cos^2\theta} \tag{10.8}$$

由于介质的速度很可能远小于介质中的声速（例如 15 m/s 与 1 500 m/s 相比）， 200
$v^2\cdot\cos^2\theta$ 这一项相比于 c^2 将非常小，因此对于所有实际的流速而言，这一项可以忽略不计。

由此：

$$\Delta T=\frac{2\cdot L\cdot v\cdot\cos\theta}{c^2} \tag{10.9}$$

$$v=\frac{\Delta T\cdot c^2}{2\cdot L\cdot\cos\theta} \tag{10.10}$$

这表明流速 v 直接正比于传播时间之差 ΔT。这也说明了 v 直接正比于 c^2（声速的平方），而 c^2 会随温度、黏度和材料组成的变化而变化。

幸运的是，可以从方程中消除变量 c^2：

$$c=\frac{L}{T_M} \tag{10.11}$$

其中，T_M 为平均传播时间，计算公式如下：

$$T_M=\frac{(T_{AB}+T_{BA})}{2} \tag{10.12}$$

因此：

$$c=\frac{2L}{(T_{AB}+T_{BA})} \tag{10.13}$$

以及：

$$c^2=\frac{4L^2}{(T_{AB}+T_{BA})^2} \tag{10.14}$$

现在得出：

$$v=\frac{\Delta T\cdot 4\cdot L^2}{2\cdot L\cdot\cos\theta(T_{AB}+T_{BA})^2} \tag{10.15}$$

或 201

$$v\propto\frac{k\cdot\Delta T}{(T_{AB}+T_{BA})^2} \tag{10.16}$$

◀

既然长度 L 和角度 θ 很可能保持不变，只需要计算传播时间的总和与差值就能得到与介质中的声速无关的流量。

与多普勒流量计不同，时差法流量计更适合清洁流体，典型应用包括水、清洁工艺液体、液化气体和天然气管道。

测量精度取决于仪器准确测量传播时间的能力。例如，在直径为 300 mm 的管道中，换能器设置为 45°，介质流速为 1 m/s 的情况下，传播时间约为 284 μs，时间差 ΔT 小于 200 ns。这意味着，为了以 1% 的满量程精度测量速度，时间分辨率至少需要达到 2 ns。对于更小直径的管道，测量精度则需要在皮秒范围内。

显然，随着路径长度的增加，严格的时间测量要求更容易满足。因此，对于大口径管道，性能往往会更好。或者，如图 10.10 所示，可以通过多次斜向运动来增加路径长度。

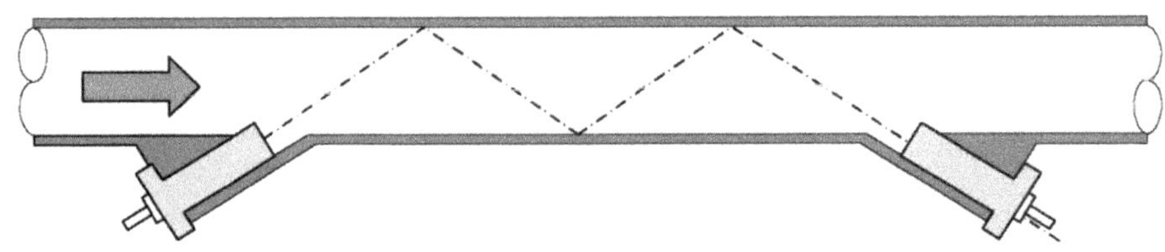

图 10.10　使用中心线上的双斜线单个 V 形路径来增加路径长度。

这些布置常用于管线中的气体测量和气体流量测量。双斜线单路径流量计常用于低成本的液体测量以及在 100 ~ 900 mm DN 管线中危险和非危险气体流的准确实时测量。

如图 10.11 所示的 U 形流量计可用于非常低的流速。

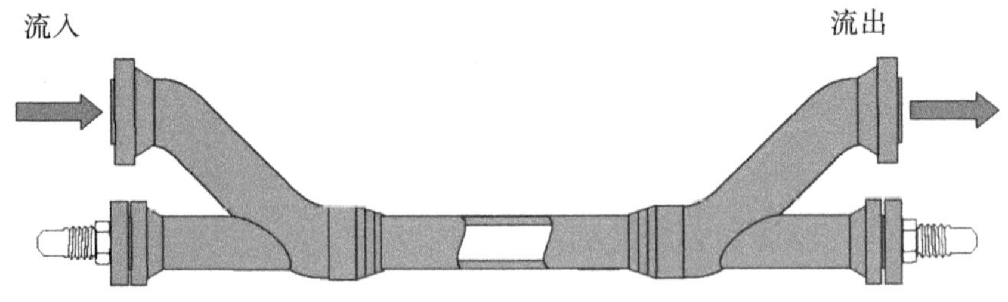

图 10.11　U 形流量计可用于非常低的流速。

10.6 流速分布

▶沿超声波路径的平均速度(图 10.12)由以下公式给出: 202

$$v_{均} = \int_0^D v \cdot \mathrm{d}x \tag{10.17}$$

其中:

D——管道内径;

x——穿过管道的距离。

因此,对于一条穿过流体的单一路径,平均流速是由管道直径上各点瞬时速度之和组成的。◀

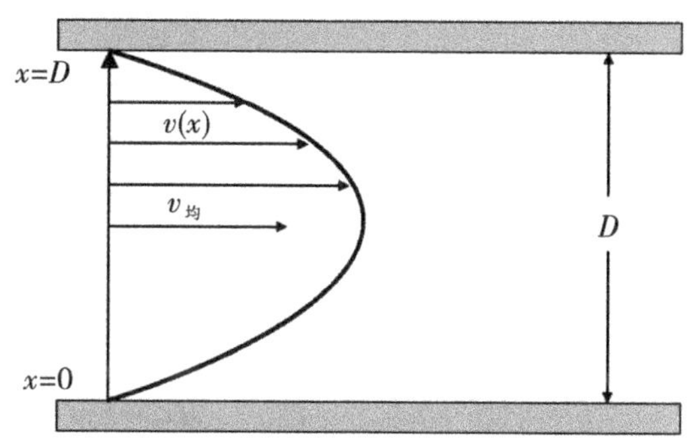

图 10.12 沿超声波路径的平均速度。

时差法流量计因此提供了沿超声波束路径的整个流速分布的图像。然而,只有在流速分布不受非对称速度分布或对称涡旋的影响时,测量的有效性才能得到保证。此外,了解流速分布也很重要。例如,如果流速分布没有完全展开,那么如图 10.13 所示,层流到湍流的误差可高达 33%。

使用如图 10.14 所示的双路径,层流到湍流的误差可以减少到 0.5%。

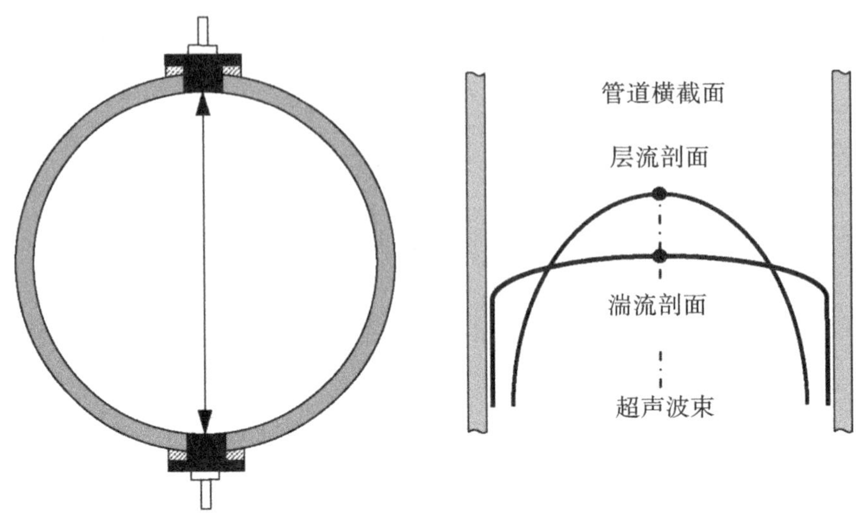

图 10.13　单路径产生的层流-湍流误差高达 33%。(供图:Krohne)

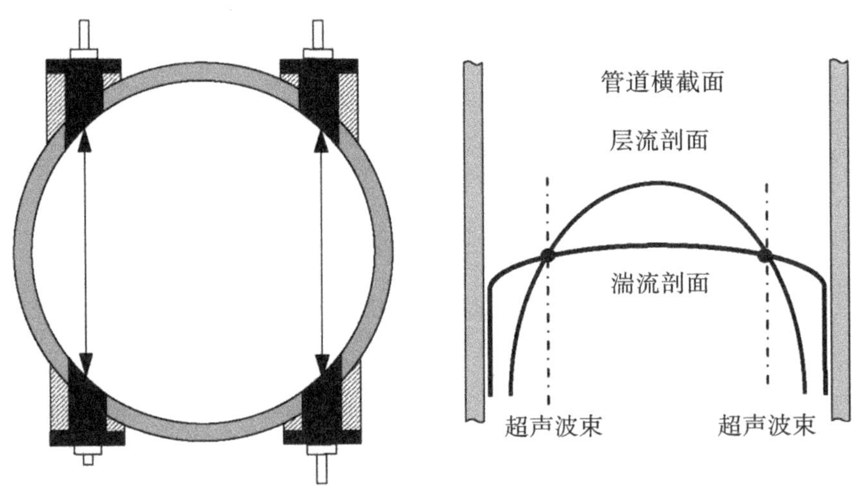

图 10.14　单路径产生的层流-湍流误差达 0.5%。(供图:Krohne)

10.6.1　涡旋问题

涡旋的一个效果如图 10.15 所示。此例中,顺时针涡旋有助于从换能器 A 到换能器 B 的瞬时声信号传输,从而使信号传输过快。相反,同样的涡旋阻碍从换能器 C 到换能器 D 的瞬时信号传输,导致信号传输过慢。结果是,传播时间差变得过大,导致流量计读数过高。

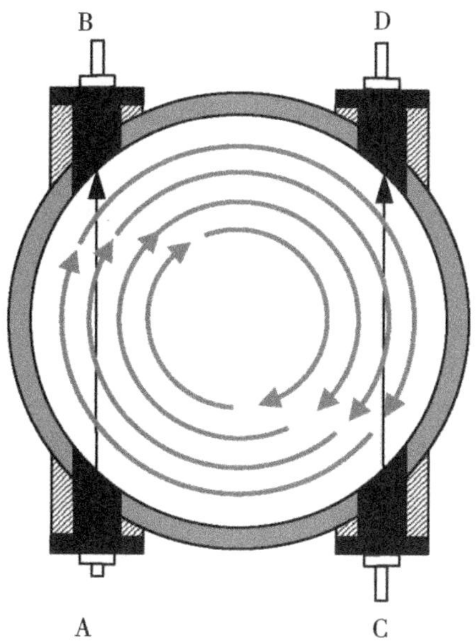

图 10.15 此例中,顺时针涡旋有助于从换能器 A 到换能器 B 的瞬时声信号传输,从而使信号传输过快。相反,同样的涡旋阻碍从换能器 C 到换能器 D 的瞬时信号传输,导致信号传输过慢。

10.6.2 五路径解决方案

在 Krohne 多通道密封运输超声波流量计中,10 个传感器形成了位于流管横截面中 203
的 5 个测量路径(图 10.16)。

这种方法在层流和湍流条件下提供了丰富的流速分布信息,并且即使在非对称流速
分布和涡旋存在的情况下也能提供高度准确的流量测量——从而提供一个基本上独立 204
于流速分布的测量——精度可达 0.15%,可重复性可降至 0.02%。

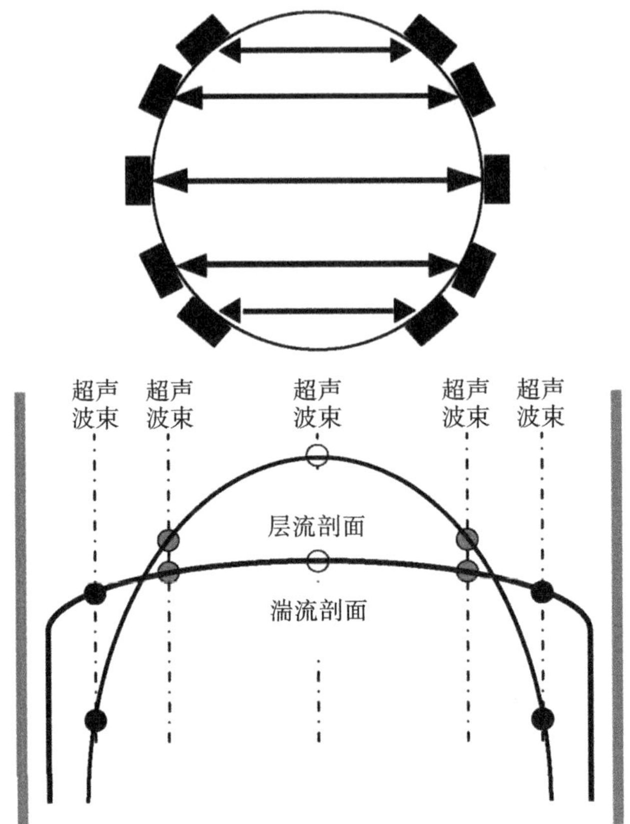

图 10.16　5 个测量路径提供了 1 个基本上独立于流速分布的测量。(供图:Krohne)

10.7　频率差

频率差或“声音环绕”流量计利用两条独立的测量路径——每条路径都有一个发射器(A_1 或 A_2)和一个接收器(B_1 或 B_2)(图 10.17)。每条测量路径的工作原理是:发射脉冲到达接收器时触发另一脉冲的发射。因此,建立了一对传输频率——一个用于上游方向,另一个用于下游方向。频率差直接正比于流速。

▶因此:

$$F_1 = \frac{c - v \cdot \cos\theta}{L} \tag{10.18}$$

以及

$$F_2 = \frac{c + v \cdot \cos\theta}{L} \tag{10.19}$$

频率差 ΔF 由下式给出：

$$\Delta F = F_1 - F_2 = \frac{2 \cdot v \cdot \cos\theta}{L} \tag{10.20}$$

$$v = \frac{\Delta F \cdot L}{2 \cdot \cos\theta} \tag{10.21}$$

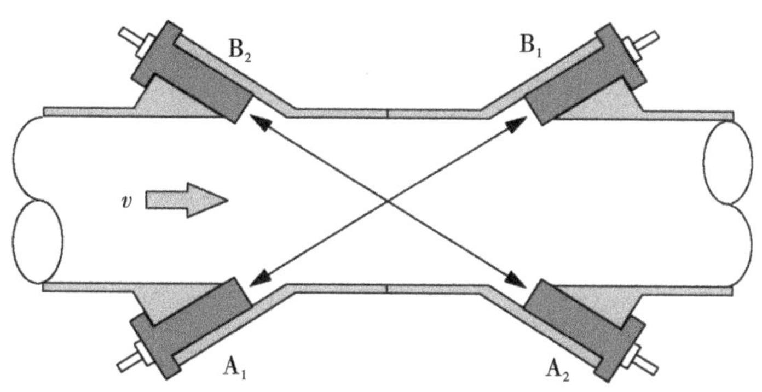

图 10.17 “声音环绕”流量计利用两条独立的测量路径——每条路径都有一个发射器(A_1 或 A_2)和一个接收器(B_1 或 B_2)。

该系统的主要优势在于频率差直接正比于流速,因此不需要数学函数。此外,测量结果独立于介质中的声速。

然而,尽管具有这些优点,但这项技术却很少被使用。

10.8 气体应用场景

用于气体应用场景的技术基本上与用于液体的技术相同,只是使用了较低的频率——通常为 100 kHz。

然而,气体测量带来了一些独特的挑战,这些问题在液体测量中并不常见。与气体流量测量相关的重大问题之一是积垢和冷凝液,这些问题可以分为几类:

- 管道内壁均匀分布的涂层
- 管道底部的冷凝液流
- 管壁间歇性粘连
- 换能器上的污垢堆积(尤其是面向上游的换能器)

● 换能器凹槽中的液体积聚

10.8.1 均匀分布的涂层

积垢的一个直接影响是减少了流量计的内径(图 10.18),因此计算得出的体积流量不再有效。

图 10.18 积垢的一个直接影响是减少了流量计的内径,因此计算得出的体积流量不再有效。

207 当存在积垢(图 10.19)时,使用直接路径计量会导致严重的测量误差,因为虽然由于超声波探头的自清洁作用使得测量距离保持正确,但横截面积减小了。

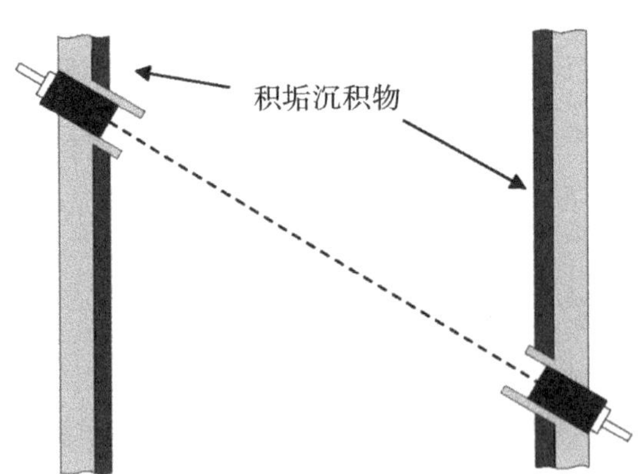

图 10.19 当存在积垢时,使用直接路径计量会导致严重的测量误差,因为横截面积减小了。

这个问题可以通过使用单斜线反射系统(图 10.20)来克服,在这种系统中,任何横截面积的减小都会立即被检测到并得到补偿。

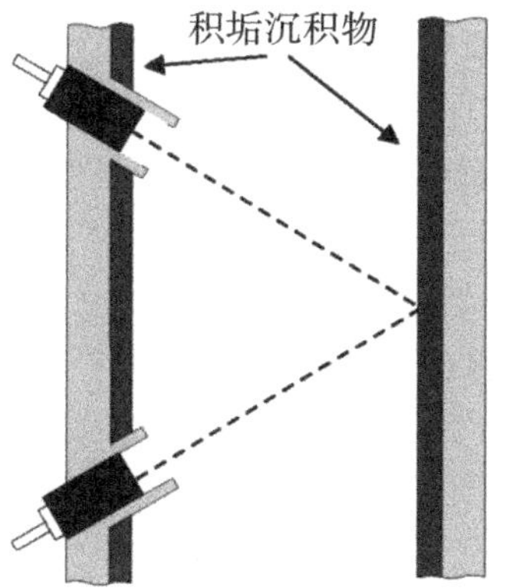

图 10.20　通过使用单斜线反射系统，任何横截面积的减小都会立即被检测到并得到补偿。

10.8.2　间歇性积垢

间歇性积垢增加了壁面粗糙度，并导致声信号的间歇性衰减和吸收。

10.8.3　冷凝液流

类似地，形成在管道底部的冷凝液也会减小横截面积（图 10.21）。 208

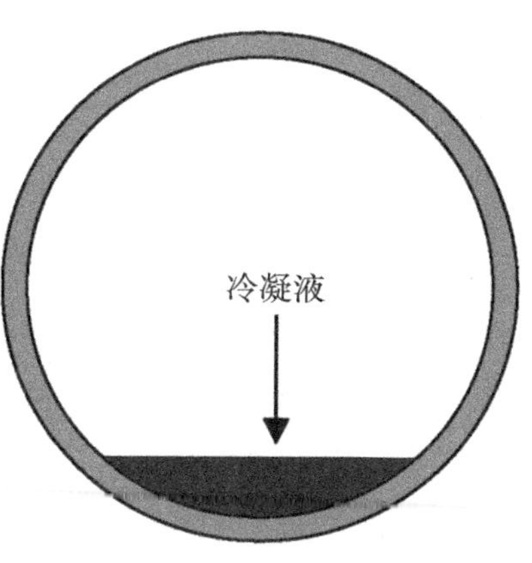

图 10.21　形成在管道底部的冷凝液会减小横截面积。

10.8.4　换能器上的污垢堆积

换能器上的污垢堆积可能会导致声信号因吸收而衰减。然而，如前所述，这个问题在很大程度上被超声波探头的自清洁作用所抵消。

10.8.5　换能器凹槽中的液体

如果有可能，应避免这种情况，因为可能会增加串扰。

10.8.6　非均匀流速分布

与气体流量测量相关的一个问题是气体流速分布并非总是均匀的——流量计内部存在涡旋和非对称流速分布。因此，需要使用更多的弦线来计算总体平均速度——即流量计区域内气体的平均速度。

10.8.7　气体成分

由于声音无法在真空中传播，传感器之间的传输需要气体具有限定的最小密度。随后，必须提前澄清包括气体类型以及最小/最大压力和温度在内的细节。

10.8.8　旋涡形成

209 管道内任何部件的边缘，如阀门或风门，都可能产生旋涡——产生的频率远远高于通常用于气体测量所需的 100 kHz 频率范围。因此，直通无阻碍的进气管道是必不可少的——不允许有任何内部结构可能导致气体分离。

10.8.9　声速

前面我们已经了解到声速(c)可以通过计算平均传播时间的倒数并乘以路径长度来确定[式(10.13)]。显然，如果传播时间测量不正确，则声速的计算也将不正确。

我们也了解到有必要确定气体成分——通常使用在线气相色谱仪(GC)来完成。气相色谱仪还能够提供必要的成分数据，以额外计算声速。

因此，可以比较流量计计算出的声速值和来自气相色谱仪独立计算出的声速值。这提供了一个重要的诊断特征。

10.9 多路径反射系统

为了克服积垢、冷凝液和非均匀流速分布的问题,包括 Cameron、Emerson Daniel、Honeywell-Ester 和 Krohne 在内的几家公司推出了具有三条或多条路径的多路径反射系统。

这项技术的典型代表是 Krohne 的 Altosonic V12 流量计,其中 5 对换能器在垂直于管道轴线的水平平面上提供了 10 条声学路径(图 10.22)。来自这 5 个水平平面的数据被用来计算总体气体速度。另外两条位于垂直方向的弦线用于检测管道底部是否存在冷凝液层及其厚度。

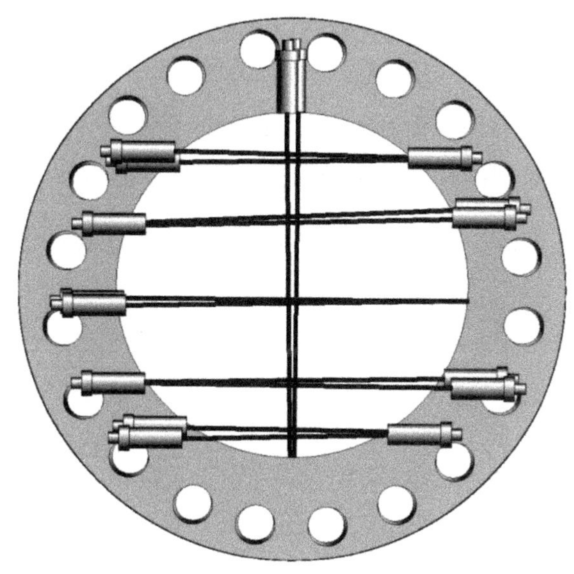

图 10.22 声学换能器和弦线布局的示意图。(供图:Krohne)

10.10 夹装式系统

夹装式超声波流量计采用外部换能器,这些换能器安装在管壁上,提供便携式的非侵入式流量测量系统,可以在几分钟内安装到几乎任何管道上(图 10.23)。管道材料包括金属、塑料、陶瓷、石棉水泥以及内外涂层管道。

夹装式换能器也常用于永久装置中,这些装置无法证明需要永久在线流量计,但仍然需要定期计量。

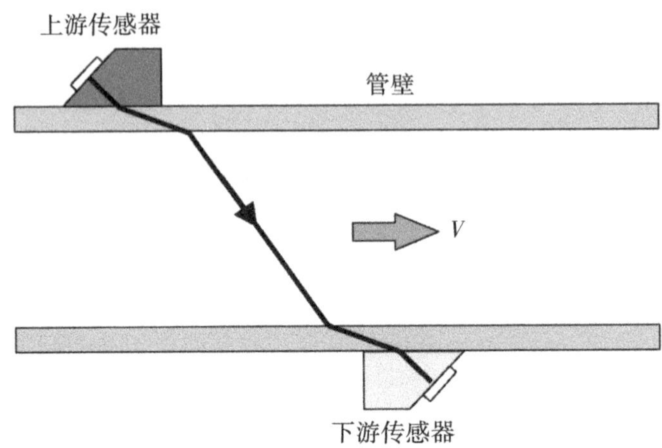

图 10.23　夹装式换能器必须考虑管壁的厚度和构造材料。

小直径管道中可能会遇到一个问题,就是路径长度可能不足以提供良好的分辨率。这个问题可以通过使用单斜线来增加路径长度,从而提高分辨率来解决(图 10.24)。

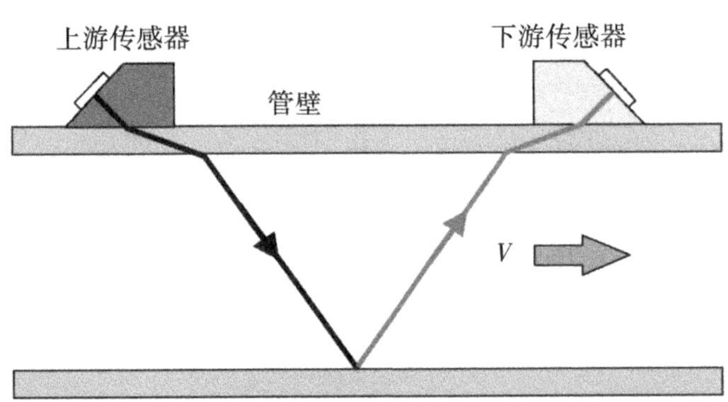

图 10.24　可以使用单斜线来增加路径长度,从而提高分辨率。

210 与夹装式换能器相关的一个主要问题是折射。折射几乎发生在所有界面处,例如换能器到管道、管道到流体、流体到管道以及管道到换能器。此外,外部涂层(如油漆)和管道内表面的内部沉积物也可能引起进一步的折射。涂层还可能影响传输信号的强度。

因此,由于超声波信号被"弯曲",下游传感器所需的确切出口位置通常很难确定。
211 此外,任何影响声速的液体特性的变化都会直接影响折射角。当折射角发生的变化足够大时,上游换能器发出的信号将不会被下游传感器接收到。

尽管存在这些障碍,许多现代夹装式超声波流量计通过集成微处理器技术,允许根据每个应用场景计算换能器的安装位置和校准系数，达到的测量精度为1% ~3%——这取决于具体应用场景。

在这些单路径的传统设计中，使用了剪切波注入来产生单一的超声波束。正如我们所见，折射角的变化可能会阻止来自发射换能器的信号到达下游传感器。

另一种方案是使用兰姆波进行轴向注入。兰姆波通常被称为“板波”，可以在板中产生，从而在层内产生对称和非对称位移。对称模式（图10.25）下，波在波运动方向上使板“拉伸和压缩”，因此也称为纵向模式。

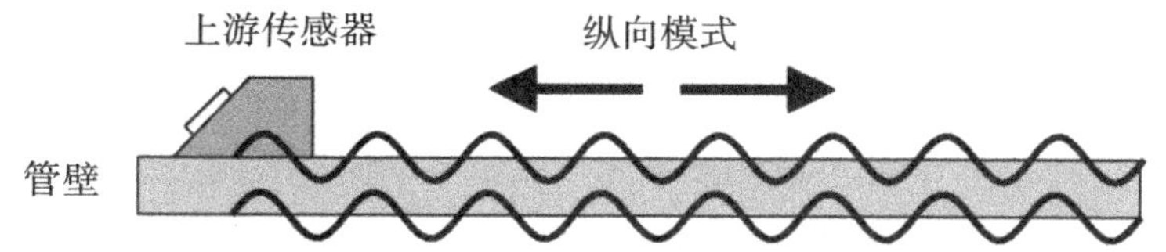

图10.25 在对称模式（也称为纵向模式）下，波在波运动方向上使板“拉伸和压缩”。

在非对称模式（通常称为挠曲模式）下，大部分运动沿着垂直于板的方向移动——在平行于板的方向上几乎没有运动发生，但板体在两个表面朝同一方向移动时发生弯曲（图10.26）。这是最强且最容易激发的模式。

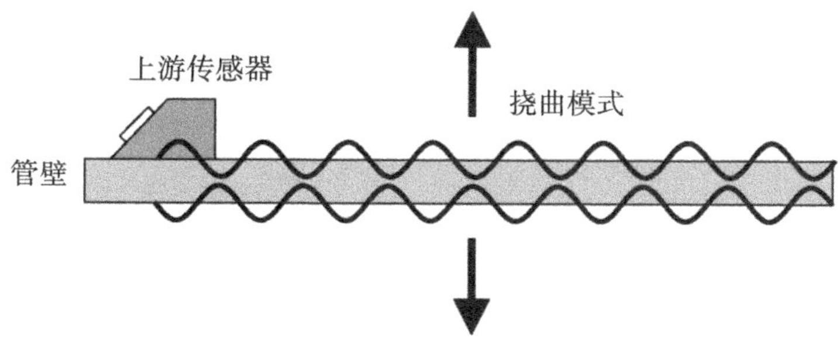

图10.26 在挠曲模式下，当两个表面朝同一方向移动时，板体发生弯曲。

通过使用挠曲模式，管壁可以被纳入信号传输系统中，其中管道本身成为声信号的发射点，并允许从一个换能器到另一个换能器传输更宽的信号束。其结果是，折射角的 212
任何变化对接收信号的强度产生的影响都可忽略不计（图10.27）。

这项技术的一个实际应用场景体现在西门子 Sitrans FUH1010 夹装式超声波计量系统中。如图10.28所示，采用了双路径单斜线的布局，路径之间相隔90°。这将管道分成

213 四个相等的部分——声波束在管道中心垂直相交。这种布局允许实现更高的精度——可达±0.15%。

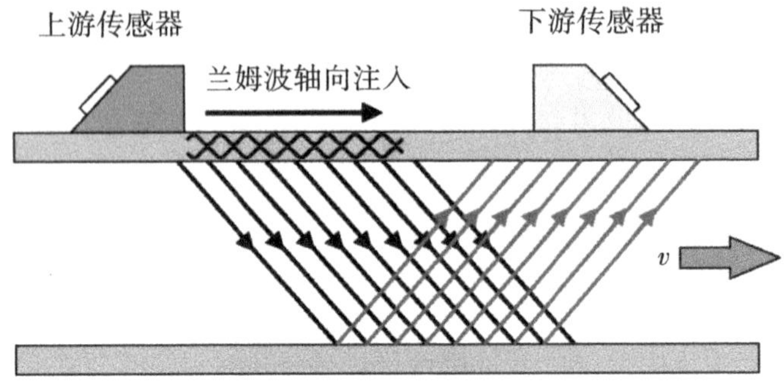

图 10.27 通过使用挠曲模式，管道成为声信号的发射点，并允许传输更宽的信号束。因此，折射角的任何变化对接收信号的强度产生的影响都可忽略不计。

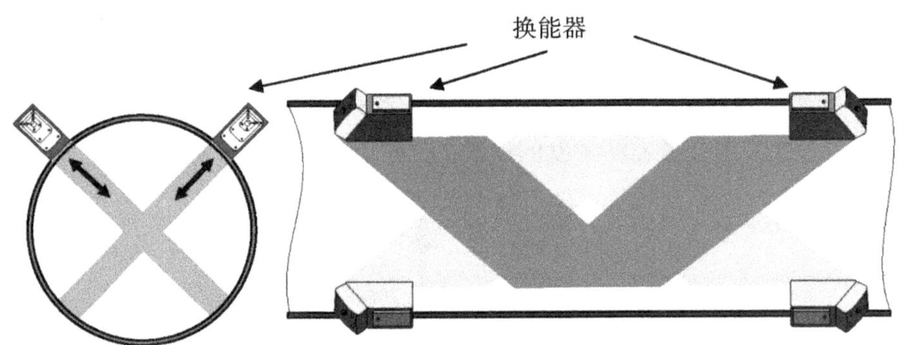

图 10.28 双路径单斜线布局将管道分成四个相等的部分——声波束在管道中心垂直相交。这种布局允许实现更高的精度——可达±0.15%。(供图:Siemens)

10.11 超声波计量总结

10.11.1 优点

- 适用于高精度密封运输应用场景
- 适用于大直径管道
- 无阻塞,无压力损失

- 无活动部件,运行寿命长
- 不受腐蚀、侵蚀或黏度的影响
- 快速响应
- 多波束系统可用于消除流速分布扰动的影响
- 不受流体特性的影响
- 大多数超声波流量计都是双向的

10.11.2 缺点

- 在单波束流量计中,精度依赖于流速分布
- 流体必须具有透声性
- 价格昂贵
- 管道必须充满流体

11 科里奥利质量流量计

11.1 简介

215 大多数化学反应在很大程度上基于其质量关系。因此，通过测量产品的质量流量，可以更精确地控制过程。此外，可以根据质量来记录并表示其中的成分。

质量流量是流量测量的基本单位，不受黏度、密度、传导率、压力和温度的影响。因此，质量流量本质上更加准确且更具意义。

传统上，质量流量是通过推断来测量的。电磁流量计、孔板流量计、涡轮流量计、超声波流量计、文丘里流量计、涡街流量计等均通过测量介质在管道中的流速（如 m/s）来确定介质的流量。但由于管道的尺寸是固定的，因此也可测定体积流量（例如 L/s）。此外，通过测量密度并将其乘以体积流量，甚至可以推算出质量流量。但是，这些间接方法在测量质量流量时通常会产生严重误差。

在过去几年中，流量测量领域最显著的进步可能是引入了科里奥利质量流量计。该技术不仅允许直接测量质量流量，而且能够轻松应对许多工业中常见的面团、糖蜜、沥青、液态硫等极高密度物质。

11.2 科里奥利效应

意大利科学家乔瓦尼·里乔利（Giovanni Riccioli）在 1651 年对现今被称为科里奥利效应的现象进行了研究，这可能是最早的有记录的研究之一。在太阳系的天文模型中，如果地球绕着太阳旋转（正如日心说主张的那样），那么向北极发射的炮弹将会偏向东方。由于当时无法观察到这一效应，因此该主张被用作地心说的论据，地心说认为地球是宇宙的中心。

虽然欧拉在 1749 年就推导出了科里奥利加速度方程，但直到 1835 年，贾斯帕-古斯塔夫·科里奥利（Gaspard-Gustav de Coriolis）发表了一篇关于水轮理论的论文后，才真正创造了“科里奥利效应”和“科里奥利力”这两个术语。

近年来，科里奥利效应的主要影响一直集中在气象学领域——描述它如何影响全球风模式——在北半球，气旋逆时针旋转，而在南半球则顺时针旋转。

但是,在工程领域,科里奥利效应的实际应用主要集中在质量流量测量。

11.3 科里奥利力

想象这样一个场景:安妮(Anne)和贝琳达(Belinda)两个小孩儿在一个以恒定角速 216
度(ω)旋转的儿童旋转木马上玩耍(图 11.1)。安妮位于轴线和平台外缘之间的中间位置,而贝琳达则坐在平台外缘。如果安妮现在直接向贝琳达扔一个球,贝琳达将无法接住这个球。

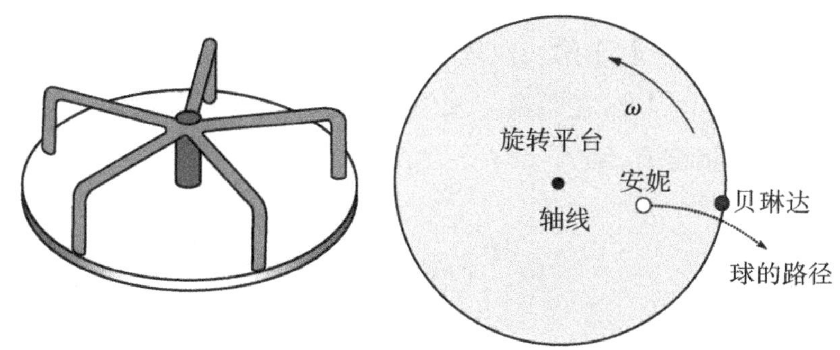

图 11.1 安妮和贝琳达在儿童旋转木马上玩耍。如果安妮直接向贝琳达扔一个球,由于科里奥利效应,贝琳达将无法接住这个球。

事实上,虽然安妮和贝琳达的角速度(ω)相同,但她们的切向速度不同(图 11.2)。安妮的切向速度(v_A)仅为贝琳达的切向速度(v_B)的一半。事实上,她们的圆周速度均与半径成正比,即:

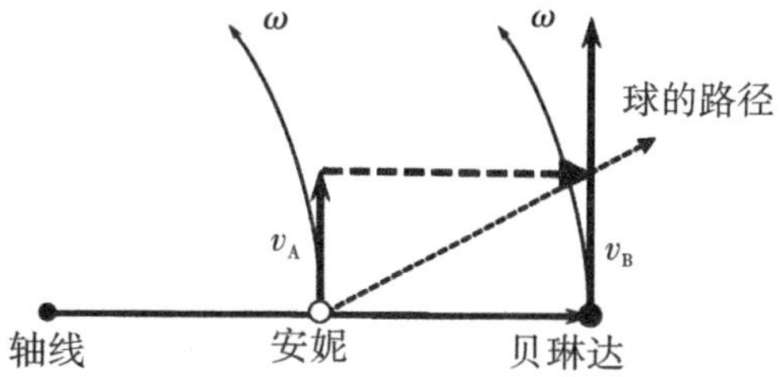

图 11.2 贝琳达在平台边缘的圆周速度是安妮的两倍,因此,球的圆周速度需要从 v_A 加速到 v_B。

$$v = r \cdot \omega \tag{11.1}$$

其中:

v——圆周速度;

r——半径;

ω——角速度。

因此,要将球从安妮移动到贝琳达,其切向速度需要从 v_A 加速到 v_B。

这个加速度是所谓的科里奥利力(由最早描述它的法国科学家命名)的结果,并且直 217
接与运动物体的质量、速度和旋转角速度的乘积成正比:

$$F_{cor}=2\cdot m\cdot \omega\cdot v \tag{11.2}$$

其中：

F_{cor}——科里奥利力；

v——切向速度；

ω——角速度；

m——球的质量。

从另一个角度来看，如果能够测量科里奥利力（F_{cor}），并且切向速度（v）和角速度（ω）已知，那么可以确定球的质量（m）。

这与流体的质量测量有什么关系？假设一根两端密封的充液管道以角速度（ω）绕轴线旋转。流体中任何一个粒子的切向速度（v）简单等于角速度（ω）与距旋转中心距离（r）的乘积（图 11.3）。因此，在距离 r_1 处，粒子的切向速度为 $r_1\cdot\omega$，而在两倍距离 r_2 处，切向速度也将加倍至 $r_2\cdot\omega$。

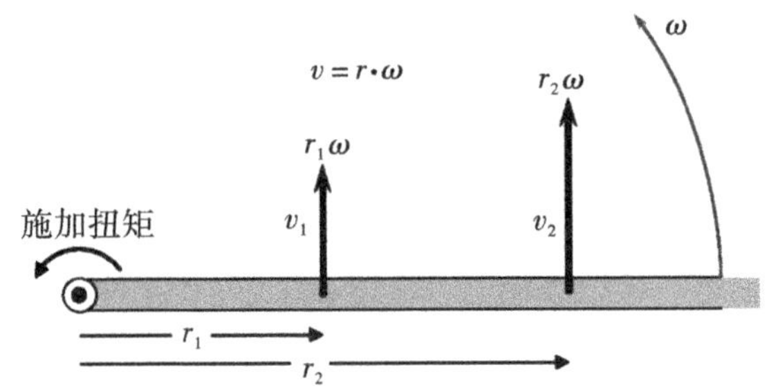

图 11.3　在距离 r_1 处，粒子的切向速度为 $r_1\cdot\omega$，而在两倍距离 r_2 处，切向速度也将加倍至 $r_2\cdot\omega$。

如果此时液体沿远离轴线的方向流动（图 11.4），那么每个质量粒子从 r_1 运动到 r_2 时，所受的加速度相当于其在沿轴线从较低切向速度到较高切向速度的运动中所经历的加速度。

218 这种速度增加与质量的惯性阻力相反，在感觉上是一种与管道旋转方向相反的力，也就是说，它会试图减慢管道的旋转。相反，如果使流向反向，那么液体流中向轴线运动的粒子将被迫从较高速度减慢到较低速度，而由此产生的科里奥利力将试图加速管道的旋转。

因此，如果以恒定扭矩驱动管道，科里奥利力将产生与质量流量成正比的制动扭矩或加速扭矩（取决于流动方向）。换句话说，旋转管道所需的扭矩会随着液体实际质量流量的增加而成正比增长。

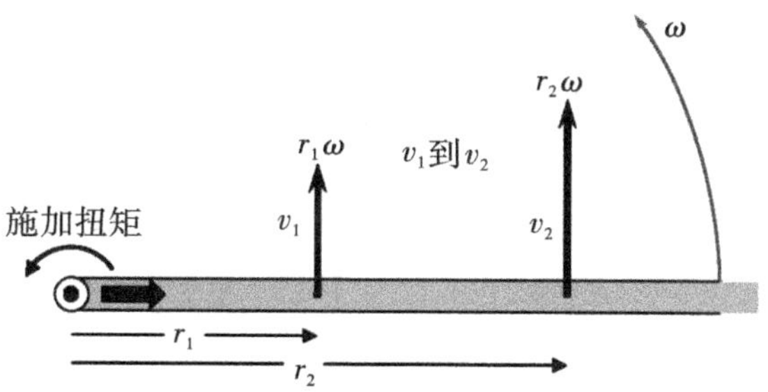

图 11.4　当液体沿远离轴线的方向流动时，每个质量粒子的加速度都相当于其在沿轴线从较低轨道速度到较高轨道速度的运动中所经历的加速度。

11.4　最初实施

早在多年前，人们就认识到应用科里奥利效应来测量质量流量的可能性。最初的实施通常基于以径向叶片式流量计为代表的旋转系统(图 11.5)。

这里，流动流体进入以恒定角速度(ω)驱动的离心泵式叶轮的中心。随着流体切向速度($r \cdot \omega$)的增加，它以与质量流量成正比的力作用在叶轮上。这个科里奥利力由扭矩测量管测量。

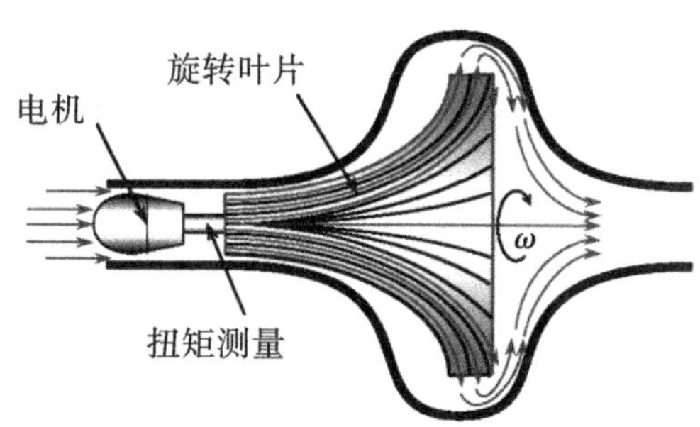

图 11.5　径向叶片式流量计。

但存在以下明显问题：

- 需保持电机转速以确保角速度(ω)恒定
- 需要电力和扭矩测量用滑环
- 不可恢复的压力损失较高

• 磨损

直到 1977 年,高准(Micro Motion)的创始人、工程师兼发明家吉姆·史密斯(Jim Smith)才获得了第一个实用系统专利(图 11.6)。该系统不是利用旋转运动,而是通过振动管系统来实现振荡运动。基本原理如图 11.7 所示,其中输送液体的管状管道形成一
219 个回路,并围绕 Z 轴振动。管道的直线部分 A—B 和 C—D 沿圆弧振荡,而在没有任何管流的情况下,则将在每个循环中始终保持平行。

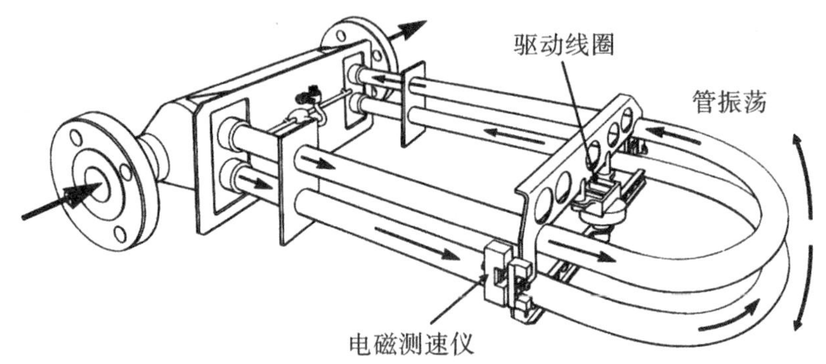

图 11.6　高准的第一个实用系统。(供图:Emerson)

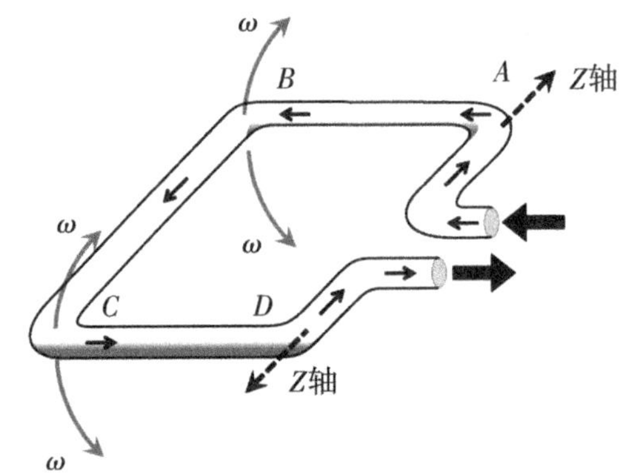

图 11.7　形成回路的管道绕 Z 轴振动,使管道的直线部分 A—B 和 C—D 沿圆弧振荡。

当液体按照所示方向流经管道时,A—B 管段内的流体粒子将从 A 点的低切向速度移动到 B 点的高切向速度。这意味着每个质量粒子必须克服质量惯性阻力进行加速。这与管道的旋转方向相反,并在相反方向上产生科里奥利力。

相反,在 C—D 管段中,粒子向相反的方向移动,即从具有高切向速度的 C 点移动到具有低切向速度的 D 点。

这些科里奥利力的综合作用是延迟 A—B 管段中的振荡,同时加快 C—D 管段中的振荡。结果是,A—B 管段的运动往往落后于无扰运动,而 C—D 管段的运动则往往领先该位置。因此,整个回路的扭曲量与流体的质量流量成正比,然后由传感器测量管道布置的扭矩。

图 11.8 显示了施加在单根管道上的振荡运动。图 11.9(a)显示了作用在流体流动 220
管道上的力。因此,整个回路的扭曲量与流体的质量流量成正比[图 11.9(b)]。为了降低应力断裂的风险,振荡幅度限制在 0.1 ~ 1 mm 之间。在经优化设计的系统中,振荡幅度约为最大允许值的 20% 。

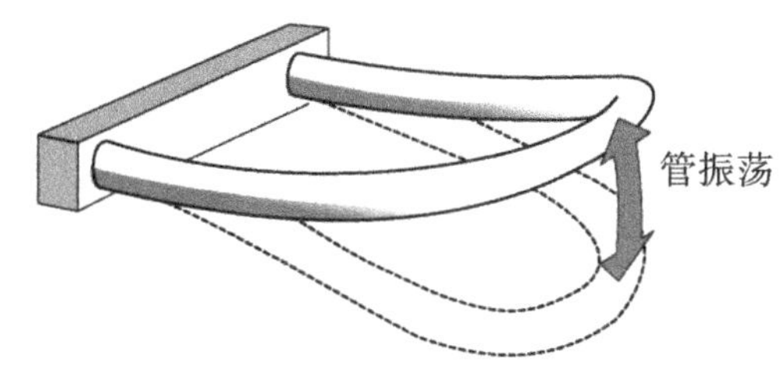

图 11.8　施加在单根管子上的振荡运动。

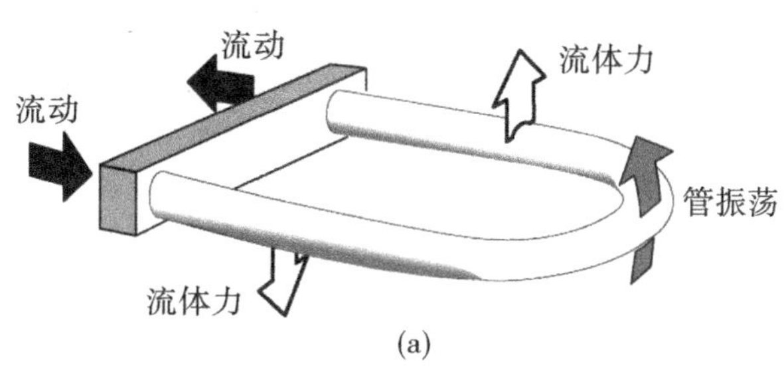

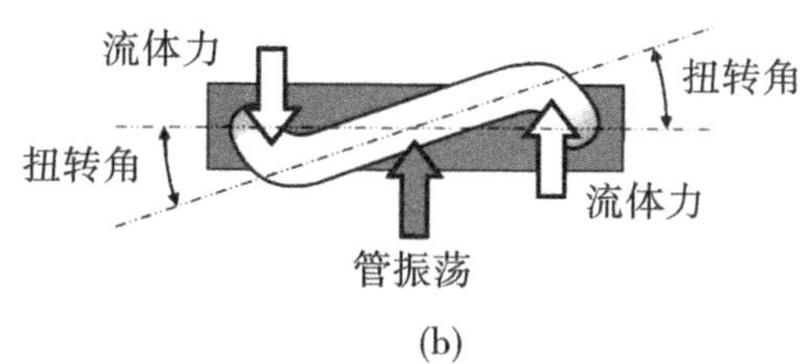

图 11.9　(a)作用在流体流动管道上的力。(b)整个回路的扭曲量与流体的质量流量成正比。

科里奥利力引起的变形大约小 100 倍(量级约为 10 μm)。为提供满足精度要求(例如±0.1%)的测量分辨率,需要能够分辨出几个纳米量级的差异。实际情况是,我们并未真正测量振幅,而是通过速度传感器测量管道布置的挠曲(图 11.10),从而测量相位差

(即时差)。

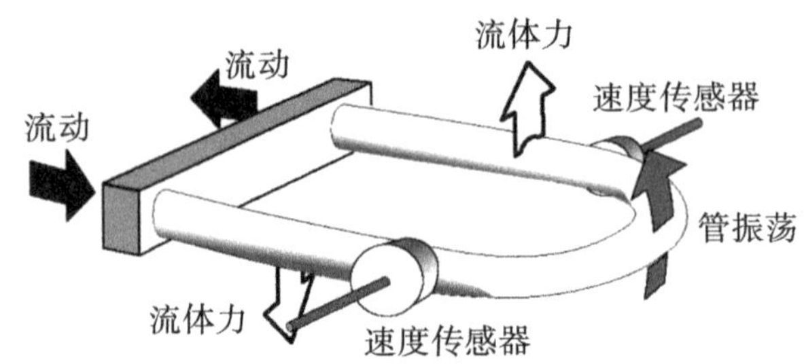

图 11.10 速度传感器测量的管道布置挠曲。

在无流体流动(因此也无挠曲)的情况下,两个速度传感器的正弦输出同相,即无时差[图 11.11(a)]。

221 然而,在有流体流动的情况下,管道的挠曲会产生与质量流量成正比的相位差[图 11.11(b)]。

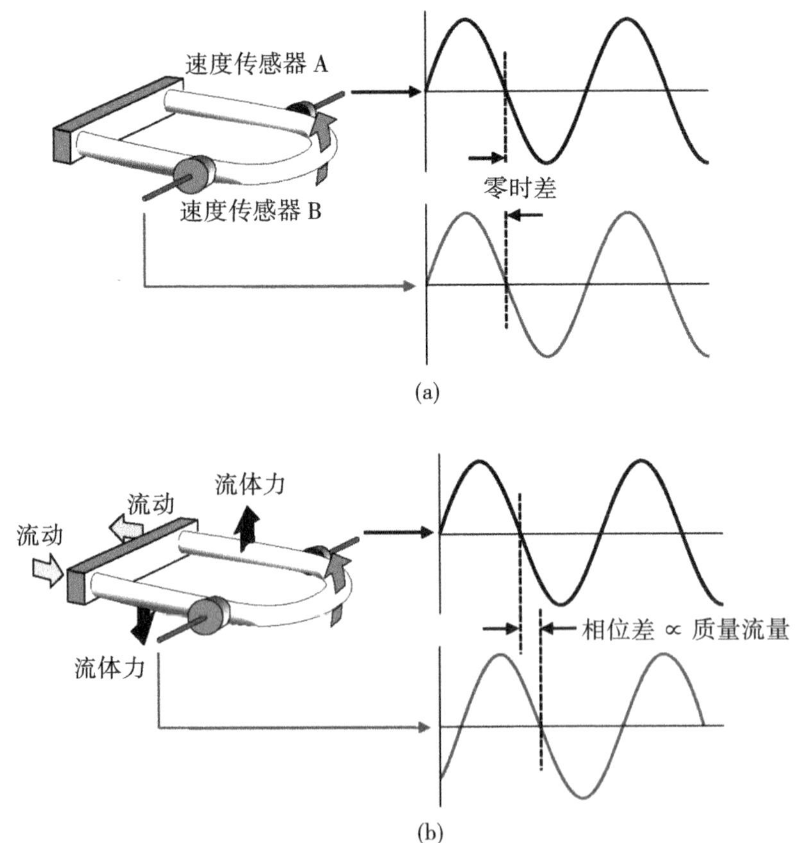

图 11.11 (a)在无流体流动的情况下,速度传感器的正弦输出同相,无时差。(b)在有流体流动的情况下,管道的挠曲会产生与质量流量成正比的相位差。

±0.1%的测量分辨率仅相当于几纳秒。为达到±0.1%的精度，分辨率通常需要提高到5～10倍，时移差测量需要低至皮秒级。 222

11.5　密度测量

用科里奥利流量计测量质量流量基本上不受介质密度的影响。但是，可以利用科里奥利流量计中使用的振荡管的振动作用来独立测量介质密度。

胡克定律弹簧方程表明，悬挂在弹簧上的质量将以共振频率振荡：

$$f=\frac{1}{2\pi}\cdot\sqrt{\frac{k}{m}} \tag{11.3}$$

其中：

f——共振频率；

k——弹簧常数；

m——质量。

这表明，当质量增加时，固有频率会降低；而当质量减小时，固有频率会升高。

▶胡克定律与振动管中的密度测量有何关联？

系统质量(m)等于管质量($m_{管}$)(固定值)加上管中流体质量($m_{流体}$)(随过程变化而改变)：

$$m=m_{管}+m_{流体} \tag{11.4}$$

反过来，流体质量($m_{流体}$)由固定值管体积($V_{管}$)乘以可变值流体密度($\rho_{流体}$)决定：

$$m_{流体}=V_{管}\cdot\rho_{流体} \tag{11.5}$$

重新排列方程式(11.3)、式(11.4)和式(11.5)，可得：

$$\rho_{流体}=\frac{k}{f^2\cdot V_{管}\cdot 4\pi^2}-\frac{m_{管}}{V_{管}} \tag{11.6}$$

在其他值不变的情况下，流体密度($\rho_{流体}$)与共振频率的平方成反比：

$$\rho_{流体}\propto\frac{1}{f^2} \tag{11.7}$$

◀

因此，通过测量共振频率，可以计算出流体密度。 223

注：重要的是要认识到，密度测量不是基于科里奥利效应，而是基于振动管效应。

因此，除提供质量流量的直接指示外，振荡管系还通过跟踪共振振荡频率，独立提供密度的直接指示。

显然，方程式(11.6)中的 k 值隐含许多依赖因素，其中之一是温度。因此，温度必须作为一个独立量来测量，并作为补偿变量使用。温度也可作为测量输出。

知道了流体的质量流量(Q_m)和密度(ρ)后，现在也可以计算体积流量(Q)，因为：

$$Q_m = Q \cdot \rho \tag{11.8}$$

因此：

$$Q = \frac{Q_m}{\rho} \tag{11.9}$$

从上述内容中可以看出，在共振频率下振动管的重要性。此外，共振频率下的激励需要的驱动能量较少，而且可确保激励始终处于主共振模式。

这是通过拾波线圈的简单反馈系统实现的(图 11.12)。

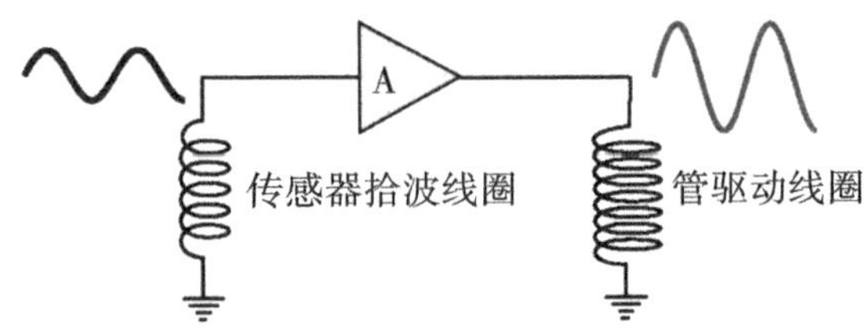

图 11.12　共振频率下的激励通过拾波线圈的简单反馈系统实现。

11.6　不断进步

在 20 世纪 80 年代初，科里奥利流量计制造商仅有一家。但到 1990 年，则有超过 13 家不同的制造商，并且提出了大量的新设计，且每一款都试图消除之前版本的缺点。

那么，这项技术的主要缺点到底是什么呢(不一定按重要性排序)?

- 弯管设计
- 最大管径
- 224 夹带气体
- 液化天然气(LNG)测量
- 延迟

11.7 管配置

由于在追求灵敏度最大化的同时要求尽量减少外来噪声和振动的影响，因此催生出了各种不同的弯管设计，但弯管布置本身却带来了各种问题。

在任何需要将管道弯曲的布置中，外壁因拉伸变得更薄，而内壁则会变得更厚。而且，当流量计需要两个这样的波纹管时，很难在尺寸和动态上对它们进行平衡。此外，若流体具有磨蚀性，流量计这一已被削弱的部位很可能承受最严重的应力。磨料还会导致侵蚀，这将改变共振元件的刚度，从而导致测量误差。

对很多液体来说，由弯管导致的压降可能会引起闪蒸，甚至造成空化损坏。此外，一些弯管配置不能满足自排水需求，而该需求是食品和饮料、制药、化工等众多行业的一个重要考虑因素。

如图 11.13 所示，典型的双弯管设计具有较大的总横截面积和双管的灵活性，但负面影响是分流器引入了较大的压降。此外，还存在流量可能会分配不均，以及双管布置不允许就地清洗(clean-in-place，CIP)的缺点。

虽然连续回路配置(图 11.14)允许就地清洗，但需要增加横截面积以减少压力损失。但这会导致刚性增加，使其在低流量下的灵敏度降低。

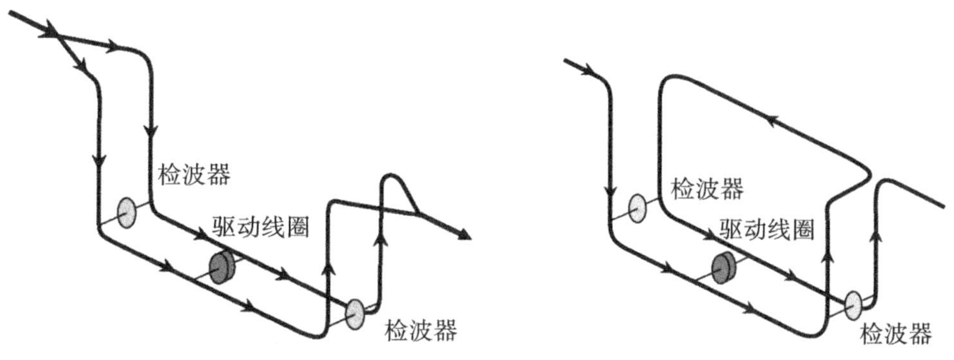

图 11.13　典型双弯管设计。　　图 11.14　连续回路配置。

其他设计大量出现(图 11.15)。

然而，下一个重大里程碑是在 1986 年由恩德斯·豪斯(Endress + Hauser)引入的第一个直管设计(图 11.16)。

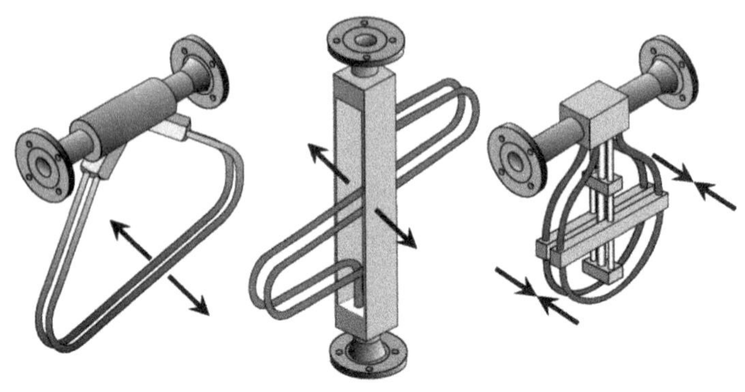

图 11.15　各种双弯管设计。

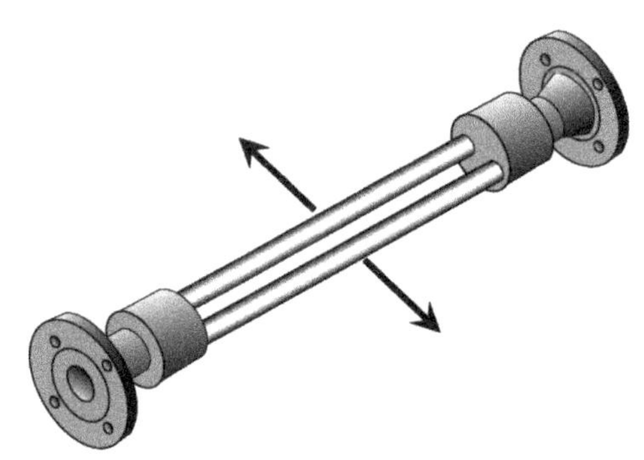

图 11.16　使用双测量管的直管设计。

226 在无流体流动的情况下，管道在振动平面内发生挠曲[图 11.17(a)和(b)]。然而，在有流体流动的情况下，作用在管道上的科里奥利力会产生扭曲的可被传感器检测的挠曲[图 11.17(c)和(d)]。

但是，尽管这种设计解决了与弯管相关的问题(管道在弯曲处的强度减弱、侵蚀和闪蒸)，但仍采用了需要分流的双测量管。1994 年，科隆(Krohne)推出了世界上第一台工业单直管流量计，打破了这一限制。

然而，这些直管设计也带来了若干其他问题。弯管布置的灵活性可以轻松适应因温度和/或压力变化引起的膨胀和收缩，而直管设计的刚性对这些变化的包容度较低。因此，为检测管道尺寸的细微变化，必须采用应变仪技术。如何将这些测量数据结合起来以提供精确的补偿，成为复杂算法的研究重点。

早期设计的最大管道直径通常为 25 ~ 50 mm，这严重限制了管道的应用。而直到去年年底，这一限制才逐渐扩大，现已扩大到管道直径达 400 mm 的直管系统。

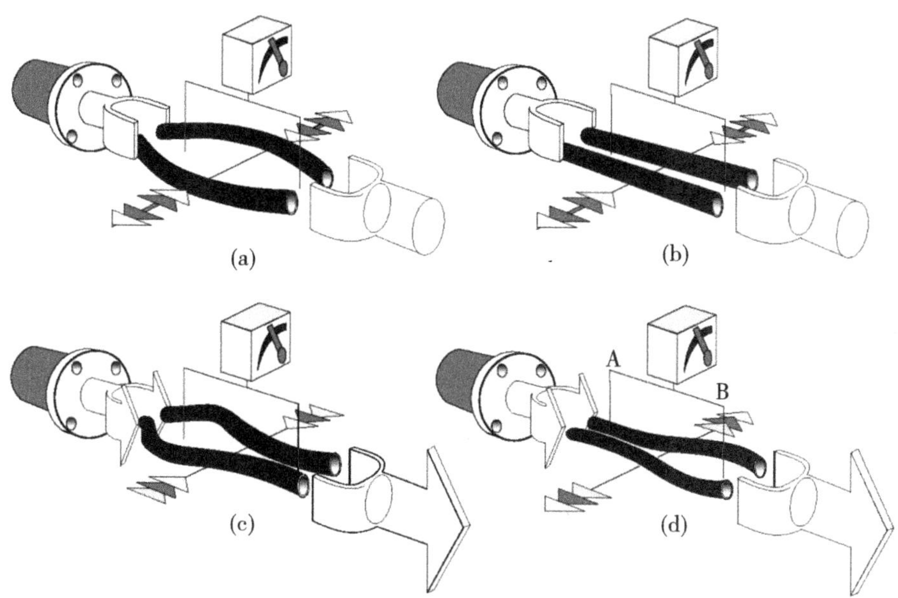

图 11.17　在无流体流动的情况下，管道在振动平面内发生挠曲(a)和(b)。然而，在有流体流动的情况下，作用在管道上的科里奥利力会产生扭曲的可被传感器检测的挠曲(c)和(d)。(供图：Endress + Hauser)

11.8　基于微机电系统的技术

另外，制药和硅制造行业以及实验室样本分析和处理对微剂量的需求不断增长。虽然大多数科里奥利流量计用于测量 1 kg/h 以上的流量，但这些行业需要的加药和流量测 227
量速率大约在 1 g/h 甚至更低。

这些挑战已通过应用基于微机电系统(MEMS)的技术得以解决，其中整个机械科里奥利流体传感系统被集成到单个硅微芯片中(图 11.18)。

虽然其中一些设计专注于测量极低流量(低至 10 mg/h 或更低)，但其他设计主要是针对气体密度和浓度的测量而开发的。

乍一看，与可以弯曲的金属相比，使用硅来制造实际的振动感应管似乎与其固有的刚性特性不符。然而，金属管在长期的疲劳暴露下会发生塑性变形，但硅结构在弯曲时要么恢复原状，要么断裂。因此，由于硅结构从不变形，所以几乎没有疲劳、滞后和漂移。

硅的另一个优势是其振动管的共振频率。传统金属管科里奥利质量流量计在 100 ~ 1 500 Hz 的频率范围内产生共振，这使其易受 2 000 Hz 以下的常见外部机械振动和冲击频率的影响。

另外，硅微管的共振频率很高（通常在 20 kHz 量级），使其实际上不受任何形式的外部振动影响。

硅的第三个优势是其密度比钢材低 3.4 倍。因此，尽管常规的钢制科里奥利流量传感器通常不够灵敏，无法精确测量低压下的气体密度，但使用硅材料可以显著提高灵敏度。

图 11.18　基于微机电系统的科里奥利集成系统。
（供图：集成传感系统）

11.9　夹带气体

228 众所周知，对于大多数流体技术来说，两相流是一个难题。

气泡形成的原因可能有多种：

- 脱气
- 负压区上游或内部泄漏
- 过度空化
- 供应容器液位低于最低值
- 空-满-空应用
- 罐体搅拌
- 长落差顶部填充罐
- 过程控制状态转换，如系统启动、关闭或清洁相反，在某些工艺中，液体中的空气夹带对于获得正确的质量至关重要。

示例包括生产：

- 酸奶
- 蛋黄酱
- 冰激凌

假设液体流中夹带5%（体积分数）的气体。基于速度的流量计（例如涡轮流量计、超声波流量计等）用速度（v）乘以横截面积（A）计算出体积流量（Q）。这意味着所需的液体测量值将由于“气体空隙率”的量而被夸大，从而导致约5%的误差。

不幸的是，两相流通常甚至不被视为一个问题。即使被认定为问题所在，也通常需要“变通办法”。

一种解决方案是在工艺流程的上游安装排气装置。然而，这并不能完全捕获空气，同时还会使工艺暴露在大气中，而这可能会影响产品质量。

在需要闭环的制药、食品和饮料以及其他卫生应用中，绝对不能使用通风装置。

另一种解决方案是去除工艺液体中的空气。然而，由于空气可从各种不同的点进入，消除如此多的空气来源成本非常高。

水平流的流态取决于所谓的表观液体和气体速度*，同时也受密度、黏度和表面张力的影响（图11.19）。

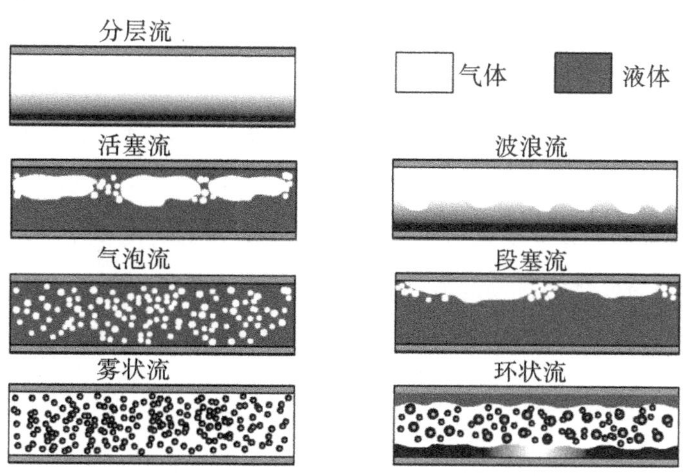

图11.19　水平流的流态不仅取决于液体和气体的速度，同时也受密度、黏度和表面张力的影响。

* 表观速度是液体或气体相的速度，如果它是唯一流过管道的相。

多相流态没有明显的边界，通常平滑地从一种流态过渡到另一种流态（图 11.20）。

图 11.20　多相流态通常平滑地从一种流态过渡到另一种流态。

气体体积分数与气体空隙率

229 由于这两个术语的首字母相同，因此非常有必要区分气体体积分数（GVF）和气体空隙率。

气体体积分数是气体体积流量与油、水和气体的总流量的总体积流量之比。气体空隙率基于局部面积，即由气体和液体分别占据的实际横截面积（图 11.21）。气体空隙率通常被描述为在所述条件下气体所占总体积的百分比。因此，气体空隙率是一个量纲量，每个流体相的体积需要以相同的体积单位（例如加仑、SCF、BBL 等）计算。

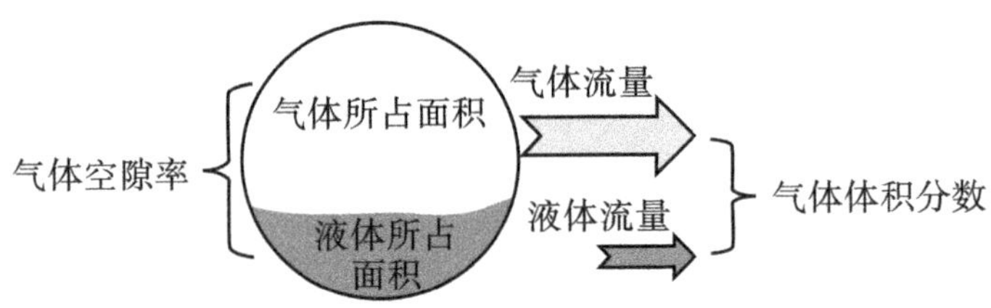

图 11.21　气体体积分数基于流量，而气体空隙率基于局部面积。

230 气体体积分数和气体空隙率通常不相等。例如，70% 的气体空隙率可能是 95% 的气体体积分数，因为气体的流动速度较快。当仅有相对少量的气体时（图 11.22），有时会使用术语液体体积分数（LVF），其定义为："液体体积流量与总体积流量之比。"

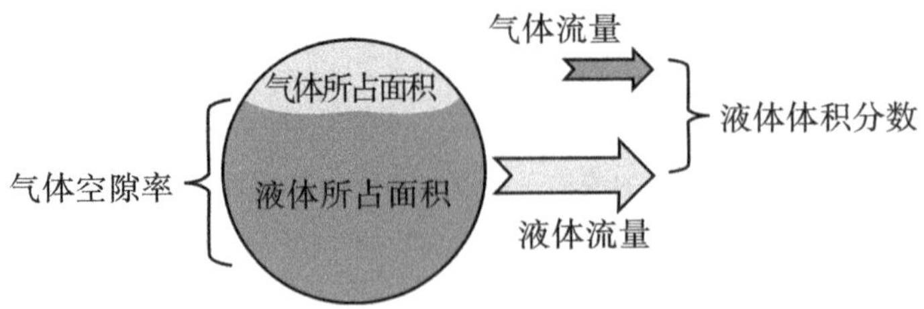

图 11.22　液体体积分数定义为"液体体积流量与总体积流量之比"。

11.9.1 夹带气体的挑战

由于在非定常流动条件下的流态具有多样性，多相流测量对传统的科里奥利质量流量计来说是具有挑战性的。

乍一看，测量液体的质量流量似乎不是问题。但请记住，科里奥利质量流量计测量的是质量流量，即液体和气体的总质量。

$$\dot{m}_{混} = \dot{m}_{气} + \dot{m}_{液} \tag{11.10}$$

而由于气体的质量可以忽略不计，因此测量结果实际上与液体的质量流量相同。

11.9.2 解耦

随着气体体积分数的增加，所谓的“解耦”现象会导致误差，这种现象发生在流量管振动期间气泡相对于液体移动时。

如果液体不能“容纳”气泡，那么测量管中的气泡将不会以相同的振幅严格遵循周围液体的振荡。如图 11.23 所示，气泡的振荡幅度(u_g)与液体的振荡幅度(u_l)不同。这是因为气体密度(ρ_g)和液体密度(ρ_l)之间的密度差导致气泡与液体之间产生了相对运动。

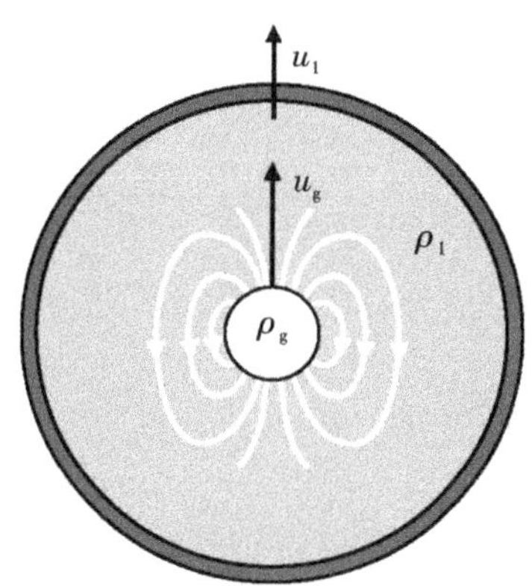

图 11.23 因为气体密度 ρ_g 和液体密度 ρ_l 之间的密度差导致气泡与液体之间产生了相对运动。

由此产生的气泡周围的二次流通常与管道振动方向相反。这导致产生一种不同于 231
流量计用于感测质量流量的惯性效应，因为气泡的振荡幅度较大，但却与测量管或液体的振荡幅度同相。因此，对于特定流量，管壁应感受到的液体惯性有一部分损失，从而导致液相的实际密度和质量流量被低估。

我们已经知道可以通过跟踪共振频率来测量密度，较低密度的流体具有较高的共振频率，反之亦然。因此，水的共振频率低于纯气体的共振频率（图 11.24）。当液体中夹带气体时，会导致测量管与流量之间产生解耦。这会吸收一些可用的激发能量，并表现为信号幅度减小。

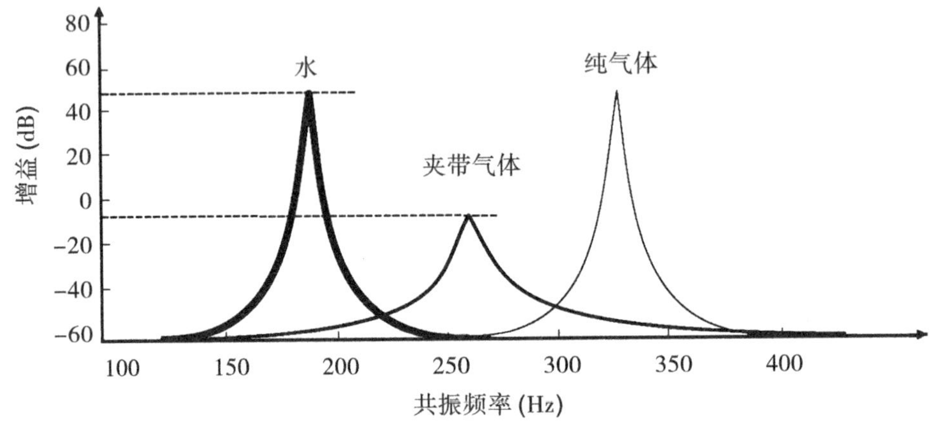

图 11.24　水的共振频率低于纯气体的共振频率。当液体中夹带气体时，会吸收一些可用的激发能量，导致信号幅度减小。（供图：Krohne）

夹带气体的第二个影响是导致流体密度迅速波动。因此，共振频率随时间快速变化，导致跟踪变得越来越困难。

232 更严重的问题是，质量流量误差的裕度会因不同的气体流量分数、不同的流速以及压力的变化而有所不同。

11.9.3　夹带气体管理系统

现在有多种夹带气体管理解决方案可供选择。通常，此类系统集中在合成驱动（图 11.25）的使用上，在合成驱动中，拾波线圈的反馈系统经过各种微处理器驱动的复杂算法进行了改进。这使得一些制造商能够处理 0 ~ 100% 的气体体积分数。

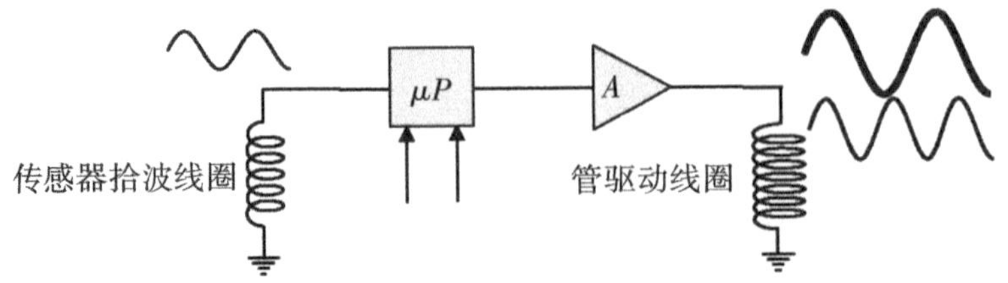

图 11.25　典型的夹带气体管理解决方案集中在合成驱动的使用上，在合成驱动中，拾波线圈的反馈系统由微处理器驱动算法进行了改进。

11.10 液化天然气测量

如图 11.26 所示,区分天然气凝液(NGL)和液化天然气(LNG)非常重要。

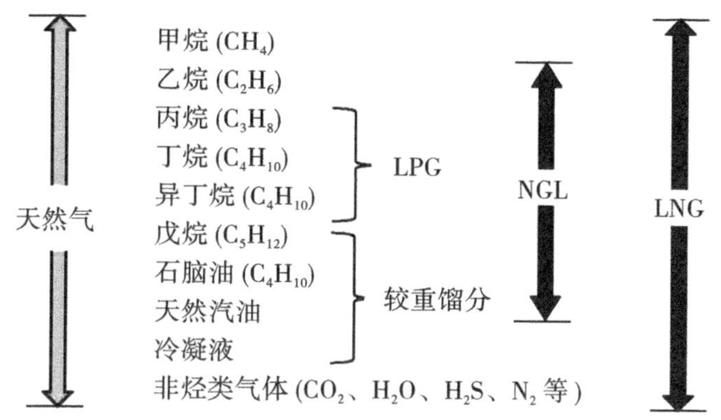

图 11.26 天然气凝液和液化天然气之间的区别。

天然气凝液包括采出气流中的烃类成分,这些成分可以提取出来在市场上出售。天然气凝液是较轻的可冷凝烃馏分,即通过分馏过程将原料混合物分离成其组成成分的产物。甲烷虽然最轻,但由于沸点太低,在常规工艺下无法冷凝。

如果天然气凝液厂的排放气体完全液化,则称为液化天然气,是一种可供销售或符 233
合管道质量的液态气体。

液化天然气是一种透明、无色、无毒、无腐蚀性的液体,是当天然气(包括甲烷)在接近大气压的情况下冷却至约-153.1 ℃时形成的。

这是将气体的体积压缩至原来的 1/600,使其更易于储存和运输。

由于使液化天然气保持足够低温以维持其液体状态的成本高昂,通常将其保持在略高于其沸点的温度,例如-162 ℃。因此,即使是很小的压降也可能导致闪蒸现象的发生。

此外,活动的机械零件和润湿的密封件可能会受到低温的不利影响,导致停止运转或发生故障。因此,只能使用能够处理非导电性低温液体的流量计进行流量测量。

在有关科里奥利设备的问题中,其中一个问题与测量管的杨氏模量有关,因为杨氏模量(以及固有共振频率)会随温度变化(图 11.27)。

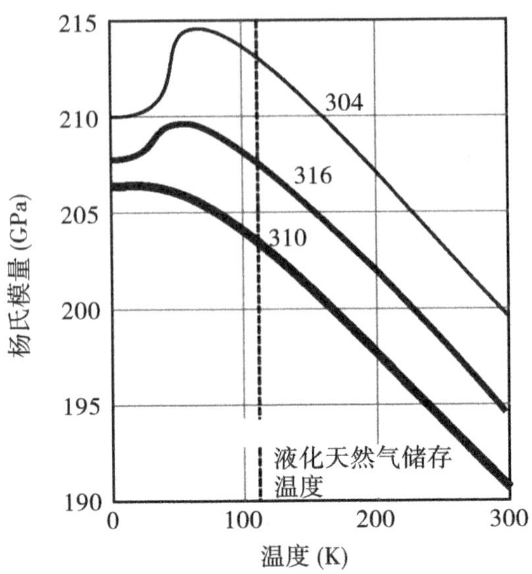

图 11.27 测量管的杨氏模量(以及固有共振频率)随温度变化。

11.11 科里奥利流量计总结

科里奥利流量计可能会很好地取代电磁流量计,成为大多数流量计应用的理想选择。对于关键控制,质量流量是首选的测量方法。科里奥利流量计的精度高,因此在需要严格控制的应用中,使用科里奥利流量计变得越来越普遍。除了用于交接计量应用外,还用于化学工艺和昂贵流体处理。

11.11.1 优点

234 部分优点包括:

- 能够直接、在线、精确测量液体和气体的质量流量
- 调节比高达 500∶1
- 液体测量的精度高达±0.05%,气体测量的精度高达±0.35%
- 质量流量测量范围从小于 5 g/min 到大于 4 600 000 kg/h(350 t/h)
- 测量结果不受介质温度、压力、黏度、传导率和密度的影响
- 能够对密度低至 0.000 5 g/cm^3 的液体和气体进行直接、在线、精确的密度测量
- 可用一个传感器获得质量流量、密度和温度
- 几乎可用于任何应用,无论工艺密度如何

11.11.2 缺点

就不利方面而言，尽管技术上已经取得了巨大进步，但仍存在一些不足之处，其中包括：

- 价格昂贵
- 许多型号受到振动影响
- 当前技术的管道直径上限为 400 mm
- 二次密封可能是一个需要关注的领域

11.11.3 应用考量

在石油化工行业中，科里奥利流量计由于会产生闪蒸和空化而获得了不公正的评价。其次，正确尺寸的直管科里奥利流量计几乎不会产生不可恢复的压降，因此不会导致闪蒸或空化。但是，在许多早期应用中，由于管径被限制在 100DN，数百个流量计的尺寸过小，结果导致其应用不当，随之而来的是不可恢复的高压降。

12 热式质量流量计

12.1 简介

235 热质量流量测量技术可以追溯到20世纪30年代，是一种较直接的方法，尤其适用于气体流量的测量。热式质量流量计通过测量流动介质的热性质（如比热容和热导率）来进行推算，因此能够提供与介质质量成比例的测量结果。

在过程工业中通常遇到的范围内，气体的比热容 c_p 基本上与压力和温度无关，并且与密度成正比，进而与质量成正比。

使用热技术测量流量的两种最常用方法是：测量加热体在流动流体中的热量损失速率，或者测量当介质被加热时其温度的升高。

12.2 热损失或“热丝”法

最简单的形式是在流动流体的主要路径中放置一个加热体［一根加热丝、热敏电阻或电阻温度检测器（RTD）］（图12.1）。根据热力学第一定律，热能可以转化为功，反之亦然。因此，供给传感器的电功率 I^2R 等于从传感器带走的热量。

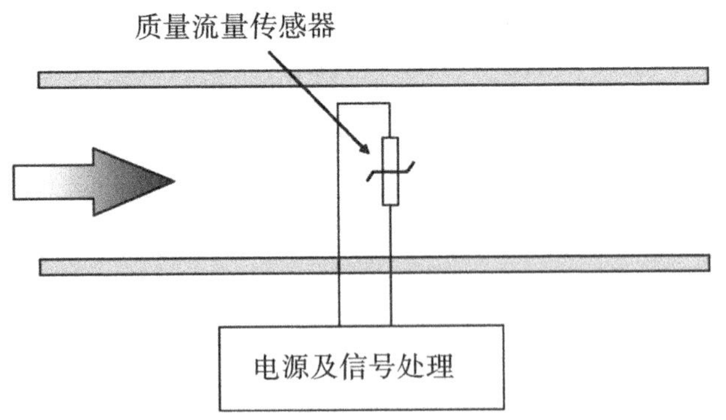

图12.1 “热丝”法的基本示意图。

由于流动气体的分子（即质量）与速度传感器周围的加热边界层相互作用并转化掉热量，供给传感器的电功率是质量流量的直接度量。

▶小热丝的热损失速率由以下公式给出：

$$P=h\cdot A\cdot(T_w-T_f) \tag{12.1}$$

其中：

P——热损失，W；

h——传热系数；

A——热丝表面积；

T_w——热丝温度；

T_f——流体温度。

传热系数取决于热丝的几何形状、比热容、热导率和流体密度以及流体速度，具体如下：

$$H=C_1+C_2\cdot\sqrt{\rho\cdot V} \tag{12.2}$$

其中 C_1 和 C_2 是常数，取决于热丝的几何形状和气体性质。式中的$\sqrt{\rho\cdot V}$一项表示 236
热丝流量计的输出与密度和速度的乘积有关，可显示为与质量流量成比例。◀

实际上，只有当介质温度恒定时，这种装置才能使用，因为热丝的测量电阻无法确定电阻的变化是由流速的变化引起的还是由介质温度的变化引起的。为了解决这个问题，必须使用介质温度作为参考值，并且需要将第二个温度传感器浸入流动流体中来监测介质温度，并对温度变化进行修正（图 12.2）。

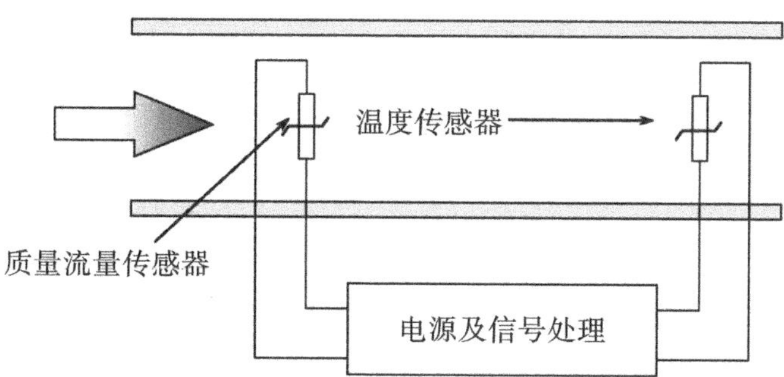

图 12.2　第二个“温度传感器”监测气体温度，并自动修正温度变化。

质量测量用的 RTD 的电阻远低于温度测量用的 RTD，并且由电子元件自身加热。在恒温系统中，仪器测量 I^2R 并保持两个传感器之间的温差在一个恒定水平。

完整的热丝质量流量计（图 12.3）适用于直径达 200 mm（DN200）的管道。对于大于此尺寸的管道，使用插入式探头，这些探头在杆的一端集成了完整的系统。

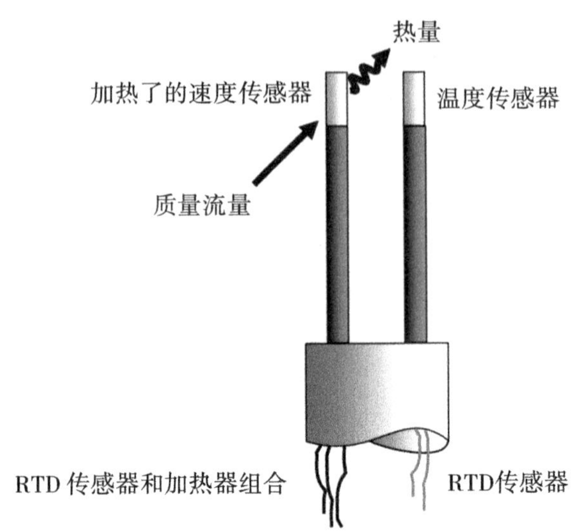

图 12.3 典型在线热丝质量流量计。(供图：Sierra Instruments 有限公司)

这种方法的主要局限性在于，由于其本质上是“点”测量，因此受到管道内流体分布以及介质黏度和压力的影响。

237 此外，由于测量取决于介质的热特性，系统必须针对每种特定气体进行校准——每一对质量流量/温度传感器都需要在整个流量范围内单独校准。

测量值本身主要是非线性的，因此需要相对复杂的转换。然而，这种固有的非线性特性使得仪器具有较宽的量程(1 000：1)和较低的速度敏感度(60 mm/s)。

此类仪器对速度变化的响应速度快(通常为 2 s)，并且提供的信号水平高，从 0.5 W 到 8 W 不等，对应于 0 ~60 m/s 的范围。

许多传统热丝系统的局限性之一是，当需要检测更高的质量流速时，它们很快就会达到性能极限。介质中的热流依赖于流速，因此如果输入的热量恒定，当流速较低时，热量会积累，导致相应的温度升高。而在高流速下，温度差将接近零。为了解决这个问题，可以将热量输入与流速相适应。这在图 12.4 所示的传感器中得以实现，该传感器由高热传导陶瓷基板构成，基板上沉积有厚膜加热电阻(R_h)和两个温度依赖性厚膜电阻(T_1 和 T_2)(图 12.5)。

当过程介质沿着陶瓷基板的正面流动时，加热电阻器产生的热电流形成温度梯度，如图 12.5 所示，两个电阻器之间的温度差用于调节控制加热电阻器的电流。

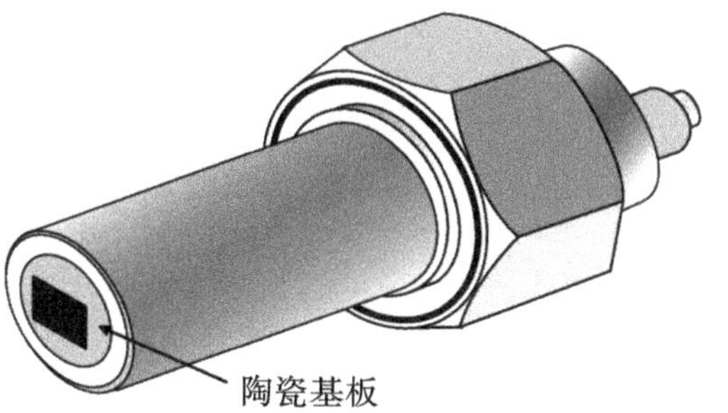

图 12.4 传感器由高热传导陶瓷基板构成，基板上沉积有厚膜加热电阻和两个温度依赖性厚膜电阻。（供图：Weber Sensors 集团）

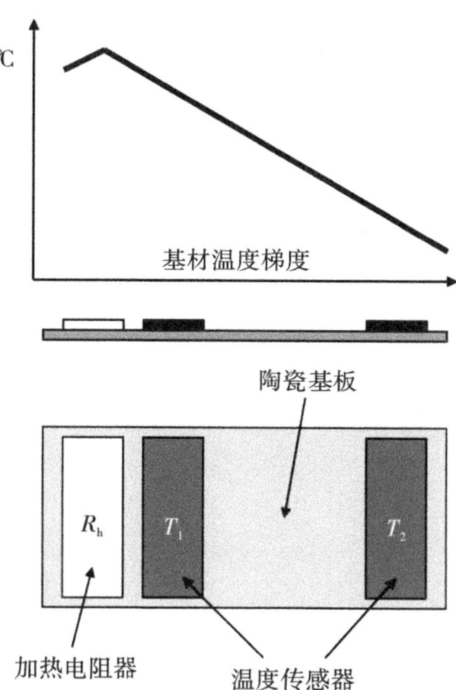

图 12.5 当过程介质沿着陶瓷基板的正面流动时，加热电阻器产生的热电流形成温度梯度。

12.3 温升法

238 在此方法中，气体流过一个细管，整个气流由一个恒定功率的热源加热——通过位于加热元件上游和下游的电阻温度检测器来测量温度变化（图 12.6）。由于热量需求，这种方法用于极低的气体流量。

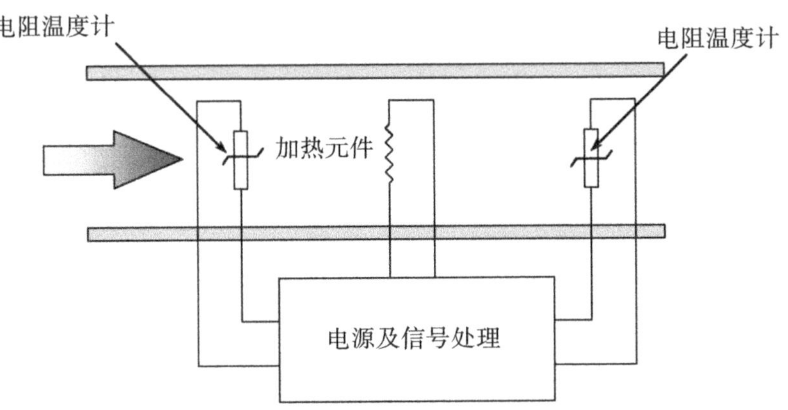

图 12.6 “温升”法的基本示意图。

▶此处，质量流量 q_m 为：

$$q_m = \frac{k \cdot q_Q}{c_p \cdot \Delta T} \tag{12.3}$$

其中：

239 k——常数；

q_Q——热量输入，W；

c_p——气体的比热容，J/（kg·K）；

ΔT——温差，℃。◀

这种方法的主要缺点是它只适用于低气体流量，传感器容易受到侵蚀和腐蚀的影响，而多个取样点增加了泄漏的可能性。

12.4 外部温升法

另一种布置方式是将加热元件和温度传感器置于管道外部。如图 12.7 和图 12.8 所
240 示，加热元件和温度传感器相结合，使得 RTD 线圈能够通过传感器管壁将一定量的热量

导向气体。同时,RTD 线圈通过电阻的变化感知温度的变化。

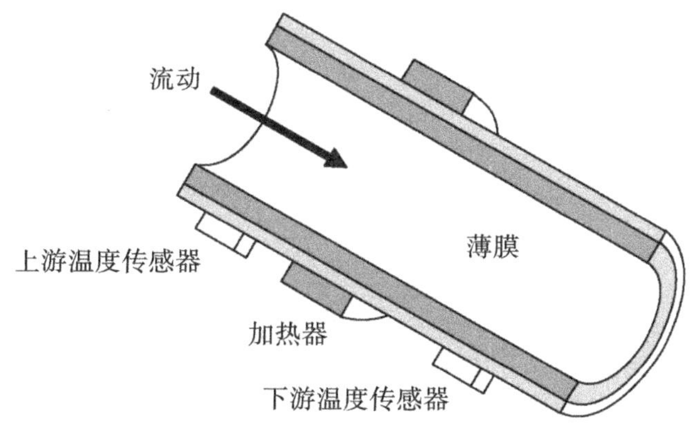

图 12.7　具有外部元件和加热器的热式质量流量计。

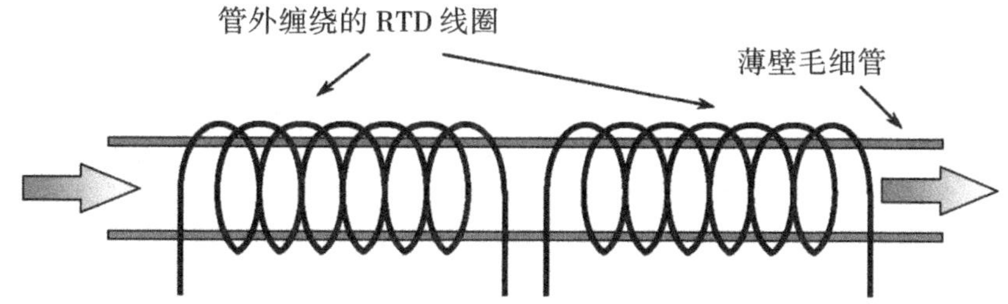

图 12.8　在毛细管流量计中,RTD 线圈用于通过传感器管壁将一定量的热量导向气体。(供图:Sierra Instruments)

这种方法的主要优点是非接触、非侵入式测量,对流动没有阻碍。

12.5　毛细管流量计

在典型的毛细管热式质量流量计中,介质分成两条路径,一条(m_2)通过旁路,另一条(m_1)通过传感器管(图 12.9)。

顾名思义,旁路的作用是绕过一定比例的流量,以便维持旁路流量与传感器流量(m_2/m_1)之间的恒定比率。只有当旁路中的流动为层流时,这一条件才适用,从而使得旁路的压力降与旁路流量呈线性比例关系。例如,孔板旁路会导致非层流流动,从而使得总流量与传感器流量的比例呈现非线性。

一种解决方案是使用多片圆盘或多孔过滤元件。另一种解决方案是 Sierra 公司采用的旁路元件(图 12.10),该元件是一个单体制件,具有小矩形通道和高长宽比。这种元件提供了纯层流,并且易于拆卸和清洗。

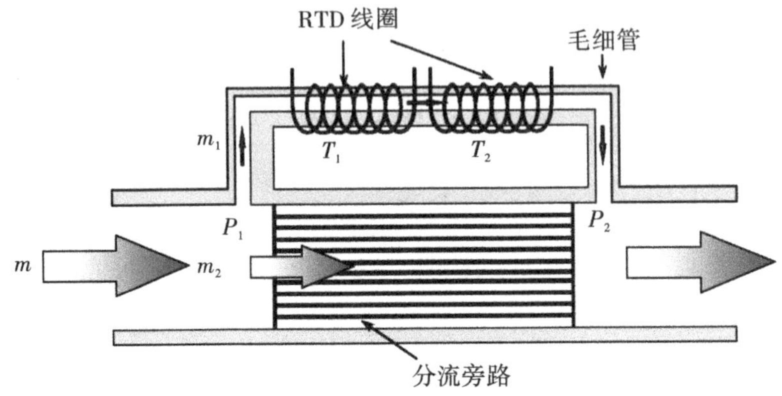

图 12.9　典型毛细管热式质量流量计。(供图:Sierra Instruments)

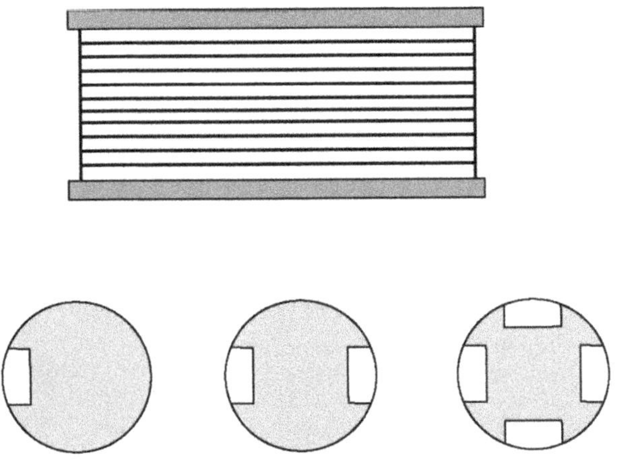

图 12.10　具有小矩形通道和高长宽比的单体制件提供了纯层流,并且易于拆卸和清洗。(供图:Sierra Instruments)

241　通过在传感器管两端维持线性的压降(P_1-P_2),一小部分质量流量通过传感器管。传感器管具有相对较小的直径和较大的长径比(介于 50 : 1 到 100 : 1 之间),这是毛细管的特征。

这些尺寸将雷诺数降低到小于 2 000 的水平,从而产生纯层流流动,在这种流动中,压降(P_1-P_2)与传感器的质量流量(m_1)呈线性比例关系。

在运行中,管子的长径比确保了线圈加热整个流体截面,质量流量将热量从上游线圈传递到下游线圈。这意味着可以简单地应用热力学第一定律。

这种方法在很大程度上不受流体分布、介质黏度和压力的影响。这意味着可以通过将任意气体的流量校准乘以一个常数 K 因子来获得方便参考气体的流量校准。现在已经为 300 多种气体提供了 K 因子,从而使毛细管流量计几乎具有普遍适用性。

尽管输出与质量流量不是本质线性的,但在正常工作范围内几乎是线性的。通过多断点线性化(例如在满量程的 25%、50%、75% 和 100% 处)可以实现精确的线性。

除了适用于极低的气体流量外,通过改变旁路来影响更高的或更低的旁路比率(m_2/m_1),毛细管方法也可以用于更大的流量。

12.6 液体质量流量计

虽然热式质量流量计主要用于气体,但相同的技术也可用于测量极低的液体流量,例如低至 30 g/h。一个典型的流量计如图 12.11 所示。

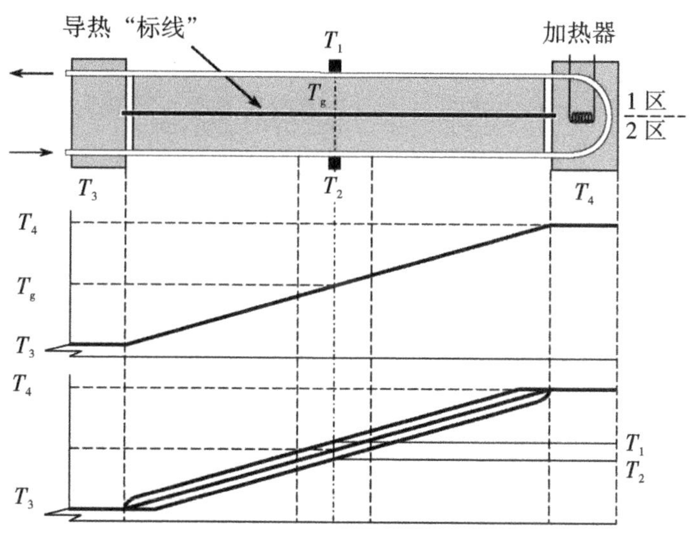

图 12.11 典型液体热式质量流量计。(供图:Brookes-Rosemount)

此处,传感器管的入口和出口通过散热器保持在恒定温度,而传感器管的中间部分 242
被加热到一个受控的温度,例如散热器的入口比出口温度高出 20 ℃。这两个位置以及流动管通过热传导路径机械连接。

通过这种方式,流动介质在传感器 1 区和 2 区分别被轻微加热和冷却,从而在流动管的垂直方向上产生能量流。位于传感器管中间位置的两个 RTD(T_1 和 T_2)确定温度差。该温度差与能量流直接成比例,因此也与介质的质量流量乘以其比热容直接成正比。

13 明渠流量测量

13.1 简介

243 在很多应用中，液体介质都分布在明渠中。明渠广泛应用于各种水利灌溉方案、污水处理和废水控制、水处理、采矿选矿等。

测量明渠流量最常用的方法是使用一种可改变液位的液压结构（称为一次测量装置）。通过选择一次装置（一种节流装置）的形状和尺寸，即可通过已知液位获得流经或流过节流装置的流量。通过这种方式，可利用二次测量元件测量出上游水深，然后推断出明渠中的流量。

为将流量表示为一个关于节流装置压头的函数，所有此类结构均设计为能抬高上游水位，使上游排水不受下游水位的影响。通常使用的两类一次装置是堰和槽。

13.2 堰

堰（图 13.1）本质上是与水流方向成直角修筑的堤坝，使水流从堤坝上流过。

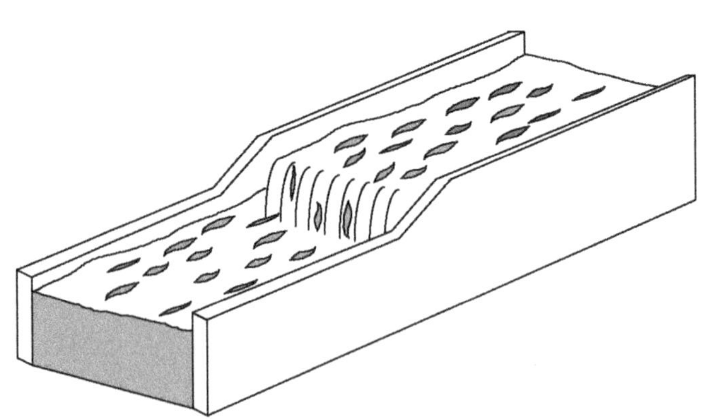

图 13.1 基本堰——与水流方向成直角修筑的堤坝。

堤坝通常由一块带缺口的金属板组成，最常用的三种堰分别是矩形堰、三角形（或 V 形缺口）堰和梯形（或西波勒梯）堰，每种堰都有一个相关的方程，用于确定基于上游蓄水深度的过堰流量。堰顶是有液体流过的边缘或表面，通常呈倾斜状，并有一个上游尖角。

为确保相关方程成立并准确测量流量值，流过堰顶的水流（水舌）应具有足够的落差（图13.2）。该水流称之为自由流或临界流，空气在水舌下方自由流动使水流通气。如果下游水位上升到一定程度，导致水舌无法通气，则测出的流量可能不准确，也无法进行可靠测量。

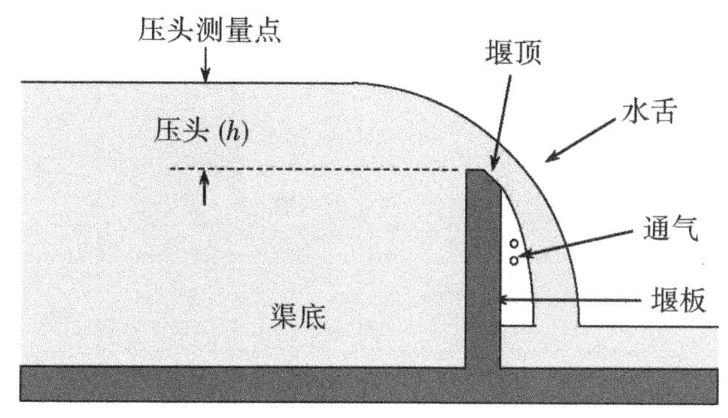

图13.2　为确保流量测量准确，水舌应有足够的落差。

13.2.1　矩形堰

矩形堰可能是最早使用的堰型，并且由于其简单且易于施工，至今仍是最受欢迎的堰型。

矩形堰最简单的形式［图13.3(a)］是堰体横跨整个渠道宽度，无侧收缩。 244

▶在无侧收缩的情况下，流量方程（压头与流量）为：

$$Q = k \cdot L \cdot h^{1.5} \tag{13.1}$$

其中：

Q——流量；

k——常数；

L——堰顶长度；

h——压头。 ◀

一般来说，该方程表示，当流量发生1%的变化时，水位将发生0.7%的变化。

无收缩矩形堰存在这样一个问题，即空气供应有限，水舌会紧贴堰顶。在这种情况下，可使用收缩矩形堰［图13.3(b)］。侧收缩会减小渠道流的宽度，并在它通过堰顶时加快它的流速，同时提供所需的通气。 245

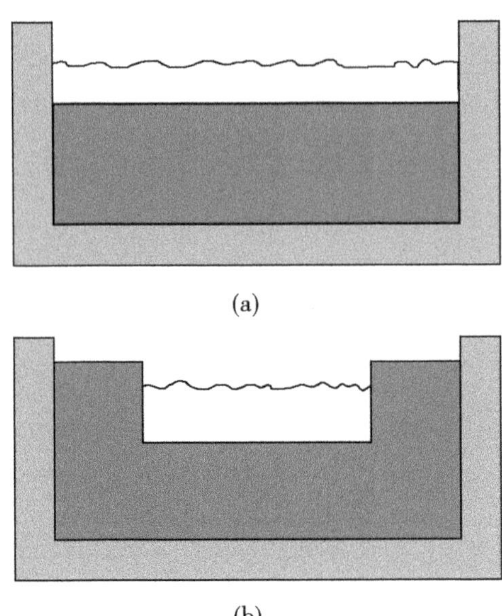

图 13.3 (a)无收缩矩形堰;(b)有侧收缩矩形堰。

▶在这种情况下,有侧收缩节流装置的流量方程变为:

$$Q = k \cdot (L - 0.2 \cdot h) \cdot h^{1.5} \tag{13.2}$$

其中:

Q——流量;

k——常数;

L——堰顶长度;

h——压头。◀

矩形堰通常可处理约 0 ~ 15 L/s 至 10 000 L/s 或更高的 1 : 20 范围内的流量(3 m 堰顶长度)。

13.2.2 梯形(西波勒梯)堰

在梯形堰中(图 13.4),侧面呈倾斜状,以获得梯形开口。当一个矩形堰的侧面坡度为 1 : 4(水平 : 垂直)时,称为西波勒梯堰,其流量方程(压头与流量)与无侧收缩矩形堰类似:

$$Q = k \cdot L \cdot h^{1.5} \tag{13.3}$$

梯形堰的流量范围与矩形堰相同。

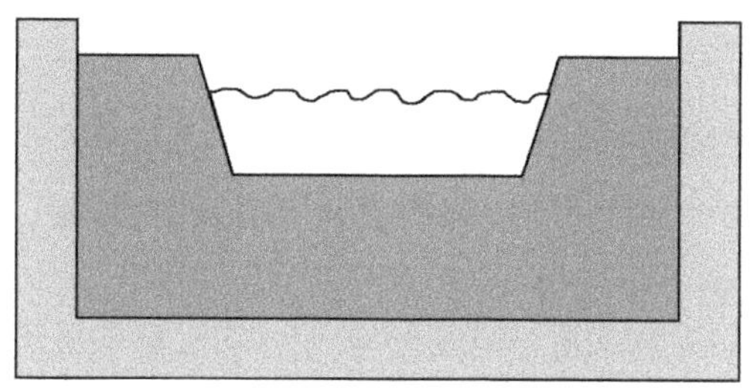

图 13.4　梯形堰或西波勒梯堰。

13.2.3　三角形堰或 V 形缺口堰

V 形缺口堰(图 13.5)包含一个呈一定角度(通常为 90°)的 V 形缺口,特别适用于低 246
流量。

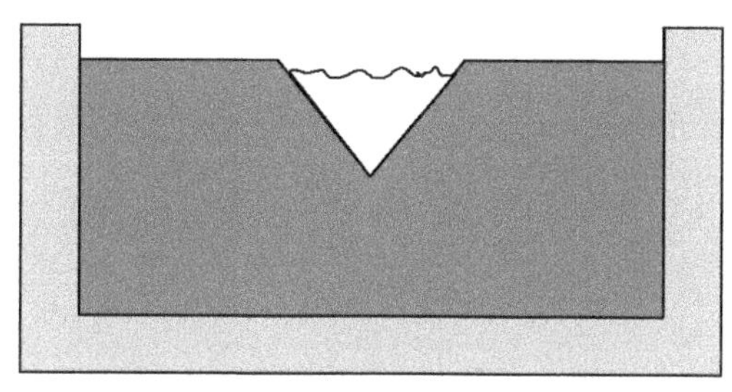

图 13.5　三角形堰或 V 形缺口堰。

矩形堰和梯形堰的主要问题是,在低流量下,水舌紧贴堰顶,降低了测量精度。而在 V 形缺口堰中,小流量所需的压头大于其他堰型所需的压头,而且即使在低流量下也能自由通过堰顶。

▶V 形缺口堰的流量方程如下:

$$Q = k \cdot h^{2.5} \tag{13.4}$$

其中:

Q——流量;

k——常数;

h——压头。

该方程表示:0.4% 的高度变化会导致 1% 的流量变化。◀

V 形缺口堰适用于 2 ~ 100 L/s 的流量,为获得较好的边缘条件,流量范围为 1 : 100。

平行设置多个三角堰可获得更大流量。

三角堰有较高的不可恢复压力损失，但在大多数应用中，这不是问题。然而，三角堰的运行要求水流在离开时能够顺利通过三角堰。

247 如果水流不是自由流动，并且存在阻碍其自由流动的背压，则三角堰上方的水位会受到影响，从而影响水位和流量测量。

13.2.4 优点

- 操作简单
- 量程大（可检测高流量和低流量）

13.2.5 缺点

- 筑坝作用会导致流入区域发生变化
- 筑坝作用会导致淤泥积聚
- 精度约为 2%

13.3 槽

第二类常用的一次装置是槽（图 13.6）。用堰测量流量的主要缺点是必须筑坝拦水，而这可能导致流入区域发生变化。此外，堰还会受上游淤泥积聚的影响。相比之下，槽测量的是明渠中的流量，槽中特殊形状的流动截面会限制明渠面积和/或改变明渠坡度，从而提高流速并改变流经明渠的液体的液位。

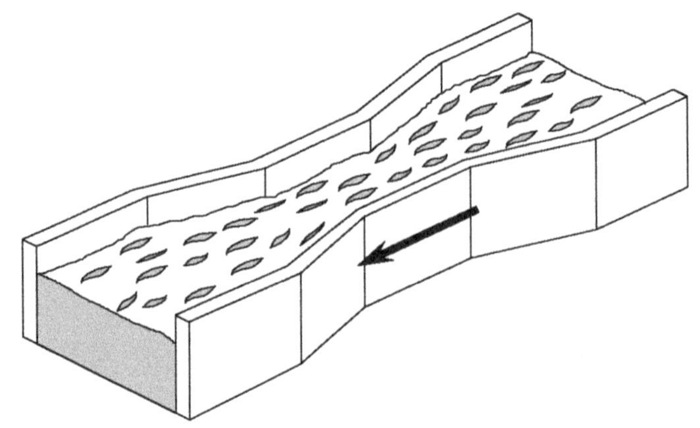

图 13.6 基本槽，槽中特殊形状的流动截面提高了流速并改变了液位。

槽的主要优点是:与同等规模的堰相比,可测量更大的流量,压头损失小得多,并且更适用于含沉积物或固体的水流,因为高速水流通过槽后往往能实现自洁。

其主要缺点是:槽的安装费用通常比堰更高。 248

13.3.1 槽流量考虑因素

槽的一个重要考虑因素是水流状态。当水流的流速较低且主要是在重力作用下流动时,称为缓流或亚临界流。对于这类水流,有必要先测量进水段和喉部的压头,然后才能确定流量。

随着水流流速的增加,当惯性力等于或大于重力时,称为临界流或超临界流。对于水流的临界和超临界状态,可以建立明确的压头/流量关系,并且可基于单个压头读数进行流量测量。

13.3.2 文丘里槽流量计

最常见的槽是文丘里槽(图 13.7),其内部轮廓类似于去掉顶部的文丘里流量管,通常由收缩段、喉部和扩散段组成。

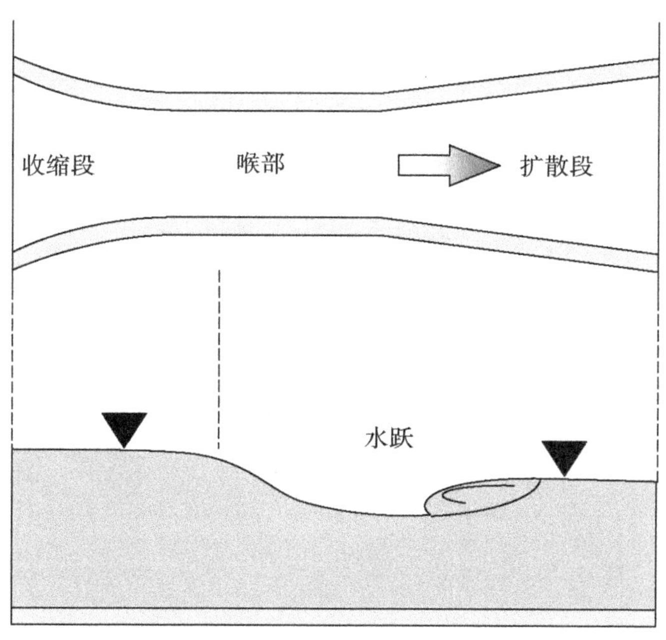

图 13.7 有侧收缩的矩形文丘里槽。

有侧收缩的矩形文丘里槽最常用,因为易于施工。此外,喉部的横截面也可以是梯形或U形。梯形槽的设计和施工较为困难,但流量范围大、压力损失低。U形截面用于上游进水段也是U形的情况,可提供较高的灵敏度,尤其是在低流量(缓流)时。

249 ▶虽然槽的运行理论比堰的运行理论更复杂,但可以证明,能够通过下式得出通过矩形文丘里槽的体积流量:

$$q = k \cdot h^{1.5} \tag{13.5}$$

其中:

q——体积流量;

k——常数,由槽的比例决定;

h——上游流体深度。◀

13.3.3 巴歇尔文丘里槽

巴歇尔文丘里槽(图13.8)与传统平底文丘里槽的不同之处在于,巴歇尔文丘里槽采用了波状或阶梯形底板,以确保水流从亚临界流过渡到超临界流。这使得巴歇尔文丘里槽能够在较宽工作范围内工作,同时只需单个压头测量值。此外,巴歇尔文丘里槽还具有较好的自洁性能和相对较低的压头损失。

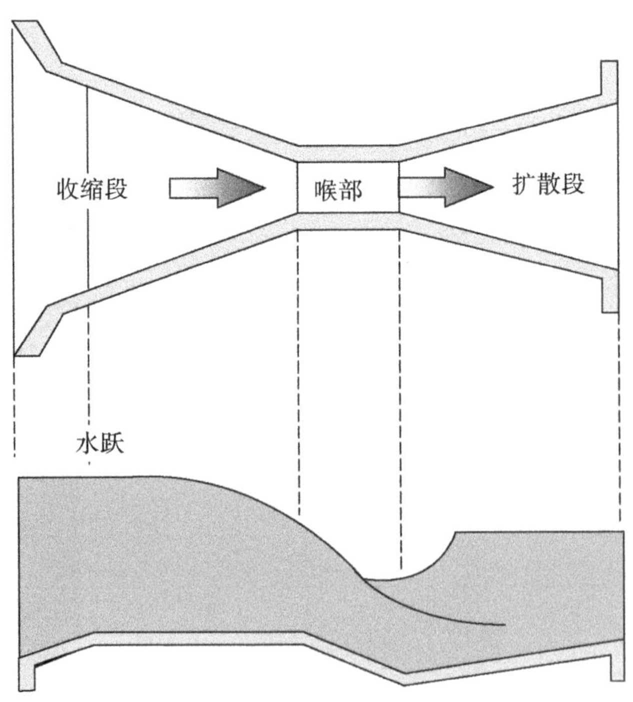

图13.8 采用波状或阶梯形底板的巴歇尔文丘里槽。

巴歇尔文丘里槽有多种固定尺寸，通常由玻璃纤维增强聚酯制成。用户只需将其安 250
装在现有渠道中即可使用。

▶由于巴歇尔文丘里槽的形状略有变化，因此其流量方程略做修改后可写成：

$$q = k \cdot h^n \tag{13.6}$$

其中：

q——流量；

h——压头；

k、n——常数，由槽的比例决定。

通常，指数 n 的变化范围在 1.522 ~ 1.607 之间，主要由喉部宽度决定。◀

文丘里槽具有优异的自洁性能，在大多数应用中取代了堰，而巴歇尔槽则有可能是目前最精确的明渠流量测量系统，其流量范围为 0.15 ~ 4 000 L/s。

巴歇尔槽的优势包括测量可靠且可重复、无腐蚀、对污垢和碎屑不敏感、压头压力损失低、操作和维护简单。但是，巴歇尔槽比矩形文丘里槽的成本更高，且安装也更困难。

13.3.4 Palmer Bowlus 槽

Palmer Bowlus 槽（图 13.9）于 1936 年在美国研发，用于废水处理，其名称来源于两位发明人 Palmer 先生和 Bowlus 先生。

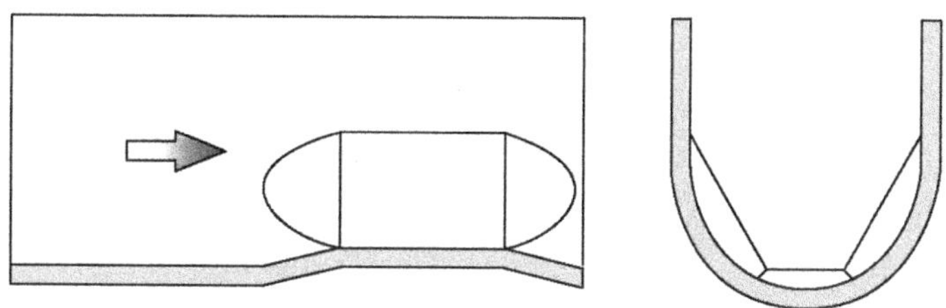

图 13.9 Palmer Bowlus 槽由一个 U 形截面的渠道组成，渠道的喉部呈梯形，底部凸起。（供图：Neuplast）

如图 13.9 所示，Palmer Bowlus 槽由一个 U 形截面的渠道组成，渠道的喉部呈梯形，底部凸起。其主要优点是能够与圆形管道匹配，并且在特殊应用中，能够安装在现有管道内；其流量范围在 0.3 ~ 3 500 L/s 之间。

13.3.5 Khafagi 槽

与文丘里槽类似，Khafagi 槽（图 13.10）也没有平行的喉部。相反，其喉部是进水段 251

与扩散排放段曲线的交汇点。在 Khafagi 槽的整个长度上,槽底呈水平状。流量范围在 0.25 ~1 500 L/s 之间。

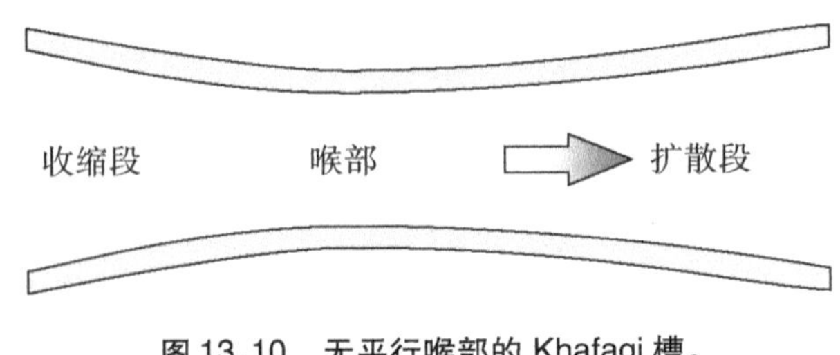

图 13.10　无平行喉部的 Khafagi 槽。

13.4　液位测量

当堰或槽对流量进行限制并产生与流量相关的液位时,就需要使用二次装置来测量该液位。

252 虽然过去采用的测量方法有很多种(包括浮子、电容式探头、静水压和气泡注入测量法),但现在几乎普遍使用超声波液位测量法。

超声波液位测量使用一个位于渠道上方的传感器。该传感器发射一束超声波能量被水面反射(图 13.11)。从发射脉冲到接收回波之间存在一定的延时,将该延时转换为距离,然后便可确定出液位。

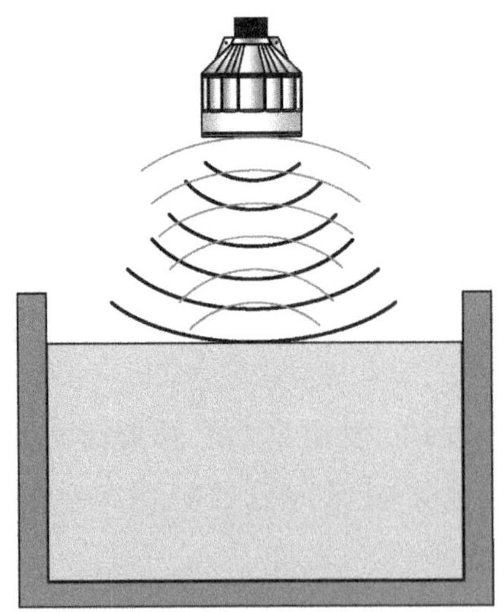

图 13.11　超声波液位测量使用的传感器安装在渠道上方,传感器发射一束超声波能量被液面反射。(供图:Milltronics,Siemens)

超声波传感器不接触液体，易安装，需要的维护工作最少，并且不受流体中油脂、悬浮固体、淤泥和腐蚀性化学物质的影响。

现代超声波系统还能够提供非常高的液位测量精度（误差低至±0.25%）。

明渠流量测量并不是测出液位后就结束，因为还要将测出的液位转换成相应的流量。

在现代液位测量仪器中，线性化通过软件进行，仪表的存储器中存储着很多不同的补偿曲线。在系统调试期间，用户可根据堰或槽的类型和尺寸获取正确的曲线。

14 多相流量计

14.1 简介

多相流量计(MPFM)与含水率计一样,都是石油天然气行业特有的技术。

253 不过,“多相”一词有些误导,因为它既包括多组分,也包括多相。因此,在这一术语的广泛使用范围内,脏污气体流、水包气流、空化流和蒸汽流均可称为多相流。

在油井寿命期间,其输出部件会发生巨大变化。图 14.1 说明了油井寿命期内油气输送量的减少和水输送量的相应增加。

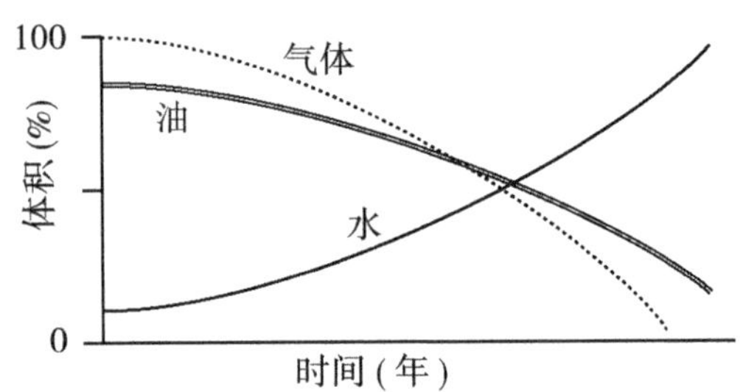

图 14.1 油井寿命期内,油气输送量减少,水输送量相应增加。

在早期,一口典型的油井可能出产 90% 的石油和不到 10% 的水。理想情况下,气顶会在一定时间内迫使产生的流体在压力作用下流出。

在中期,随着气顶压力下降,可能需要用泵将流体带到地面,该表面现在可能包含约 50% 的油和 50% 的水。

在后期,由于几乎没有气体,需要进行人工提升,以便将流体提升到地表,获得最大的石油采收率,此时可能仅包含不到 20% 的油和 80% 的水。人工提升系统包括使用抽油机(点头驴)作为原动机的有杆泵送、气举(注气)、液压泵送(注水)和离心泵送,可能需要结合注气和/或注水以及泵来将流体带到地面。

14.2 垂直三相流

首先考虑从油井流出的液流,假设液流是垂直的*(图 14.2)。

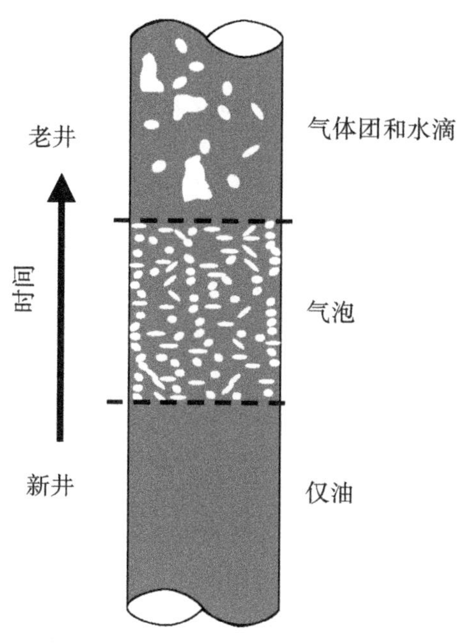

图 14.2 最初,液流仅为单相油。随后,随着气体含量的增加,会出现气泡。然而,进一步的老化会导致气体团与水滴结合。

原油到达井口时,已在直径约 100 mm 的管道中流淌了数公里或约 3 万个管道直径的距离。因此,液流应得到充分发展。

最初,液流是单相流,基本上只有油。随着将油从井中排出,储层中的压力将降低,井流管线中的气体含量将增加并且以气泡的形式出现,这就是所谓的泡状流。

随着进一步的老化,气泡将变得更大,水含量(以液滴形式存在)可能会增加。然 254
而,进一步的老化将导致气体团向上流动到管道中心,在管壁上留下移动较慢的液体层。这些气体团往往会相互追赶,形成较大的气体团,通常长达 20 m。

* 虽然不是完全正确,但是它将提供一些基本概念。

14.3 多相流

由三种不同组分(油、水和气)组成的多相混合物是一种复杂的现象,会产生各种流态,这些流态在空间和时间上的分布各不相同。几种不同类型的流态如图 14.3 所示,可
255 大致分为分散流(泡状流)、分离流(分层流和环状流)和间歇流(活塞流和段塞流)。由于它们是动态的,这些流态完全超出了工程师或者操作员的控制范围,并且难以预测或者建模。

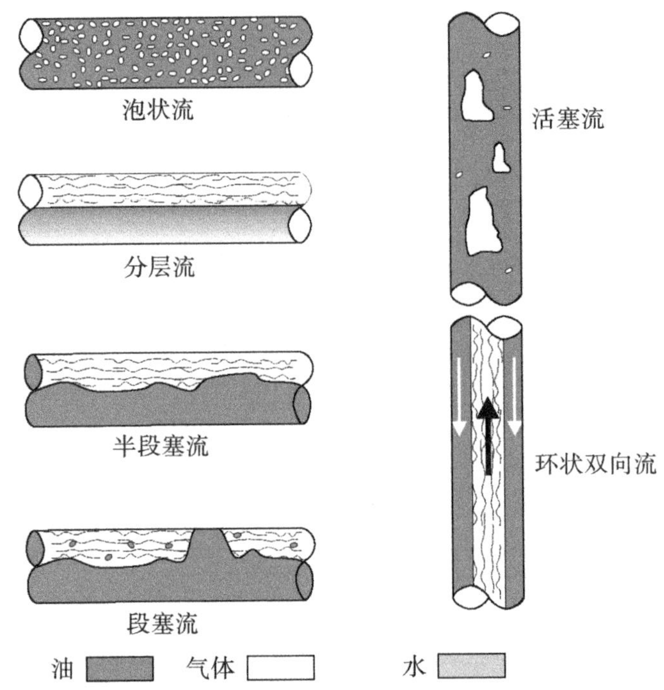

图 14.3 流态可以大致分为分散流(泡状流)、分离流(分层流和环状流)和间歇流(活塞流和段塞流)。

14.4 分离

在井口表面,由一系列的两个、三个或者多个分离器将这三种成分(油、气和水)分离成各自的组分。典型的分离器(图 14.4)涉及实现油、气和水物理分离的三个原理,如动量、重力沉降和聚结。

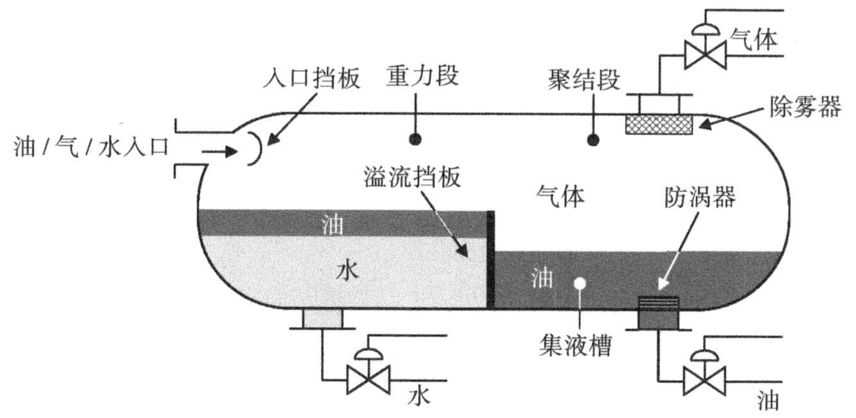

图 14.4　典型卧式三相分离器。

在所示的代表性系统中,通过入口喷嘴的气流冲击分流器挡板,导致方向突然改变。由于较重的油/水相颗粒的动量大于气体的动量,因此它们无法快速转动,从而发生分离。在重力段,气体以相对较低的速度运动,几乎没有湍流,从而加强了夹带液滴的分离。如果作用在液滴上的重力大于在液滴周围流动的气体的阻力,则液滴就会从气相中沉淀出来。

在聚结段,除雾器(通常包括一系列叶片或者编织金属丝网垫)通过撞击聚结表面,将极小的液滴从气体中去除。

最后,在集液槽中进行油水分离,利用溢流挡板,两个不相溶的液相(油和水)在容器 256
内因密度不同而分离。

决定这一工艺有效性的一个关键因素是,分离器中必须有足够的停留时间,以便进行重力分离。时间在 30 s 到 3 min 之间变化,具体取决于分离器的尺寸、流入量、气/油比率和油/水比率。

从一级分离器输出的油中通常应该含有 1% ~3% 的水,以及(可能)最多 0.5% 的气体。输出水的含油量通常应该低于 300 ppm。为了实现这一平衡,必须对三种成分的流出量进行严格控制,流出量必须与流入量保持平衡。而问题恰恰就在于此——输入多相流同时测量时,精度和可靠性存在挑战。

14.5　分离式流量计

测量其中任何一种流态所需的技术已经非常复杂,另一个复杂的考虑因素是,多相混合物的压力可能从接近 0 到 2 000 bar 不等,温度则可能从 -40 ℃ 到 200 ℃ 不等。

要想用一种技术涵盖所有这些因素，几乎是不可能的。在此基础上，传统的方法是使用试验分离器（图 14.5）将多相蒸汽分成离散相，然后在单相（或油水混合物的两相）蒸汽流中进行测量。紧凑型上游分离装置可提供相对不含液体的气流和液体流，分别单独进行计量。

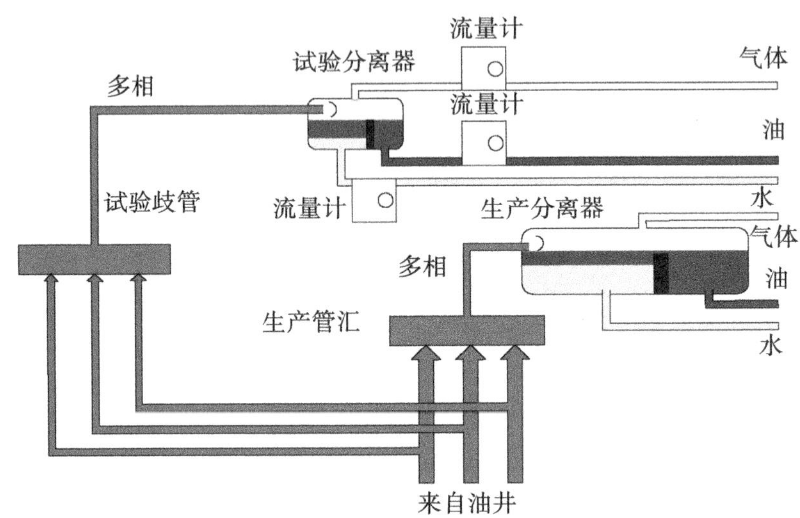

图 14.5　传统的方法是使用试验分离器将多相蒸汽分成离散相。

最常用的计量方法有：

气体：孔板流量计、涡轮流量计；

液体：孔板流量计、涡轮流量计、科里奥利流量计。

257 这种方法的一个主要问题在于将生产流分离成各个组成部分。事实上，很少能实现完全的相分离，相之间的夹带现象很常见。

14.6　直列式多相流量计

一般来说，完整的多相流测量系统使用两个或更多的传感器，将数据合并后得出各相的流量。探索直列式多相流量计所用技术的一个主要困难是，制造商倾向于高度保密，以便在高回报和利润丰厚的市场中保持自己的竞争优势。据估计，单个直列式多相流量计的安装成本从 100 000 美元到 500 000 美元不等，具体取决于规模和应用。

斯伦贝谢公司的 PhaseWatcher 就是这样一种系统，其由一根文丘里管和一个核双能含量计组合而成（图 14.6）。文丘里管配有差压、静压和温度测量传感器，用于进行温度校正流量测量。核测量部分包括一个钡源和一台双能含量探测器，用于测量两种不同的光子能级——高能量用于测量密度,低能量用于计算水油比。

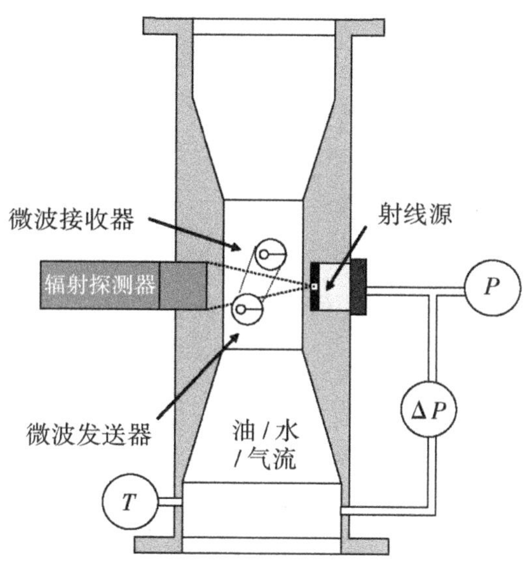

图 14.6 PhaseWatcher 由一根文丘里管和一个核双能含量计组合而成。(供图:Schlumberger)

其他的技术包括微波传感器和容积式流量计(Agar)、电容和电感传感器(FlowSys、Roxar)以及文丘里管和核密度计(Schlumberger、Haimo、Roxar)的组合。

经过大量石油公司的广泛测试,传统的观点表明,尽管供应商声称如此,但是似乎还 258
没有一种解决方案是完全令人满意的。作者对 20 多名现任和前任设施(海上平台顶部)工程师和操作人员进行了现场民意调查,结果表明,许多供应商的说法都令人深感怀疑,校准往往参考经验,有时甚至是操作人员的先验感受和直觉。

14.7 含水率计

含水率是井中产出的水与产出的总液体体积之比。当油田充满水时,油和水的混合物从井中流出。将这些井的含水量百分比称之为含水率。

含水率计测量油/水混合物的含水量(含水率),以体积百分比表示,通常用于石油和天然气行业,测量从井中流出的石油、分离器产出的石油、管道中输送的原油以及装载油轮中油的含水率。与直列式多相流量计一样,有多种技术可供选择,包括振荡流量计、电容式流量计、微波介质流量计和红外(IR)流量计。

Phase Dynamics 公司生产的一种此类系统利用“振荡器负载牵引”*，其中射频(RF)振荡器(150～500 MHz)在油/水混合物流过的谐振室内建立驻波。

由于水(相对介电常数68～80)和油(相对介电常数2.5)的相对介电常数(ε_r)差别很大，含水率的变化会改变射频的速度，进而改变相位。最终，“振荡器负载牵引”现象改变了振荡器频率本身——取决于含水量。

259 分析仪有多种量程可供选择，如低量程(0～4%)、满量程(0～100%)和高量程(80%～100%)，可重复性在低量程范围内降至±0.02%。

Roxar 含水率计再次比较了水和油的介电常数，但使用的是微波技术，水分子会不断试图与变化的微波场保持一致，进而减慢了微波的传播速度。因为烃分子的结构更为对称，对变化的微波场的响应也不尽相同，因此它们对微波传播的影响微乎其微。同样，分析仪有多种量程可供选择，如低量程(0～1%)、满量程(0～100%)和高量程(15%～100%)，可重复性在低量程范围内降至±0.01%。

另一个系统是威德福公司生产的 Red Eye 含水率计，通过使一束红外光穿过液流来测定油和水混合物中油的体积比(图14.7)。

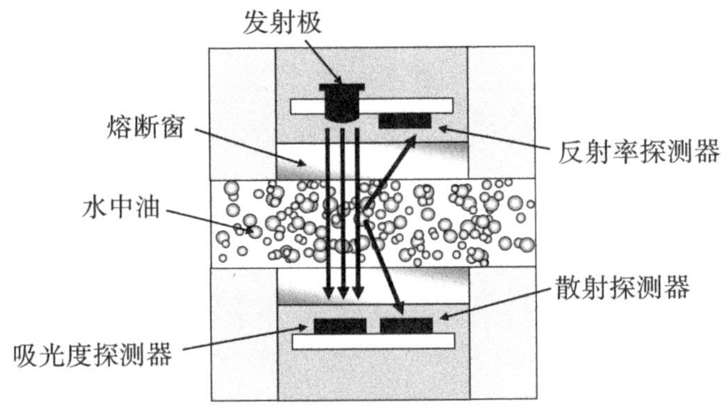

图14.7 Red Eye 含水率计通过使一束红外光穿过液流来测定油和水混合物中油的体积比。(供图:Weatherford)

该系统依赖于“近”区红外辐射的优先吸收，在传感器的工作频率下，水是透射相，而

260 油则是衰减介质(图14.8)。水投射接近100%的发射辐射，而原油通常投射不到10%的光。

* “振荡器负载牵引”衡量当连接到振荡器的负载发生变化时，振荡器改变其频率的程度。

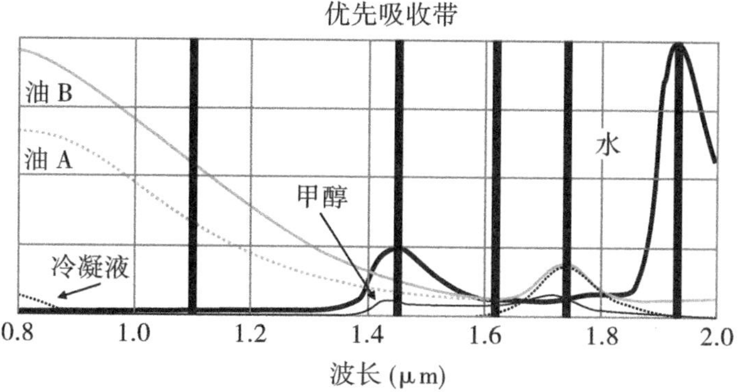

图 14.8　两种原油与冷凝液和水的光谱性质比较。(供图:威德福)

通过不仅考虑直接透射的光束,而且考虑穿过间隙向前和向后散射的光,在宽范围的条件下保持精度。此外,分析仪不使用单个波长,而是同时测量包括水和油吸收峰的多个波长。预计由乳剂、沙子或者气泡引起的散射效应在所有波长下都具有相同的效应,因此可以消除。此外,变化的盐度应该对测量没有影响,因为吸水率是基于水分子本身而不是溶解在水中的物质。

15　流量计检定

15.1　简介

261 在计量领域,不仅经常混淆校准、验证、检定和确认等术语,而且经常误用这些术语。

校准包括将待校准的流量计——通常称为被测流量计(MUT),连接到公认和认可的测试设施(校准装置)。对结果进行比较,并且将偏差记录在校准报告中。这些校正可以用于调整仪器,也可以不用于调整仪器。

验证,也称检定,是一个定期进行的过程,以验证准确性(或者原始偏差),通常在现场使用固定检定仪或者移动检定仪(球形检定仪、小体积检定仪或者移动检定仪)进行。与校准不同,检定并不涉及进行任何类型的调整,而是产生一组校正数字。

最后,确认包括确保计量系统的所有部件都正常工作。通常涉及执行一系列传感器和电子测试的自诊断程序,这些测试表明设备的性能与出厂时最初校准的一样。

15.2　校准

校准需要使用体积或重量测试设备。

15.2.1　容量校准

在体积校准中,通过在具有校准体积的容器中收集已知体积的液体来测量流过被测流量计的液体量。如图 15.1 所示,校准装置通常包括一个校准储液罐,该储液罐带有读取填充高度的整体刻度或者限位开关,一旦达到预定液位就停止液体的流入。

图 15.1 中所示的系统采用的是所谓的短暂启停法,即首先将流经流量计的流量稳定下来,然后再将回流转向供应罐和收集罐。

在试运行开始时,分流阀将流量引入校准储液罐,同时启动计时器。当液位达到预定体积时,流量再次转回收集罐,并且停止计时器。然后比较来自被测流量计的脉冲的累积值,并且记录偏差或者误差,如果需要,则调整流量计。

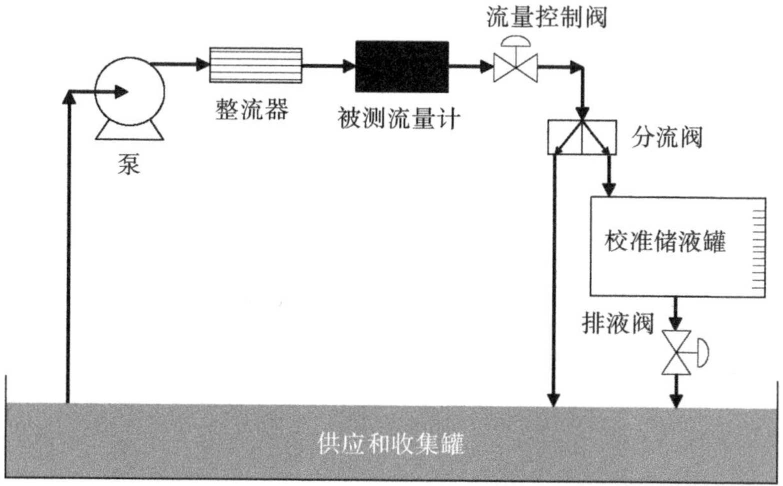

图 15.1 在体积校准中，通过在具有校准体积的容器中收集已知体积的液体来测量流过被测流量计的液体量。

15.2.2 重力校准

现代校准设施主要采用重力测量法。重力试验校准装置如图 15.2 所示，其中储液罐中收集的液体量由其重量决定，而不是由其体积决定。 262

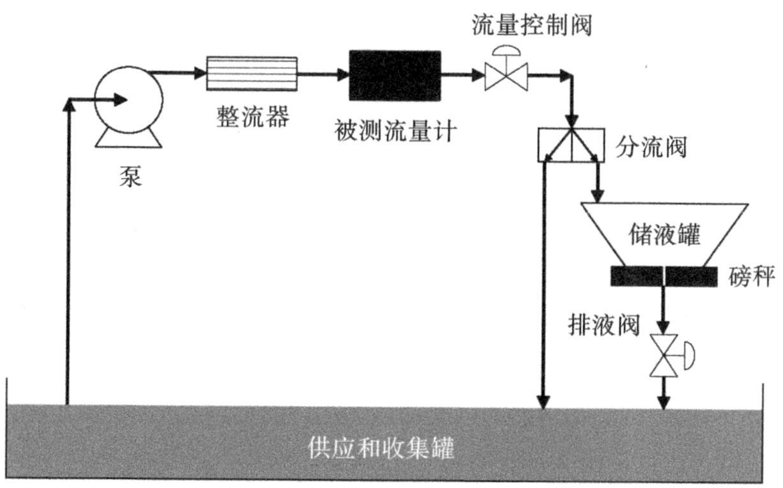

图 15.2 在重力试验校准装置中，储液罐中收集的液体量由其重量决定，而不是由其体积决定。

在空气中称量时，一个常见的误解是空气对测量结果的影响微乎其微。实际上，结果受当前空气密度的影响,20 ℃时参考砝码的质量(密度为 8 000 kg/m³)应该与空气质量(密度为 1.2 kg/m³)相平衡。

263 ▶因此,必须根据空气浮力的影响对重量进行修正:

$$M = W\left[1 + \rho_{空气} \cdot \left(\frac{1}{\rho_{\mathrm{f}}} - \frac{1}{\rho_{\mathrm{w}}}\right)\right] \tag{15.1}$$

其中:

M——质量,kg;

W——实测重量,kg;

$\rho_{空气}$——空气密度,kg/m³;

ρ_{f}——流体密度,kg/m³;

ρ_{w}——校准砝码的密度,通常为 8 000 kg/m³。◀

校准程序类似于容积试验所用的程序。水从足够容量的水箱中以相当于被测流量计所需校准点的流量进行循环。一旦达到该标称流量,阀门将水转移到称重容器中,将称重容器安装在称重传感器上。同时,随着分流阀的切换,启动电子门,精密频率计数器开始测量来自称重容器和被测流量计的信号。

一旦将足够量的液体收集在罐中,分流阀关闭,系统返回到再循环模式并且关闭电子门。

15.3 现场校准或者"检定"

在实践中,最理想的方法是现场校准,即在工作地点对现场设备进行"检定"。

这将表明仪表的安装性能,由于安装效应(如流量计内由上游弯管和配件引起的不对称流动剖面或者涡流),仪表的安装性能可能与原始制造商规范所规定的不同。

同样,在实践中,有两种现场活动非常普遍:

- 实际验证或者检定,利用熟练的人员、正确的工具和标准操作程序(SOP),以确保工作的一致性;
- 使用带有适当软件的手持配置设备或者 PC 进行验证或者"指纹识别",记录任何劣化情况,并且允许估计何时必须拆除特定装置进行维修或者更换。该程序还允许将流量计特性调整回原始值(在限制范围之内),并且恢复工厂校准精度。

检定仪有不同的形式,例如:

- 储罐检定仪
- 位移管检定仪

- 活塞检定仪
- 主流量计

15.4 开式罐和闭式罐检定仪

储罐检定仪是一种开放式或者封闭式体积量具,可能有刻度顶颈或者刻度底颈。内 264
部尺寸非常精确,结构需要足够坚固,以便在充满液体时,钢不会发生变形。精确知道检定介质(水)的密度和体积,并且进行温度补偿。

如图 15.3 所示,用开式罐检定仪来检定流量计,液体流经流量计,然后进入检定仪。将流量计上记录的量与视镜显示的量进行比较,应该将读数精确到总检定仪体积的 0.2%。

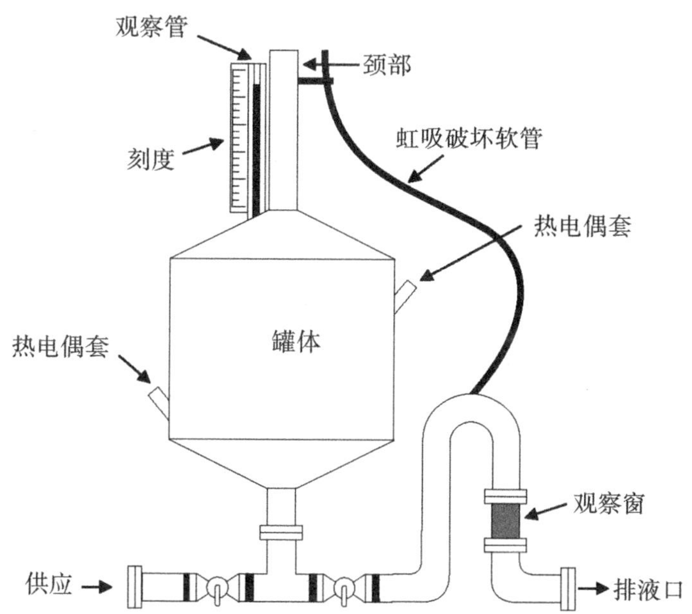

图 15.3 用开式罐检定仪来检定流量计,液体流经流量计,然后进入检定仪。将流量计上记录的量与视镜显示的量进行比较。

使用静态检定仪的缺点是,单次检定运行的全部体积必须包含在检定容器内。因此,检定仪必须能够在流量计的最大额定容量下容纳至少 1 min 的流量。

开口颈检定仪通常可达约 2 500 L,但是也可提供更大尺寸(至多约 4 500 L)。超过这个尺寸,它们就会变得太大而不实用。

闭式罐检定仪可以是便携式检定仪，也可以是静态安装检定仪。主要区别在于，静压的补偿方式与液位测量应用中的流体静压类似。

15.5 位移管检定仪

265 本质上，位移管检定仪包括一段管道，具有精确确定的内部体积，并且（通常）包含球形置换器。在校准运行期间，将流量计和检定仪串联连接，以便将球形置换器扫出的体积与流量计记录的体积进行比较。当置换器进入校准管段时，会使探测器跳闸，该探测器启动，对来自被校准流量计的脉冲计数。当置换器到达校准管段的末端时，第二个探测器跳闸，从而停止流量计脉冲计数。

本质上，有两种类型：单向和双向。

最常见的类型是双向 U 形系统（图 15.4），在这种系统中，置换器通过气流反向沿任一方向穿过测量段。

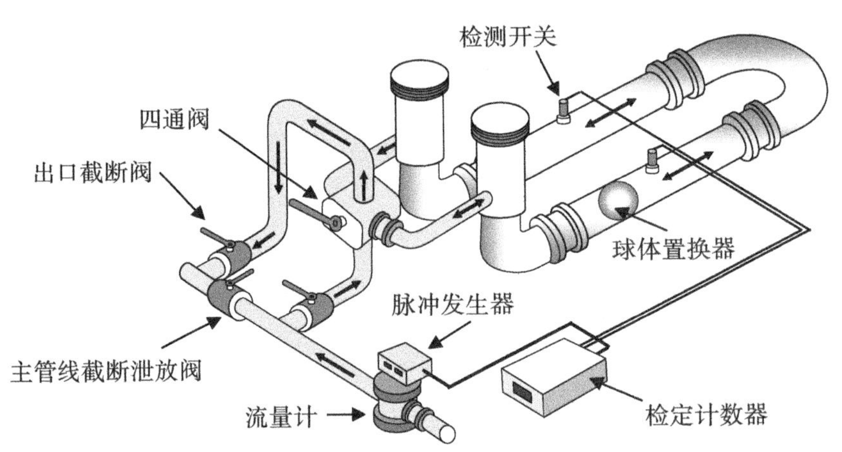

图 15.4 最常见的位移管检定仪是双向 U 形系统。

单向检定仪（图 15.5）可以更高的置换器速度运行，因此，可以使用直径更小、校准时间更长的部分。检测开关之间增加的长度通过降低开关的非重复性影响来提高检定仪的可重复性。

一些低频脉冲输出仪表，如螺旋涡轮流量计，要求检定仪在一次检定过程中累积 10 000 个脉冲。

为了达到±0.01%的不确定度，在检定过程中应该至少收集 10 000 个脉冲。应该注意的是，对于一些低频脉冲输出流量计，如螺旋涡轮流量计，这种分辨率是无法达到的，即使使用体积非常大的球体检定仪也是如此。

为了在探测器之间收集至少 10 000 个脉冲，检定仪需要有足够的体积。图 15.6 介绍了探测不确定性的概念，其中：

L——行程长度-探测器之间的距离；

d_e——探测不确定性。

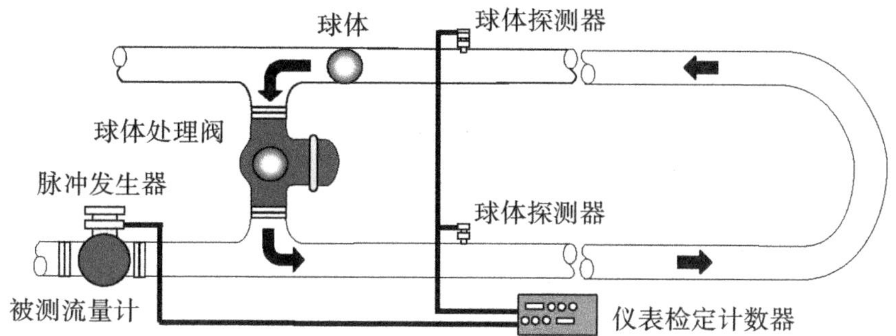

图 15.5　单向检定仪可以以更高的置换器速度运行，因此，可以使用直径更小、校准时间更长的部分。

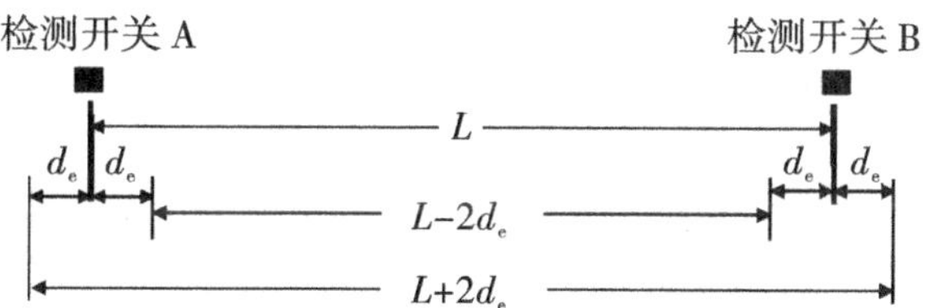

图 15.6　探测不确定性的概念。

一次检定过程的最大可能长度(L)差是多少？显然，如图所示，最大可能差值为 266
$4 \cdot d_e$。如果探测不确定性为 0.5 mm，则获得 0.01% 可重复性所需的最小行程长度(L)是多少？

总变差为：

$$4 \cdot d_e = 4 \times 0.5\ \text{mm} = 2\ \text{mm} \tag{15.2}$$

因此，探测器之间的总路径长度为：

$$L = \frac{2\ \text{mm}}{0.01\%} = 20\ 000\ \text{mm} = 20\ \text{m} \tag{15.3}$$

因此，尽管管道检定仪已经在静态条件下检定了自身，但是在便携性方面却受到了极大的限制。

15.6 活塞检定仪

解决办法在于活塞检定仪[以前称为小体积检定仪(SVP)或者紧凑型检定仪]——现在称为限制式位移检定仪。

活塞检定仪包括一个连接到活塞杆的活塞,活塞杆延伸到检定仪的筒体外部(图 15.7),并且通常装有具有极高可重复性的精密光学开关。

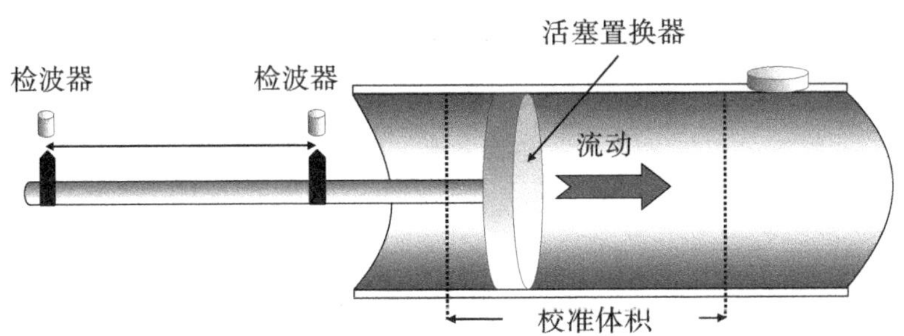

图 15.7 活塞检定仪包括连接到活塞杆的活塞,该活塞杆延伸到检定仪的筒体外部。

267 两个探测器相距已知距离(因此体积也已知)。当流体通过腔室时,置换活塞向下游移动。将腔室的体积除以置换器从一个探测器移动到另一个探测器所需的时间,得到校准流速。

这项操作分为几个部分。在备用位置(图 15.8),活塞处于下游位置,活塞提升阀通过流经检定仪的流体保持打开。

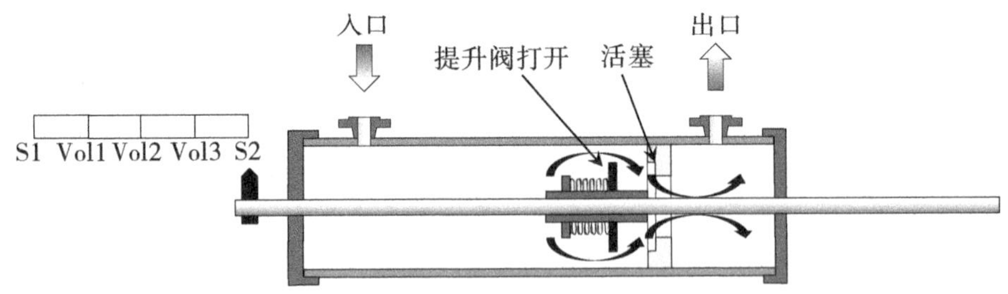

图 15.8 在备用位置,活塞处于下游位置,活塞提升阀通过流经检定仪的流体保持打开。

在生成检定命令时,驱动组件开始将活塞组件拉到上游位置(图 15.9)。

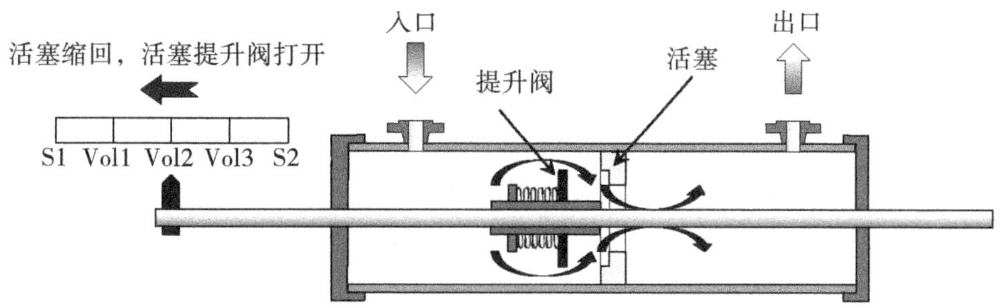

图 15.9 在生成检定命令时，驱动组件开始将活塞组件拉到上游位置。

当驱动组件将活塞拉到上游位置并且与上游开关 S1 接触时(图 15.10)，发出信号释放活塞轴。

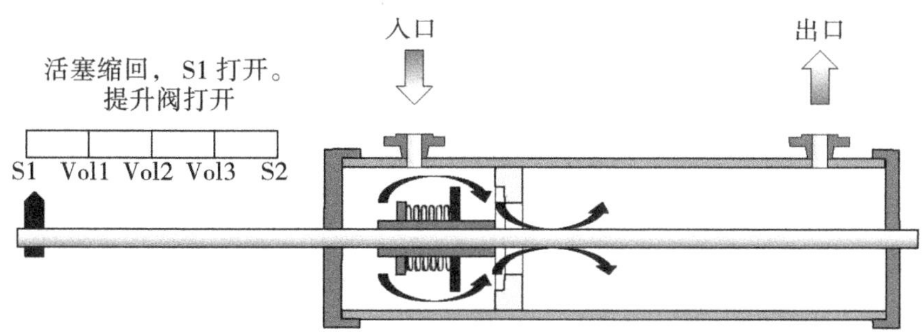

图 15.10 当驱动组件将活塞拉到上游位置并且与上游开关 S1 接触时，发出信号释放活塞轴。

松开活塞轴即开始检定过程，当活塞与流体流量同步向下游移动时，提升阀关闭(图 15.11)。

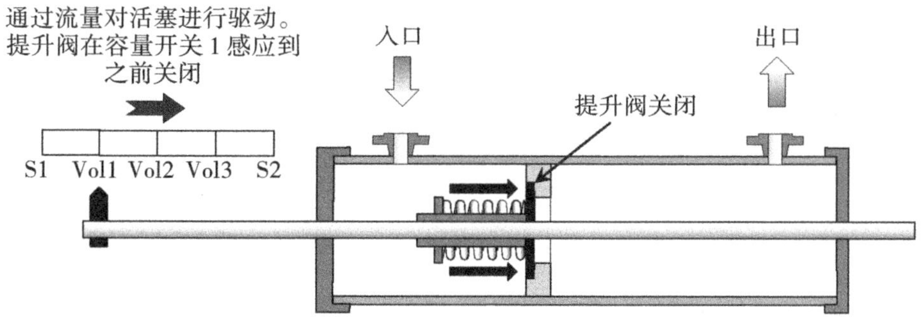

图 15.11 松开活塞轴即开始检定过程，当活塞向下游移动时，提升阀关闭。

往复装置总成上的标记按顺序触发容量开关 1、容量开关 2 和容量开关 3(图 15.12)。然后,活塞继续向下游移动至备用状态,直到主机流量计算机发出另一个运行命令。

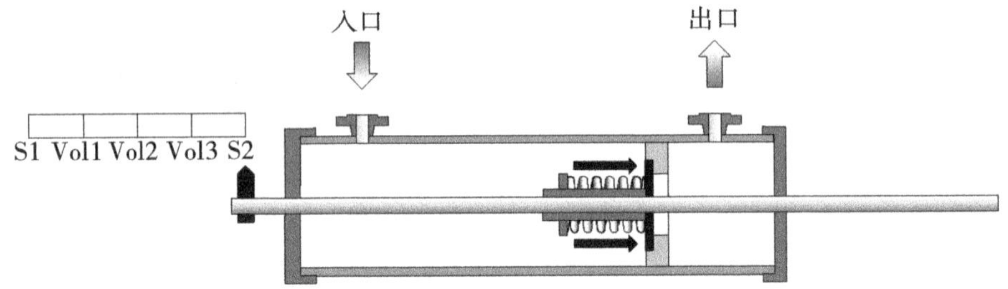

图 15.12 往复装置总成上的标记按顺序触发容量开关 1、容量开关 2 和容量开关 3。然后,活塞继续向下游移动至备用状态,直到主机流量计算机发出另一个运行命令。

15.6.1 脉冲插值

"小容量"检定仪与"常规"检定仪不同,"常规"检定仪是指在置换器一次检定过程
268 中计数 10 000 个脉冲或者更多脉冲的检定仪,而"小容量"检定仪是指计数少于 10 000 个脉冲的检定仪。一般来说,这种检定仪的体积约为相同负载常规设计的十分之一,并且利用脉冲插值提供所需的万分之一的分辨率。

脉冲插值利用一种称为双计时法的定时方法,该方法通过估计测试开始和测试结束时丢失脉冲的比例来有效地提高脉冲输出的分辨率。

269 首先对整个脉冲数进行计数(图 15.13)。然后,脉冲总数乘以插值系数,即开关之间的时间与启动开关后第一个脉冲和停止开关后第一个脉冲之间的时间之比。因此,"插值"脉冲计数不再是整数,而是用十进制脉冲数表示。

确定全脉冲和部分脉冲数量的公式如下所示:

$$\text{实际脉冲} = [n + 1] \cdot \frac{T_1}{T_2} \tag{15.4}$$

$$K = \frac{T_1 \cdot (n + 1)}{\text{Vol} \cdot T_2} \tag{15.5}$$

其中:

K——插值系数;

T_1——探测器开关之间置换器的行程时间;

T_2——整个脉冲采集所用的时间;

N——T_2 计时期间计数的完整脉冲数;

Vol——检定仪的基本体积。

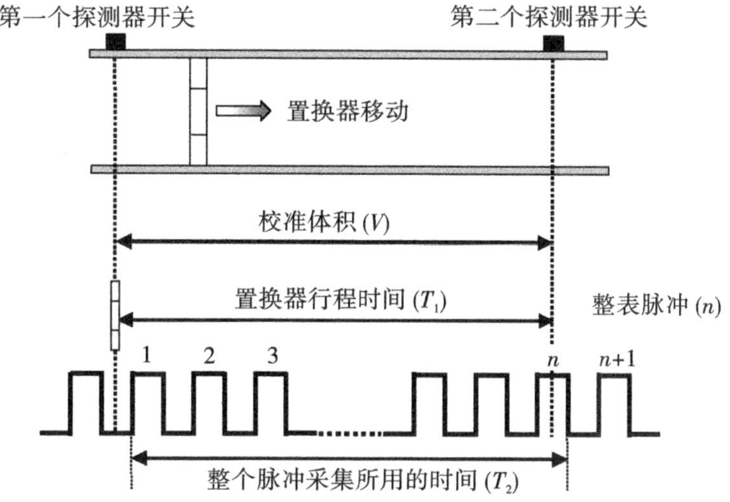

图 15.13　脉冲插值利用一种称为双计时法的定时方法，该方法通过估计测试开始和测试结束时丢失脉冲的比例来有效地提高脉冲输出的分辨率。

只有当脉冲具有恒定的频率或者恒定的周期时，双计时脉冲插值才能很好地起作用。如果单个脉冲的周期变化超过 5% ~10%，则说明缺乏可重复性。指南见 ISO 7278 第 3 部分。

15.6.2　活塞启动

虽然小体积检定仪已完全用于容积式流量计和涡轮流量计的现场校准，但是它们在超声波流量计和科里奥利流量计的校准中的使用并没有产生令人满意的结果。这与小体积检定仪的原理有关，即当主动启动活塞时，它会产生突然的压力变化，从而产生突然的流量变化，即出现“流量峰值”(图 15.14)。

由于它们的机械扭矩和响应时间的延迟，机械流量计无法跟踪这些流量变化，因此不会受到这些干扰的影响。然而，超声波流量计和科里奥利流量计会对任何流量剖面变化立即做出响应，并且这些干扰将被“感知”并测量出来。

因此，超声波流量计和科里奥利流量计的短期可重复性似乎比涡轮流量计差。

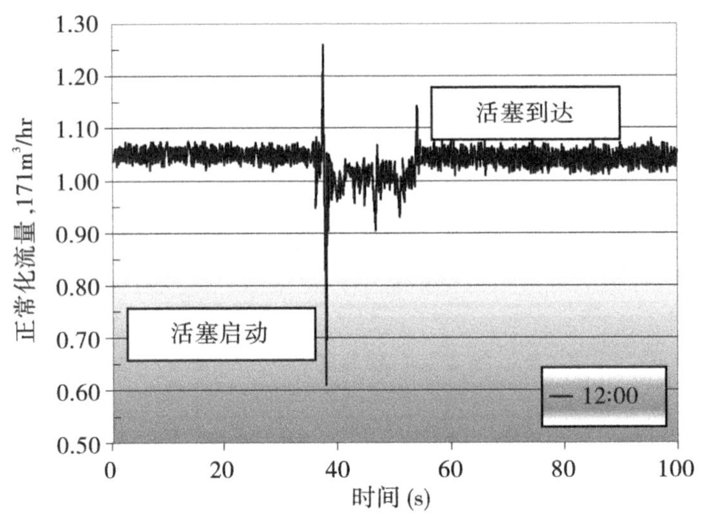

图 15.14　当在小体积检定仪中主动启动活塞时,它会产生突然的压力变化,从而产生突然的流量变化,即出现"流量峰值"。(供图:Krohne)

15.6.3　延迟

271 机械式流量计,如容积式流量计和涡轮流量计,根据每单位体积产生的脉冲数的直接计数提供直接总计。

然而,无论是超声波流量计还是科里奥利流量计,都根据基础技术测量结果计算数量——脉冲的产生与测量无关,并且在数量确定之后才会产生脉冲。

这个计算过程,即出现延迟现象的过程,导致流量计的脉冲输出时间相对于量值测量的实际时间(真实时间)出现延迟。因此,流量计脉冲与检定仪指示不同步。通常观察到的延迟从 250 ms 到几秒不等。

流量计脉冲的任何延迟都会在流量计系数中产生偏差,而偏差的变化取决于多种因素,其中最重要的是流量的稳定性。如果在检定过程中没有流量不稳定的情况,那么就不会存在偏差,因为收集的脉冲数量在检定之前和检定之后是相同的。然而,流量总是有一定程度的变化,所有检定仪在运行过程中都会改变流量。

在过去,这就基本上排除了将小体积检定仪与超声波流量计和科里奥利流量计一起使用的可能性。然而,科里奥利系统(其延迟时间大约为 10 ms)的出现已使小体积检定仪的使用成为现实。

15.7 主流量计

首先,需要定义术语。“计费”流量计(或者“工作”流量计)是正常运行时用于保管传输计量的流量计。

在传输过程中,可将计费流量计与具有相同性能的串联“检查”流量计直接进行比较(图15.15)。这会立即揭示污染的存在,因为“检查”流量计不会暴露在相同程度的污染中,因为它并非持续在线。

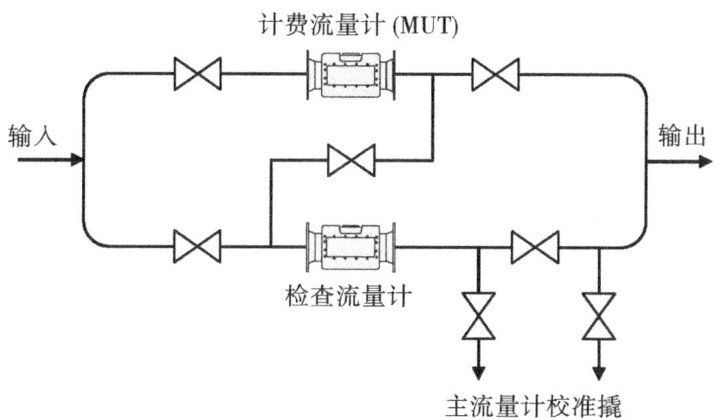

图15.15 将计费流量计与具有相同性能的串联“检查”流量计直接进行比较。

如前所述,“校准”是通过将“计费”流量计(MUT)与具有符合国家/国际定义的测量标准的可追溯特性的“主”流量计进行比较,在“计费”流量计和计量单位之间建立关系的过程。

经验法则是,主流量计的精度必须是计费流量计的3倍,并且可永久安装或者集成在移动校准装置上。

15.7.1 使用主流量计的优点

- 安装明显更简单
- 计量撬的总体成本降低高达40%
- 使用更大的体积,可以大大延长检定运行时间,从而增加装置的脉冲
- 降低了整个系统的维护要求
- 可以定期拆除主流量计并且送回校准机构

272 • 计量橇的整体尺寸显著减小

• 可用于流量不能中断的应用场合

• 可以将信息的数字集成用于“检定”计费流量计

• 可以连续应用，以便发现偏差并且采取行动

15.7.2 使用主流量计的建议

在运输过程中使用主流量计的一个直接问题是，主流量计从一个校准地点运输到另一个校准地点的过程中可能会受到损坏，特别是在气候条件变化很大的情况下。

OIML R117 将环境条件限制为：

• 温度：15 ~ 35 ℃

• 相对湿度：25% ~ 75%

• 大气压力：84 ~ 106 kPa

15.7.2.1 温度

虽然在许多国家，夏季温度可能超过 40 ℃，但是这些都是极端情况，仅限于特定地区。如果必须在温度可能超过 35 ℃的地方进行校准，则可以规定在清晨或者傍晚进行此类测量。

15.7.2.2 湿度

尽管许多地区的湿度非常高，但是很少超过 80% 相对湿度。真正的问题是相对湿度对测量有什么影响？

事实上，研究表明，尽管高湿度会导致腐蚀问题，但是这不太可能对主体结构本身产生任何的影响。不过，在确保任何电气/电子连接器的完整性方面，可能还需要多加注
273 意。理想情况下，所有的印刷电路板（PCB）都将涂上环氧树脂，以防止湿气进入，并且使用高可靠性的印刷电路板连接器。所有的外部连接器的防护等级应该至少为 IP 66。

15.7.2.3 大气压力

在 35 ℃时，84 kPa 的大气压力大约对应于 1 700 m 的海拔高度；而在 15 ℃时，则对应于 1 550 m 的海拔高度。在 15 ℃时，106 kPa 的大气压力大约对应于-382 m 的海拔高度；而在 35 ℃时，则对应于-408 m 的海拔高度。因此，除非可能超过 1 700 m 或者-408 m 的海拔高度，否则大气压力变化的影响可以忽略不计。

15.7.2.4 计量撬的运输

可能的问题是，主流量计量撬在运输过程中，如果操作不慎，可能会造成无法立即识

别的损坏。因此建议安装某种形式的冲击和倾斜监测和记录设备。这不仅可以提醒用户在运输过程中可能发生的任何的不当处理,还可以提高用户对需要特殊处理的认识。

15.7.2.5 除气装置/除氧器/放气阀

夹带气体的量一般是未知的。由于涡轮流量计和超声波流量计都基于液体是单相流体的假设来得出液体的体积流量,因此任何减少存在液体体积的夹带气体都会引起实际液体流量的错误指示。

根据经验法则,存在一对一的关系,其中 0.1%(体积分数,不同)的蒸汽空化泡在体积流量测量中会造成读数偏高大约 0.1%。

另一个潜在问题是接收换能器会降低接收信号的强度,从而降低信噪比。

最后一个潜在问题是,一些夹带气体可能会滞留在换能器端口中,并且导致路径故障。

关于涡轮流量计,夹带气体将再次引起实际液体流量的错误指示。此外,在高流量下,夹带气体可能导致空化和产生随时损坏的风险。

因此,强烈建议在每个测量点使用除气装置以最大限度地降低夹带气体引起问题的风险。

16 通用安装规范

16.1 简介

275 在非保管传输中,流量计很少经过校准,通常会在原位放置10年或更长时间,而无须考虑其精度。此外,在很多情况下,最初的安装工作往往非常糟糕,根本不遵守基本的安装规范,以至于有关仪表极有可能无法达到制造商规定的精度。大多数制造商提供的数据是基于将流量计安装在长直管中,且上下游均处于稳定流动条件的情况。在实际应用中,大多数流量计的安装很少满足这些理想化的要求,由于存在弯管、弯头、阀门、三通、泵和其他不连续处,会产生扰动,影响流量计的准确度。

流动剖面出现涡流和变形,这两者可能单独发生,也可能同时发生。研究表明,涡流可从不连续处持续到高达100个管道直径长度的距离,而要形成充分发展的流动剖面,可能需要超过150个管道直径。

16.2 环境影响

流量计最重要的特点是对流量敏感,并尽可能不受环境影响。下文将讨论最重要的环境影响因素。

16.2.1 流体温度

流体本身的温度范围会因使用行业的不同而有很大差异:

- 食品行业——0~130 ℃,可承受CIP
- 工业蒸汽、水和气体——0~200 ℃
- 工业过热蒸汽——不超过300 ℃
- 工业户外使用——低至-40 ℃
- 低温应用——低至-200 ℃

16.2.2 压力脉动

在测量液体时,压力脉动可能是一个问题,因为压力脉动产生后,会在管道中传播很

远的距离,而不会受到明显的抑制。例如,在涡街流量计中,这种对称的脉动可作为涡街 276
信号被检测到。因此,对这种“共模”压力波动的不敏感性应至少为 15 Pa。如果压差单元两侧的连接系统不完全相同且尽可能短,则压差流量测量系统可能易受共模压力变化的影响。

16.2.3 振动

工业中的任何管道都会产生振动,在科里奥利流量计和涡街流量计中的振动尤为明显。例如,气体的涡街频率在 5 ~ 500 Hz 范围内。因此,在该范围内由振动引起的信号不能被完全滤除。因此,传感器本身应尽可能对管道振动不敏感。

16.3 一般安装要求

为了确保流量计可靠运行,以下检查清单将有助于最大限度地减少问题:

- 将仪表安装在建议的位置,并保持正确的姿势
- 确保测量管始终完全充满
- 测量液体时,确保液体中没有空气或蒸汽
- 测量气体时,确保气体中没有液滴
- 为了尽量减少振动的影响,在流量计的两侧支撑管道
- 如有必要,在流量计上游安装过滤装置
- 保护仪表免受压力脉动和流量波动的影响
- 在仪表下游安装流量控制装置或流量限制器
- 避免流量计附近出现强电磁场
- 在存在涡街或螺旋流的地方,增加入口和出口段或安装整流器
- 如果一个流量计的流量过大,则并联安装两个或更多流量计
- 允许管道膨胀
- 确保安装和维护工作有足够的间隙
- 尽可能在流量计下游提供校验接头,以便定期进行现场校准
- 为了在不关闭计量站的情况下拆除仪表进行维修,请提供旁路管线

图 16.1 ~ 图 16.6 说明了专门针对电磁流量计而制定的一些推荐安装做法。相同的原理也适用于大多数其他流量计量装置。

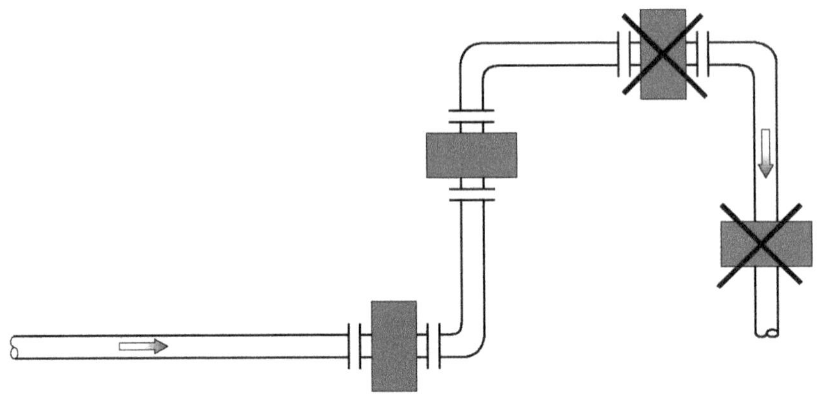

图 16.1　首选位置。由于气泡聚集在管道的最高点,因此在该点安装流量计可能导致测量错误。流量计不应安装在可能排水的落水管中。(供图:Krohne)

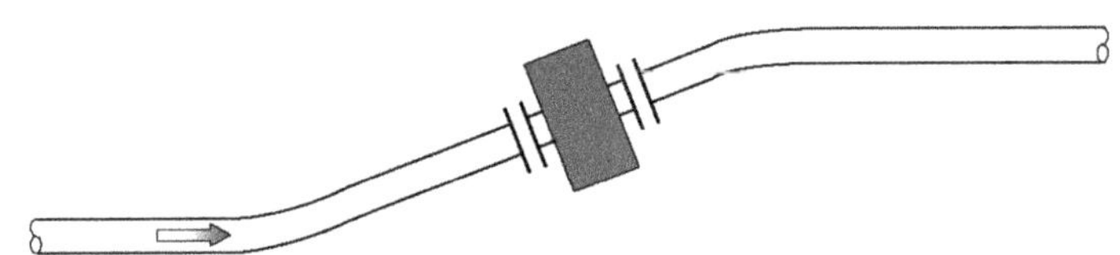

图 16.2　在水平管道中,流量计应安装在略微上升的管段中。(供图:Krohne)

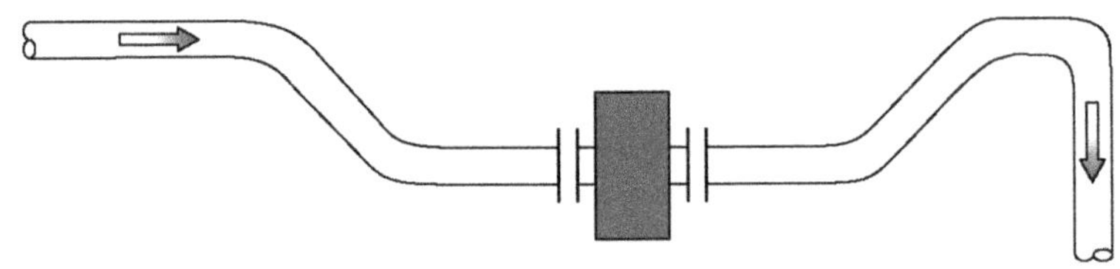

图 16.3　如果有明排,将流量计安装在管道的较低段。(供图:Krohne)

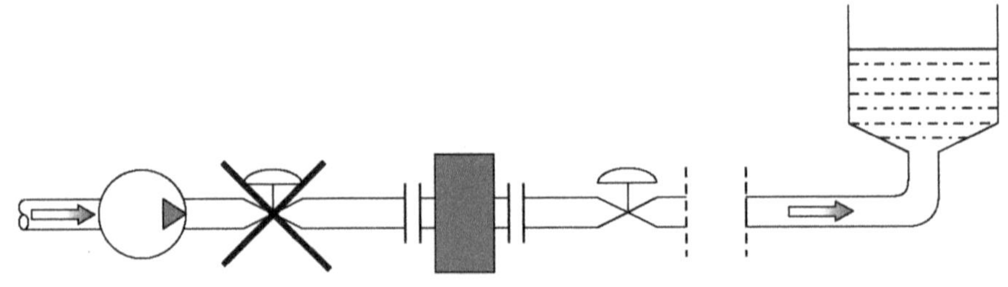

图 16.4　在长管道中,始终在流量计下游安装截止阀。(供图:Krohne)

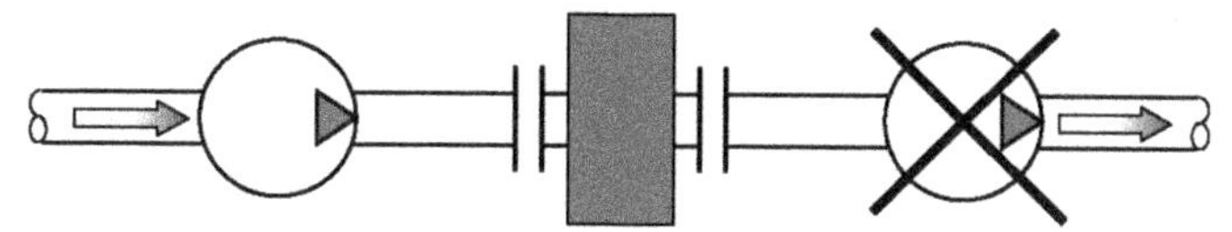

图 16.5　切勿在泵吸入侧安装流量计。(供图:Krohne)

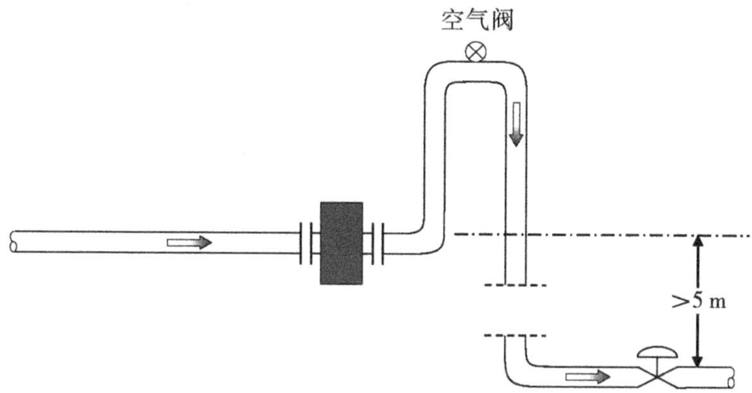

图 16.6　如果落水管比主进水管低 5 m,则在最高点安装一个空气阀。(供图:Krohne)

16.3.1　拧紧

垫片的作用是在法兰之间形成夹层,并确保流经流量计的介质得到安全密封。 278

如果法兰螺栓不够紧固,垫片会泄漏。如果过度拧紧,垫片可能会变形,从而导致泄
漏。更严重的是,如图 16.7 所示,许多垫片(例如 O 形圈)都是凹槽垫片,通常要拧紧到 279
金属与金属接触为止。

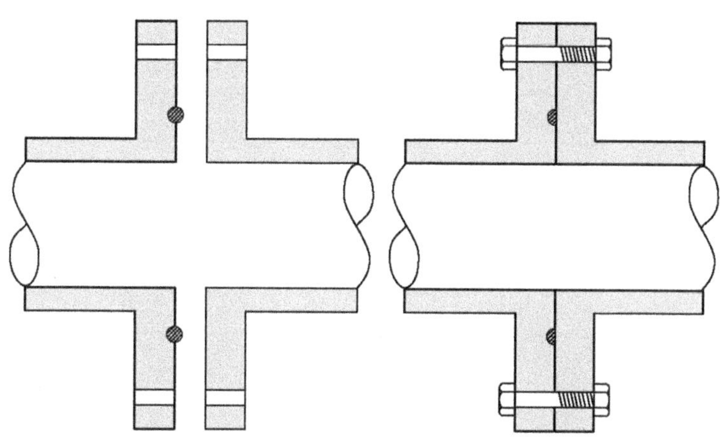

图 16.7　凹槽垫片通常要拧紧到金属与金属接触为止。(供图:Endress + Hauser)

在这种情况下,过度拧紧会导致法兰变形,从而导致仪表本身损坏。特别是陶瓷衬里,由于其机械特性与金属截然不同,因此容易因过度拧紧而损坏。

在调试或更换仪表时,只有在达到最高工艺温度时才能拧紧法兰螺栓。相反,当温度低于 40 ℃时,应断开仪表,以避免损坏垫片表面的风险。

如果法兰接头处泄漏,在确认螺栓已经达到一定紧度后,不要再进一步拧紧。松开泄漏点对面的螺栓,然后,拧紧泄漏点旁边的螺栓。如果泄漏仍然存在,则应检查密封件之间是否有异物。

表 16.1 中给出的扭矩值是基于涂油螺栓而得出的,只能作为参考,因为这些值取决于制造螺栓的材料。

表 16.1 各种垫片基于涂油螺栓的扭矩值(DIN) 单位:N·m

DN	PN	螺栓	克林格里特	软橡胶	PTFE
15	40	4×M12			15
20		4×M12			25
25	16	4×M12	25	5	33
32		4×M16	40	8	53
40		4×M16	50	11	67
50		4×M16	64	15	84
65		4×M16	87	22	114
80		8×M16	53	14	70
100		8×M16	65	22	85
25		8×M16	80	30	103
150		8×M20	110	48	140
200		12×M20	108	53	137
250	10/16	12×M20	104/125	29/56	139/166
300		12×M20	191/170	39/78	159/227
350		16×M20	141/193	39/79	188/258
400		16×M24	191/245	59/111	255/326
450		20×M24	170/251	58/111	227/335
500		20×M24	197/347	70/152	262/463
600		20×M27	261/529	107/236	348/706
700		24×M27	312/355	122/235	

续表 16.1　　单位:N·m

DN	PN	螺栓	克林格里特	软橡胶	PTFE
800		24×M30	417/471	173/330	
900		28×M30	399/451	183/349	
1 000		28×M33	513/644	245/470	

资料来源:由 Endress + Hauser 公司提供。

16.4　接地

首先,让我们澄清一个令人困惑的问题。在英国,“earthing”(接地)几乎普遍用于处 280
理不需要的电流和进行保护。在美国,“grounding”(接地)用于处理不需要的电流,而“earthing”(接地)仅用于保护。

为了保证测量精度和避免对电磁流量计电极造成腐蚀损坏,传感器和工艺介质必须处于相同的电位。通过接地带、接地环、衬里保护器和接地电极等多种方法中的任何一种或多种将主要压头和管道接地,从而实现上述目的。

接地不当是装置出现问题的最常见原因之一。如果接地不对称,接地回路电流会产生干扰电压,从而产生零点漂移。

图 16.8 ~ 图 16.12 介绍了最有效的接地配置。

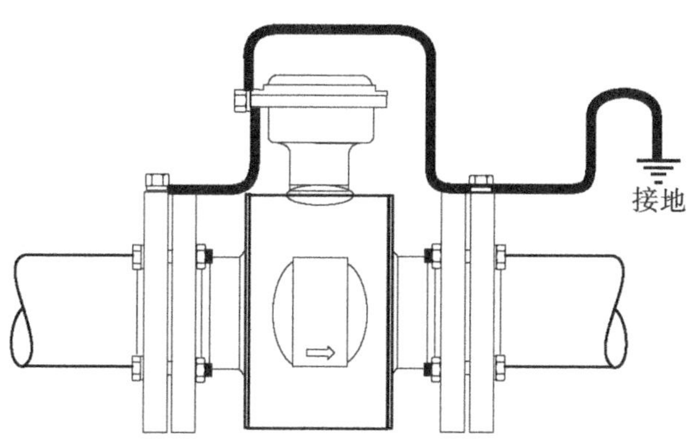

图 16.8　无内衬导电管道和带接地电极导电管道的接地。(供图:Emerson)

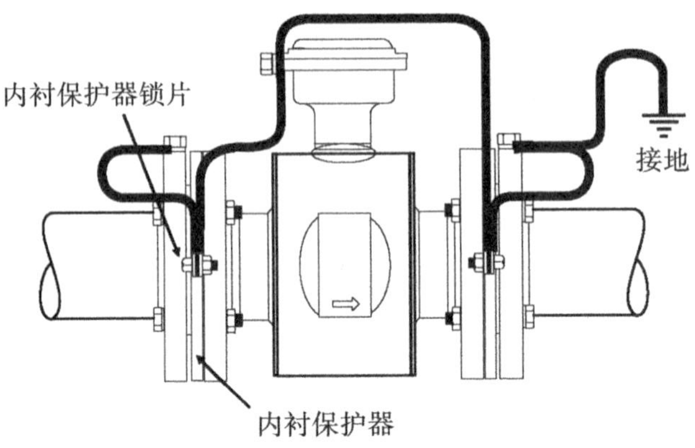

图 16.9　带内衬保护器的无内衬和有内衬导电管道的接地。(供图:Emerson)

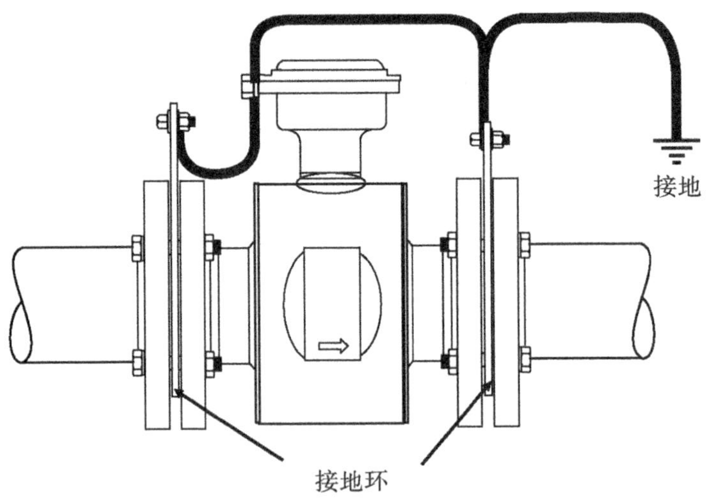

图 16.10　带接地环的非导电管道的接地。(供图:Emerson)

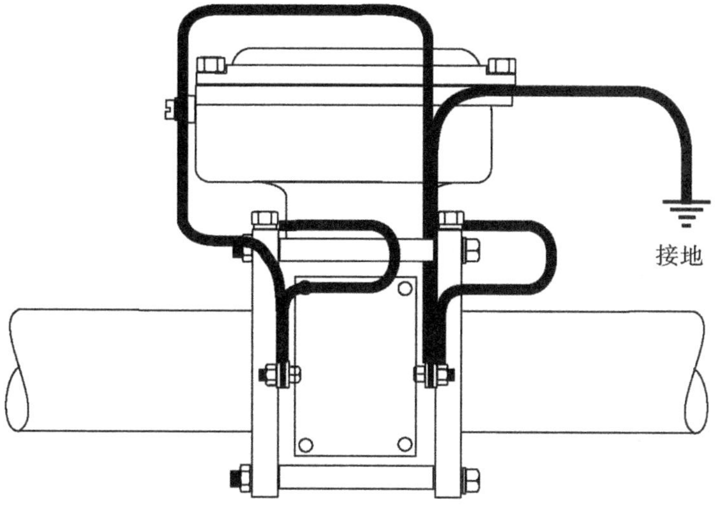

图 16.11　带接地环的内衬导电管道的接地。(供图:Emerson)

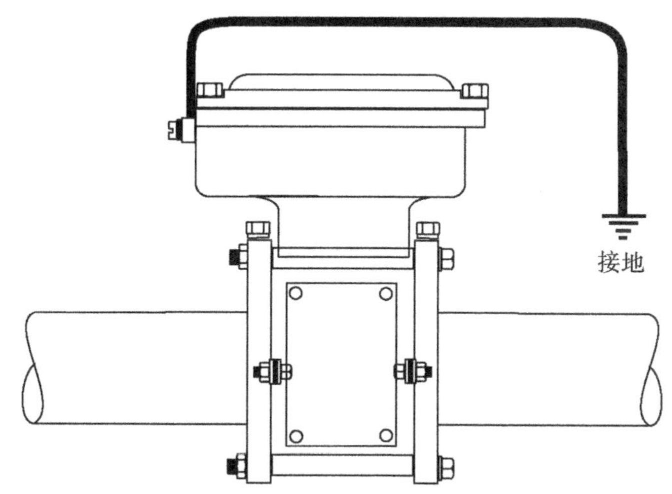

图 16.12　带接地电极的非导电内衬管道的接地。(供图:Emerson)

在阴极保护装置(图 16.13)中,必须确保使用接地环或电极的两条管道之间有电气 281
连接。同样重要的是,不得与地线连接。

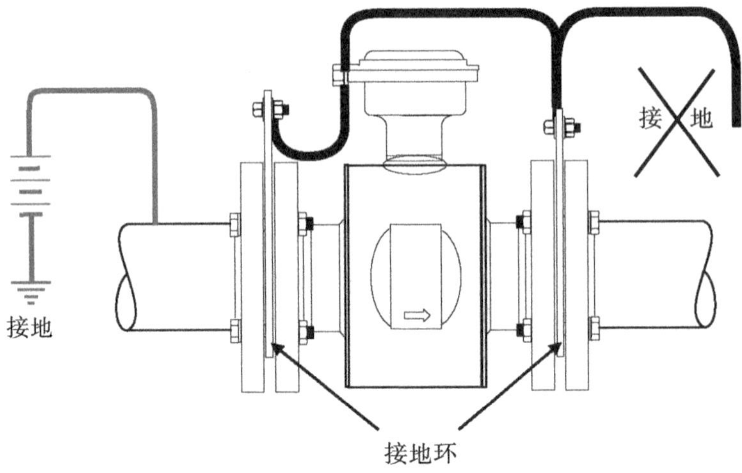

图 16.13　阴极保护装置。(供图:Emerson)

17 流量计选型

17.1 简介

如第 1 章所述，市面上将近有 50 种不同的流量测量技术可供选择，做出这样的选择 283
起初看起来可能是一项艰巨的任务。然而，应以常识为基础，就像不会将石油管道中精确保管传输测量的需求交给一个低成本的变截面转子流量计来完成一样，也不太可能将昂贵的科里奥利流量计用于过程分析仪的指示用途——前者在准确性上明显不足，价格仅为几百美元，而后者则明显过于奢侈，价格高达数万美元。

图 17.1 所示的粗略应用指南中，我们将技术的数量缩减到了 21 个类别。

那么，你们的选型标准究竟是什么？显然，成本肯定是其中一个因素，但它应该排在较后的位置。不管怎样，是否应该将价格因素纳入决策？正如奥尔德斯·赫胥黎在他的《美丽新世界》（*Brave New World*）中所说："你付你的钱，你做你的选择。"换句话说就是"一分钱一分货"。

最重要的可能是应用适用性。您选择的仪器能否在应用环境中以所需的精度、最低维护要求、最低校准要求和最小漂移最大限度地执行其任务？安装之后就不用管还是安装后还需要频繁关注？

序号	测量计类型	清洁液体	脏污液体	腐蚀性液体	电导率低	高温	液化天然气	低温(低温应用)	低速	高黏度	非牛顿流体	磨料浆	纤维浆料	气体	蒸汽	半充填管	明渠
1	科里奥利流量计	●	●	●	●	●	●	●	●	●	●	●	●	●	○	○	○
2	电磁流量计	●	●	●	○	⊙	○	○	●	○	○	●	●	○	○	●[1]	○
3	喷嘴流量计	●	⊙	⊙	●	⊙	○	⊙	○	○	○	○	⊙	●	●	○	○
4	射流流量计	●	⊙	●	●	●	○	●	⊙	●	⊙	○	○	○	○	○	○
5	槽式流量计	●	●	●	●	⊙	○	○	●	○	○	●	●	○	○	●	●
6	孔板流量计	●	⊙	●	●	●	○	○	○	○	○	○	○	●	●	○	○
7	皮托管——均速	●	⊙	●	●	●	○	●	○	○	○	○	○	●	●	○	○
8	容积式流量计——凸轮转子流量计	○	○	○	○	○	○	○	○	○	○	○	○	●	○	○	○
9	容积式流量计——章动盘式流量计	●	⊙	●	●	○	○	○	○	●	●	○	○	○	○	○	○
10	容积式流量计——椭圆齿轮流量计	●	○	⊙	●	●	○	⊙	●	●	●	○	○	○	○	○	○
11	容积式流量计——旋叶式流量计	●	○	⊙	●	○	○	○	●	●	⊙	○	○	○	○	○	○
12	热质量(气体)流量计[2]	○	○	○	○	○	○	○	○	○	○	○	○	●	○	○	○
13	涡轮流量计	●	○	⊙	●	⊙	○	●	⊙	○	○	○	○	●	●	○	○
14	超声波流量计——夹装式流量计	●	○	●	●	⊙	○	○	●	○	○	○	○	●	○	○	○
15	超声波流量计——多普勒型流量计	○	●	⊙	●	○	○	○	⊙	○	○	⊙	⊙	○	○	○	○
16	超声波流量计——时差法流量计	●	○	●	●	○	●	●	●	○	○	○	○	●	○	○	○
17	变截面流量计	●	○	●	●	●	○	○	●	○	○	○	○	●	○	○	○
18	文丘里流量计	●	●	●	●	⊙	○	⊙	○	○	○	○	⊙	●	●	○	○
19	涡街流量计	●	●	●	●	●	○	●	○	○	○	○	○	●	●	○	○
20	旋进流量计	●	○	●	●	●	○	○	○	○	○	○	○	●	●	○	○
21	堰	●	○	●	●	○	○	○	○	○	○	○	○	○	○	●	●

注:●非常适合;

⊙特定条件下适用;

○不适合。

[1]特别设计的装置;

[2]也可使用液体系统。

图 17.1　流量计选型指南。

17.2 基本选型标准

17.2.1 供应商的选择

为了确保完全兼容性，与同一家供应商合作是不是件好事？

除非你的供应商使用了独特的通信策略，在这种情况下，兼容性可能是个问题，否则就没有必要这样做。坚持使用同一家供应商的产品，可能会无法获得其他竞争对手提供的更先进的技术。

一个主要的考虑因素应该是仔细研究一下你所在地区的任何特定供应商提供的代理和备用服务。一些欧洲供应商在美国并不一定有很好的代表性，反之亦然。

17.2.2 调节比的选择

由于几乎不可能事先知道可能遇到的确切流量范围，因此谨慎的做法始终是选择具 284
有尽可能宽的调节比的流量计，以确保其能够涵盖所有预期的流量变化。

17.2.3 化学兼容性

用户必须考虑被测流体与流量计材料的化学兼容性：

- O 形圈
- 轴承
- 齿轮
- 嵌入式陶瓷磁体
- 涡轮机
- 转子

17.2.4 系统参数

用户必须考虑异常运行工况：

- 是否会发生液压冲击？ 285
- 温度变化是否很大？
- 最高温度是多少？
- 最低温度是多少？

- 工艺液体是否含有夹带气体?
- 工艺液体是否含有磨料颗粒?
- 是否需要考虑清管?
- 是否需要考虑原位清洗(CIP)?
- 是否需要考虑原位蒸汽灭菌(SIP)?
- 流体中是否有污染物?
- 管道是否会受到振动?
- 黏度变化是否很大?
- 密度变化是否很大?
- 液体的酸碱性是否异常?
- 二次密封是否存在问题?

17.3 详细选型标准

下面给出的许多规格数据都是典型数据,不同制造商的数据会有所不同。

17.3.1 科里奥利流量计

主要特点:

液体和气体的质量流量和体积流量精确;

液体和气体的密度测量精确;

双向流量测量。

其他特点:

不受密度变化、流动剖面和流动湍流的影响;

无须进行日常维护。

适用于:

清洁液体和脏污液体;

气体和泥浆;

液化天然气;

夹带气体范围为 0~100% 的液体。

不适用于:

低密度气体。

应用注意事项：

如果需要进行二次密封，请注意通风。

精度（质量流量）：

液体：±0.05%；

气体：±0.35%。

精度（密度）：

低至 0.000 5 g/cm^3。

调节比：

高达 500 : 1。

压降：

可忽略不计。

上游/下游要求：

无。

相对成本：

$ $ $ $。*

黏度的影响：

无。

活动部件：

无。

管道尺寸：

3 ~ 400 mm。

17.3.2 电磁流量计

主要特点：

导电液体和泥浆的体积流量精确；

双向流量测量；

不阻碍流动。

其他特点：

不受密度变化、流动剖面和流动湍流的影响；

---

* $ 表示成本高低，$ 最低，$ $ $ $ 最高。——译者注

能够处理大颗粒和化学物质；

无须进行日常维护；

无重新校准要求；

可提供用于部分填充管道的型号。

适用于：

清洁和脏污的液体和泥浆。

不适用于：

电导率小于 5 μS/cm 的液体（低电导率版本低至 0.1 μS/cm）；

油气；

气体；

蒸汽。

应用注意事项：

不能用于纯水或超纯水——即使是量程低至 0.05 μS/cm 的流量计也不行。

精度：

±0.1%。

调节比：

高达 50∶1。

压降：

可忽略不计。

上游/下游要求：

5D/3D。

相对成本：

$ $。

黏度的影响：

无。

活动部件：

无。

管道尺寸：

通常为 10～1 200 mm。

17.3.3 喷嘴流量计

主要特点：

用于液体或气体的高速应用；

排入大气时常用。

其他特点（与标准文丘里管相比）： 288

仅需一半成本；

安装空间小得多；

安装维护更简单；

不易磨损。

适用于：

清洁和脏污的液体和泥浆；

油气；

气体。

不适用于：

测量固体含量较高的情况。

应用注意事项：

由于没有分流出口，压力恢复能力很差；

不能用于低压头。

精度：

±2%。

调节比：

高达4∶1。

压降：

高——在测量压差的30%～80%之间。

上游/下游要求：

20*D*/5*D*。

相对成本：

$。

黏度的影响：

不适合高黏度。

活动部件：

无。

管道尺寸：

通常为 10～1 200 mm。

17.3.4 射流流量计

主要特点：

高黏性液体的体积流量。

其他特点：

结构坚固；

抗冲击和抗管道振动的能力强；

调节比高(通常为 30∶1)；

线性输出；

可在最低 3 000 雷诺数下运行；

工作压力(100 mm 单位)为 10 bar；

无须进行日常维护。

适用于：

高黏性液体；

高达 176 ℃的中温应用；

低温应用选项，可低至-196 ℃。

不适用于：

气体。

应用注意事项：

需要最小背压以防止闪蒸。

精度：

液体：±2%。

调节比：

高达 30∶1。

压降：

高——在 750 L/min 的最大流量下可达近 7 bar。

上游/下游要求：

无。

相对成本：

＄＄。

黏度的影响：

确定最小流量。

活动部件：

无。

管道尺寸：

19～38 mm。

17.3.5 槽式流量计

主要特点：

含泥沙或固体的明渠流量测量。

其他特点：

流量测量值高于同等大小的堰；

水头损失比堰流小得多；

自清洁；

结构坚固；

几乎不需要日常维护；

比堰更容易通过碎屑；

款式和尺寸多样；

现货供应；

安装占地面积小。

适用于：

水利灌溉方案；

污水处理和出水控制；

水处理；

采矿选矿。

不适用于：

加压管道；

气体。

应用注意事项：

槽的安装费用通常比堰高。

精度：

±10%。

调节比：

取决于尺寸，30∶1 至 100∶1 以上。

压降：

低。

上游/下游要求：

无。

291 **相对成本：**

$ $。

黏度的影响：

不适用于黏性材料。

活动部件：

无。

喉部尺寸：

25 mm 至 4 m 或以上。

17.3.6　孔板流量计

主要特点：

各种液体、气体和蒸汽。

其他特点：

结构简单；

价格低廉；

运行稳健；

尺寸和开孔率多；

不同尺寸的价格相差不大；

理解透彻、技术成熟。

适用于：

各种液体、气体和蒸汽。

不适用于：

高黏度流体；

磨料或纤维浆液。

应用注意事项：

准确度受到密度、压力和黏度波动的影响；

节流装置的腐蚀和物理损坏不容易被操作人员察觉，但会影响测量准确度；

需要匀质的单相液体；

输出信号与流量不是线性关系；

可能存在多处泄漏点；

即使板有损坏，也会给出读数；

只有当流量剖面完整时读数才有效。

精度：

通常为±2% ~ ±3%。

调节比： 292

4 : 1。

压降：

极高。

上游/下游要求：

通常要求上游 25D 至 40D，下游 4D 或 5D。

相对成本：

$ 。

黏度的影响：

不适用于黏性介质。

活动部件：

无。

管道尺寸：

25 mm 至 2.5 m。

17.3.7 皮托管——均速

主要特点：

各种液体和气体——包括高炉煤气、压缩空气和蒸汽。

其他特点：

结构坚固；

几乎不需要日常维护；

安装简单，适用于各种管道尺寸；

压力损失低；

高强度；

无磨损；

无渗漏。

适用于：

大型管道中的水和蒸汽。

不适用于：

高黏度流体；

磨料或纤维浆液。

293 **应用注意事项：**

精确校准至关重要，向前或向后倾斜测量杆会影响读数。

精度：

±1.0%。

调节比：

取决于尺寸，14∶1。

压降：

低。

上游/下游要求：

间断面下游 $2^1/_2D$。

相对成本：

$。

黏度的影响：

不适用于黏性材料。

活动部件：

无。

管道尺寸：

25 mm 至 4 m 或以上。

17.3.8 容积式流量计：凸轮转子流量计

主要特点：

清洁干燥气体。

其他特点：

不需要入口和出口部分；

无外部供应；

低压降，通常为 0.7 kPa；

结构坚固；

本质安全。

适用于：

清洁干燥天然气、城市燃气、丙烷和惰性气体；

基本上设计用于高达 1 000 m^3/h 的大容量气体测量。

不适用于： 294

高黏度流体；

磨料或纤维浆液。

应用注意事项：

交替驱动动作引起的脉动；

工艺介质温度限制在 60 ℃左右；

活动零件带来磨损。

精度：

±1.0%。

调节比：

10∶1。

压降：

低。

上游/下游要求：

无。

相对成本：

$ $ $。

黏度的影响：

不适用于黏性材料。

活动部件：

双转子。

管道尺寸：

40～150 mm。

17.3.9 容积式流量计：章动盘式流量计

主要特点：

主要应用于家庭和工业饮用水计量。

其他特点：

不需要入口和出口部分；

无外部供应；

低压降，通常为 0.7 kPa；

结构坚固；

易于维护，无须从管线上拆下；

本质安全。

295 **适用于：**

清洁和中度脏污的液体、硬水和软水、油、燃料、溶剂等。

不适用于：

磨料或纤维浆液；

气体或蒸汽。

应用注意事项：

上限 20 bar；

活动零件带来磨损。

精度：

±1.5%。

调节比：

25∶1～60∶1。

压降：

低。

上游/下游要求：

无。

相对成本：

$。

黏度的影响：

适用于黏性材料。

活动部件：

单章动盘式流量计。

管道尺寸：

20～150 mm。

17.3.10 容积式流量计：椭圆齿轮流量计

主要特点：

非常适合测量黏性流体或黏度不同的流体，如油、糖浆和燃料。

其他特点：

非常适合低流量应用；

能够处理低黏度和高黏度产品；

工作压力高，高达 10 MPa；

温度高，最高 300 ℃； 296

各种建筑材料；

不需要入口和出口部分；

无外部供应；

低压降，通常为 0.7 kPa；

结构坚固；

本质安全。

适用于：

清洁和中度脏污的液体、硬水和软水、油、燃料、溶剂等。

不适用于：

水或低黏度液体；

磨料或纤维浆液。

应用注意事项：

交替驱动动作引起的脉动；

活动零件带来磨损。

精度：

±0.25%。

调节比：

从 10∶1 到 25∶1——取决于黏度。

压降：

低——低于 20 kPa。

上游/下游要求：

无。

相对成本：

$ $。

黏度的影响：

适用于黏性材料。

活动部件：

双旋转齿轮。

管道尺寸：

通常为 6 ~ 100 mm。

17.3.11 容积式流量计：旋叶式流量计

主要特点：

清洁液体的体积流量精确。

297 **其他特点：**

不需要入口和出口部分；

无外部供应；

结构坚固；

本质安全。

适用于：

清洁液体。

不适用于：

脏污液体；

磨料或纤维浆液。

应用注意事项：

活动零件带来磨损。

精度：

±0.2%。

调节比：

20∶1（取决于黏度）。

压降：

通常较低——取决于黏度和流量——通常小于0.25 bar。

上游/下游要求：

无。

相对成本：

$$$。

黏度的影响：

黏度影响调节比。

活动部件：

旋转转子和滑片。

管道尺寸：

50～400 mm。

17.3.12 热质量（气体）流量计

主要特点：

利用流体的热或导热特性来测量质量流量；

使用几种不同的技术——热损失法、内部或外部温升法和毛细管法。 298

其他特点：

初始购买价格相对较低。

适用于:

主要用于低密度气体流量的测量;

还可以测量非常低的液体流量,例如,低至 30 g/h;

很大程度上与流动剖面、介质黏度和压力无关。

应用注意事项:

必须针对每种特定气体校准系统——在整个流量范围内单独校准每个质量流量/温度传感器。

精度:

±1% ~ ±2%。

调节比:

高达 1 000 : 1。

低速灵敏度:

60 mm/s。

压降:

低或高——取决于技术。

上游/下游要求:

20*D*/5*D*。

相对成本:

$ 。

黏度的影响:

低或高——取决于技术。

活动部件:

无。

管道尺寸:

通常不超过 200 mm;

适用于较大尺寸管道的插入类型(但受流动剖面、介质黏度和压力的影响)。

17.3.13 涡轮流量计

299 **主要特点:**

清洁液体和气体的体积流量精确。

适用于：

广泛用于保管传输；

低温应用。

不适用于：

腐蚀性液体和含固体的液体；

使用非润滑液体时过度磨损。

应用注意事项：

液体中夹带气体影响精度；

磁阻力可能会影响低流量下的精度——使用霍尔效应装置可以延长下限响应时间；

涡流会影响精度。

精度：

±0.25%。

调节比：

高达 20∶1。

压降：

避免闪蒸/空化所需的背压。

上游/下游要求：

通常为上游 10*D*～15*D*，下游 5*D*。

相对成本：

$ $ $。

黏度的影响：

由于黏度峰引起的低流量下 *K* 系数的变化需要重新校准，以适应黏度的显著变化。

活动部件：

转子。

管道尺寸：

通常为 25～600 mm。

17.3.14 超声波流量计：夹装式流量计

主要特点：

夹装式流量计采用外部换能器，这些换能器安装在管壁上，提供便携式的非侵入式 300
流量测量系统，可以在几分钟内安装到几乎任何管道上。

其他特点：

安装成本低；

适用于各种直径的管道。

适用于：

清洁液体和气体；

挠曲模式系统可用于高精度应用。

不适用于：

脏污液体。

应用注意事项：

在多相流中，颗粒速度可能与介质速度关系不大；

指示在很大程度上取决于流动剖面；

颗粒大小必须能提供足够好的反射效果（$>\lambda/4$）。

精度：

通常为±1% ~ ±3%；

挠曲模式系统低至±0.15%。

调节比：

10∶1。

压降：

低。

上游/下游要求：

需要充分发展的流动剖面。

相对成本：

$ 至 $ $ $。

黏度的影响：

可忽略不计。

活动部件：

无。

301 **管道尺寸：**

通常为 60 ~ 3 000 mm。

17.3.15 超声波流量计:多普勒型流量计

主要特点:

基于介质中反射粒子的频移——与速度成正比。

其他特点:

安装成本低;

适用于各种直径管道的插入式。

适用于:

脏污液体。

不适用于:

清洁液体和气体;

高精度应用。

应用注意事项:

在多相流中,颗粒速度可能与介质速度关系不大;

指示在很大程度上取决于流动剖面;

颗粒大小必须能提供足够好的反射效果($>\lambda/4$)。

精度:

±2% ~ ±10%或以上。

调节比:

10∶1。

压降:

低。

上游/下游要求:

$20D$入口管段。下游未说明。

相对成本:

$。

黏度的影响:

不适用于高黏度流体。

活动部件:

无。

302

管道尺寸：

通常为 60～3 000 mm。

17.3.16 超声波流量计：时差法流量计

主要特点：

清洁液体和气体的体积流量精确。

适用于：

广泛用于保管传输；

多波束系统可用于消除流速分布扰动的影响；

不受流体特性的影响；

无压降；

高调节比；

双向；

大型管线。

不适用于：

脏污流体。

应用注意事项：

液体中夹带的气体和部分填充的管道导致信号丢失；

换能器上的涂层会使束流偏转，从而影响测量结果；

工艺温度会影响声速和超声波束角度；

多相流会导致误差；

在单波束流量计中，精度依赖于流速分布。

精度：

±0.15%。

调节比：

高达 20∶1。

压降：

避免闪蒸/空化所需的背压。

上游/下游要求：

通常为上游 10*D*～15*D*，下游 5*D*。

相对成本:

$$$$。

黏度的影响:

不适用于高黏度流体。

活动部件:

无。

管道尺寸:

通常为25～600 mm。

17.3.17 变截面流量计

主要特点:

低成本、直读式流量表。

其他特点:

线性浮子对流量变化的响应;

安装维护方便;

不受上游管道配置的影响;

金属管可用于热碱和强碱、氟、氢氟酸、热水、蒸汽、泥浆、酸性气体、添加剂和熔融金属。

适用于:

清洁液体和气体。

不适用于:

管道本身具有自清洁功能,但是,要避免液体覆盖浮子;

含有纤维材料、磨料和大颗粒的液体。

应用注意事项:

仅在垂直位置操作*;

远程可视化所需的附件。

精度:

通常为±1%～±3%。

---

* 弹簧加载型可用于其他方向。

调节比：

10∶1。

压降：

低。

上游/下游要求：

无。

304 **相对成本：**

$。

黏度的影响：

不适用于高黏度流体。

活动部件：

浮子。

管道尺寸：

通常为 15～150 mm。

17.3.18　文丘里流量计

主要特点：

主要用于较大流量的液体或气体。

其他特点(与标准孔板相比)：

永久压力损失仅为压差的 10% 左右；

能够处理约 60% 以上的流量；

成本约高 20 倍；

不易磨损。

适用于：

清洁液体和脏污液体；

油气；

气体。

不适用于：

磨料介质可能会影响关键尺寸。

应用注意事项：

笨重,安装需要占用更大的管道长度。

精度：

±0.75%。

调节比：

高达4∶1。

压降：

低——约测量压差的10%。

上游/下游要求：

20D/5D。

相对成本：

$ $ $。

黏度的影响：

不适用于黏性介质。

活动部件：

无。

管道尺寸：

通常用于孔径超过1 000 mm的管道。

17.3.19 涡街流量计

主要特点：

适用于这种高温液体和气体测量。

其他特点：

广泛用于蒸汽测量——内置质量流量计算；

安装成本低；

无须现场校准。

适用于：

清洁和脏污的液体和气体。

不适用于：

雷诺数通常低于约8 000；

批量操作；

高黏度流体。

应用注意事项：

高振动环境中可能出现的问题。

精度：

液体：±0.65%；

气体：±1.0%；

质量：±2.0%（温度补偿）。

调节比：

>20：1（气体和蒸汽）；

>10：1（液体）。

306 **压降：**

低。

上游/下游要求：

通常为上游 10*D*～15*D*，下游 5*D*。

相对成本：

$ $。

黏度的影响：

不适用于高黏度流体。

活动部件：

无。

管道尺寸：

通常为 12～300 mm。

17.3.20 旋进流量计

主要特点：

虽然它既适用于液体也适用于气体，但其主要用途是气体流量计。

其他特点：

线性流量测量；

广泛用于蒸汽测量；

安装成本低；

无须现场校准。

适用于：

介质温度高达 280 ℃；

清洁液体、气体和蒸汽。

不适用于：

DN100 的雷诺数通常低于约 17 000；

批量操作；

高黏度流体。

应用注意事项：

可在高振动环境中使用。

精度：

液体、气体和蒸汽：±0.5%。

调节比：

50∶1。

压降：

介质。

上游/下游要求：

3*D*/1*D*。

相对成本：

$ $。

黏度的影响：

不适用于高黏度流体。

活动部件：

无。

管道尺寸：

通常为 14 ~400 mm。

17.3.21 堰

主要特点：

相对干净介质的明渠流量测量。

其他特点：

成本低；

结构坚固；

几乎不需要日常维护；

款式和尺寸多样；

现货供应。

适用于：

水利灌溉方案；

污水处理和出水控制；

水处理。

不适用于：

含有沉淀物的液体介质；

加压管道；

气体。

应用注意事项：

308 在相似的流量下，堰所需的水头大约是槽的四倍。建议温度范围为 3.9～30 ℃。在温度较低的情况下，峰顶可能会开始结冰，从而极大地影响流量读数。

精度：

±15%。

调节比（取决于尺寸）：

30∶1 至 100∶1 以上。

压降：

低。

上游/下游要求：

在流量达到测量点之前，接近速度剖面应均匀分布。

相对成本：

$。

黏度的影响：

不适用于黏性材料。

活动部件：

无。

喉部尺寸：

25 mm 至 4 m 或以上。

参考文献

REFERENCES

Bernoulli D. , ' *Hydrodynamica? Sive de viribus er motibus fiuidorum comnentarii* ' , Johann Reinhold Dulsseker, Strasbourg, 1738.

Karnick U, Jungowski W. M, Botros K. K, ' *Effect of Turbulence on Orifice Meter Performance* ' , Novacor Research & Technology Corporation, 1994.

Morrow T. B. Park J. , ' Effects of tube bundle location on orifice meter error and velocityprofiles ' , *Proceedings of the International Offshore Mechanics and Arctic Engineering Symposium*, 1992.

Shercliff J. A, ' *The Theory of Electromagnetic Flow-Measurement* ' , Cambridge University Press, 1962.

Thūrlemann B. , ' Methode zur elektrischen Geschwindigkeitsmessung in Flussigkeiten ' (Method of Electrical Velocity Measurement in Liquids) , *Hehvetica Physica Acta* 14, 383-419, 1941.

BIBLIOGRAPHY

ABB, Vortex Flowmeter FV4000 (TRIO-WIRL V) and Swirl Flowmeter FS4000 (TRIO-WIRLSy, Data sheet from ABB, 2004.

ABB, ' AquaProbe: Insertion-Type Electromagnetic Probe Flowmeter' Installation Guide, 2005.

ABB, '267CS Multivariable Transmitters' , Product Specification Sheet: Data Sheet, SS/267CS/269CS, 2007.

ABB Limited, ' Differential Pressure Flow Elements ' , Data sheet DS/DP-EN Rev. E, ABBLimited, 2011.

Agar Corporation, ' *Nor All Multiphase Flowmeters Are Created Equal*' , Revision 7, 2004.

AhmadiA, Beck S. , ' *Development of the Orifice Plate with a Swirler Flow Conditioner* ' , University of Leeds, Sheffield and York, 2009.

Al-Allah A. , ' Field experience to optimize gas lift well operations ' , Academic Focus, EgyptOil, Issue 10, October 2007.

Al-Khamis M. N, Al-Bassam A. F, SaudiAramco, Bakhteyar Z, Aftab M. N, Schlumberger,

'Evaluation of Phase Watcher Multiphase Flow Meter(MPFM), Performance in Sour Environments', Offshore Technology Conference paper from Honeywell, 2008.

Allen L. H, '*Fundamental Principles of Rotary Meters*', Dresser, Inc., 2007.

Annubar Primary Flow Element Flow Test Data Book, Rosemount Emerson, Reference Manual 00821-0100-4809, Rev BA, July 2009.

Augenstein D, Cousins T, 'The Performance of a Two Plane Multi-Path Ultrsonic Flowmeter', Caldon Inc., 2005.

AVCO Valve, 'Flow Measurement Devices', data sheet from AVCO Valve, 2004.

Baker R. C, '*Flow Measurement Handbook: Industrial Designs, Operating Principles Performance, and Applications*', 2nd Edition, Cambridge University Press, 2000.

Benhadj R., Ouazzane A. K., 'Flow conditioners design and their effects in reducing flowmetering errors', Sensor Review, 2002.

BM Series meters, Precision Positive Displacement Meters, brochure from Avery-Hardoll, 2016.

Bos PC., 'Pipelines-A Case Srudy', Siemens AG.

Brown G. J., Grifith B. W., 'A new flow conditioner for 4-path ultrasonic flowmeters', Cameron FLOMEKO, 2013.

Brown G. J., Griffith B., Augenstein D. R., The influence of flow conditioning on the proving performance of liquid ultrasonic meters, *Cameron, 29th International North Sea Flow Measurement Workshop*, October 2011.

BS EN ISO 5167-1:2003, Measurement of fluid flow by means of pressure differential devicesinserted in circular cross-section conduitsrunning full, 2003.

Bulletin SS01014 Issue/Rev 0.8(8/13), 'Smith Meter® PD Meters 6" Steel Model G6 Specifications' Bulletin SS01014, Issue/Rev 0.8(8/13).

CadaR., '*Flare and Combustor Gas Measurement Applications, Regulations and Challenges*', Fox Thermal Instruments, Inc., 2014.

Campbell J. M, 'Gas conditioning and procesing. Volume 1: The Basic Principle', *Chaprer Mulriphase Flow Measurement*, Eight© Edition, February 2004.

Casceta E, '*Short History of Flowmetering*', Published by Elsevier Science Lid, Copyright©, 1995.

Crabtree M. A., '*Mick Crabree's Flow Handbook*', 2nd Edition, Crown Publicatons, 2000.

Crabtree M. A., 'Industrial Flow Measurement', *Master's Thesis*, University of Huddersfield, 2009.

Crabtree M. A, ‘ Harmessing Coriolis – From Cannon Balls to Mass Flow Measurement ’ PetroSkills, Tip of the Month, October 2018. https://en. wikipedia. org/wiki/Coriolis_force.

Daniel, ‘ Profiler™ Flow Conditioning Plate’ , brochure from Daniel, 2001.

Daniel, ‘ Development of orifice meter standards ’, Daniel Measurement and Control White Papers, 2010.

Daniel, ‘ Fundamentals of Orifice Meter Measurement, Daniel Measurement and ControlWhite Papers, 2013.

Daniel Senior® Orifice Fittings, ‘ *Parts list and Materials, Instructions for Installarion, Operation and Maintenance*’ , Emerson, 2006.

Delenne B., De France G., Pritchard M., Advantica, Lezaun FJ. Enagas, Vieth D., Eon-Ruhrgas, Huppertz M., Fluxys, Ciok K., Gastra, van den Heuvel A. Gasunie Research, Mouton G, GSO, Folkestad T, Norsk Hydro, Marini G, Snam Rete Gas Evaluation of Flow Conditioners-Ultrasonic Meters Combinations, 2005.

Dieball A, ‘ The Advantages of Multi Variable Vortex Flowmeters ’, Sierra Instruments Inc., 1999.

Elster Instromet, ‘ Q. Sonic Ultrasonic Gas Flow Meters ’, data sheet from Elster Instromet, 2009.

Emerson, 11/09, ‘ Annubar Fowmeter Series ’, Rosemount brochure, Emerson, 00803-0100-6113 Rev CA, 11/09.

Emerson, ‘ *Theory of DP Flow*’ , Emerson, 2015.

Emerson, ‘ Roxar Watercut meter’ , data sheet from Emerson, 2016.

Falcone G., SPE, Enterprise Oil; G. F. Hewitt, Imperial College; C. Aimonti, SPE, U. of Rome La Sapienza; and B. Harrison, SPE, Enterprise Oil, ‘ Multiphase Flow Metering: Current Trends and Future’.

Falcone G. Texas A & M University and Bob Harison, Soluzioni Idrocarburi Sd, ‘ Forecastexpects continued multiphase flowmeter growth’ , 2012.

Faure-Herman, ‘ Helifu TZN the Dedicated Turbine Flowmeter for Custody Transfer Measurement’ , datasheet from Faure-Herman, 2011.

Faure-Herman, ‘ Advantages of Master Metering Method of Proving Custody Transfer Flows’ , Whte paper from Faure-Herman, 2012, www. petro-online. com.

Fluidic Flowmeters, ‘ Model 140MX Flowmeter Functional Overview ’, PI14-1 Rev: 1, March, 2002.

FMC Technologies, 'Fundamentals of Liquid Turbine Meters', FMC Technologies, Bulletin TP0,2001.

FMC Technologies,'Smith Meter® Rotary Vane PD Meters',brochure from FMC Techndlogies.

FMC Technologies Measurement Solutions, Inc., Fundamentals Metering, Proving and Accuracy,PowerPoint presentation from FMC Technologies Measurement Solutions,Inc.,2007.

FMC Technologiesie. 'Proving Liquid Ultrasonicc Flow Meters for Custody Transfer Measurement',Bulletin TPLS002,FMC Technologies,2013.

Gallagher J. E,'*The Role of Fow Conditioners*',Savant Measurement Corporation,2010.

Gas Processors Suppliers Association (GPSA), 'Engineering Data Book', FPS version, VolumeI& Ⅱ,Sections 1-26,1998.

Gulaga C.,'*Vortex Shedding Meters*',CB Engineering Ltd.,2005.

Heilveil E.,'*Three Dirty Lirtle Secrets about Coriolis Flow Meters*',Siemens Industry Inc.,July 2017.

Hofmann E,'*Fundamentals of Ulrasonic fiow Measurement for Industrial Applications*',Krohne Messtechnik GmbH,2000.

Hofmann F.,Schumacher B,'Measuring Tube Comstruction Affcts the Long-Term Srabiliryof Magnetic Flow Meters',Krohne Messtechnik GmbH,2009.

Honey well,'SMV 3000 Smart Multivariable Transmitter',Technical Information,34-SM-03-01,2009.

Howe W. H.,DinapoliLD,Arant J. B.,'VenturiTubes,Flow Tubes,and Flow Nozzles',2003.

Huber C. 'MEMS-based Micro-Coriolis Density and Flow Measurement Technology',*Endress+Hauser Flowtec AG*,*Proceedings AMA Conferences*,2015.

Hummel D.,Atlas Pipeline Mid-Continent,'How Not to Measure Gas',2010.

Jukes E.,'Oprimass Product Group Presentartion',Krohne Ltd.,2018.

Kalivoda R. J, '*Understanding the Limits of Ultrasonics for Crude Oil Measurement*', FMC Technologies,2011.

Kopp J. G.,Liptak B. G.,Eren H.,'2.10 Magnetic Flowmeters',2003.

Krause J., FuE Zentrum, FH Kiel GmbH, 'Electromagnetic Flow Metering', 2019, www.intechopen.com.

Krohne, 'Altosonic V5-Beamultrasonic flowmeter forcustody transferof liquid hydrocarbons', Technical Datasheet from Krohne 7.02330.23.00,04,2006.

Krohne, 'OPTIFLUX2070 Electromagnetic flowmeter', Technical Datasheet from Krohne,

2008.

Krohne, 'Optimass bulk flowmeter', Datasheet:4000228103, 03/2009.

Krohne Lid, '*New Large Line Size Coriolis Mass Flowmeters*', Press release, Krohne Ltd., 2017.

Laird C. B., '*The Developing Role of Helical Turbine Meters*', FMC Smith Meter Inc., 2019.

Lansing J., Daniel Measurement and Control, Inc., '*Principles of Operution for UltrasonicGas Flow Meters*', Emerson, 2003.

Laws E. M., 'Flow Conditioner', International Patent Publication Number W0 91/01452, 1991.

LowrieR., Krohne Inc., Spitzer D., Chesapeake Flow Solutions Inc. 'Partially Filled Pipe Flow Measurement Challenges and Solutions', 2012.

McCrometer, 'Installation&Maintenance Instructions', McPropeller Flowmeters MZ500, M0300, M1700, MF100, McCrometer, 2012.

McCrometer, Inc., 'FPI Mag® Full Profile Insertion Flow Meter', brochure from McCrometer, Inc.

Miller R. W., '*Flow Measurement Engineering Handbook*', Second Edition, McGraw-HillPublishing Company, 1989.

Mohitpour M., Szabo. J., Van HareveldT, '*Pipeline Operation and Maintenance-A Practical Approach*', ASME Press, USA, 2005.

Najafi N., Putty M., Smith R., 'Coriolis MEMS-sensing technology for real-time fluidicmeasurements', Integrated Sensing Systems(ISS), reprinted from 'Flow Control' May, 2017.

NFOGM, 'Handbook of Multiphase Flow Metering', produced for The Norwegian Societyfor Oil and Gas Measurement and The Norwegian Society of Chartered Technical and Scientific Professionals, 2005.

NIST, 'Guidelins for the Selection and Operation of Small Volume Provers (SVP) witha Micro Motion high-capacity Elite CMF Coriolisflowmeter', Specifications and Tolerances For Dynamic Small Volume Provers, NIST, 2016.

OIMLR117-1, 'Dynamicmeasuringsystems for liquids other than water: Part 1: Metrologicaland technical requirements', OIMLR117-1, 2007.

Olin J. G., Siera Instruments 'New Developmentsin Thermal Dispersion Mass Flow Meters', Presented at the *American Gas Association Operations Conference*, Pitsburgh, PA, May 20-23, 2014.

Paton R., National Engineering Laboratory, 'Calibration and Standardsin Flow Measurement',

2005.

Pery D. ,'Multiphase Flow Measurement-What is it?' PetroSkills, Tip of the Month, March, 2018.

Petrol Instruments S. r. l,'Tank Provers' ,data sheet from Petrol Instruments S. r. 1,2009.

Phase Dynamics, Inc. http://www. phasedynamics. com/technic. html#faq 1.

Primary Flow Signal Inc. ,'The PFSelbow flowmeter' ,a product bulletin from Primary FlowSignal Inc. ,2008.

Pruysen A. , Micro Motion, 'Coriolis master metering', European Flow Measurement Workshop, Lisbon, Portugal, 2014.

Rahman M. M. , Biswas R. , Mahfuz W. I. , 'Effects of Beta Ratio and Reynolds Numberon Coefficient of Discharge of Orifice Meter' , Department of Irigation and Water Management, Bangladesh Agricultural University, 2009.

Rans R. , RAN Solutions, Blaine Sawchuk, Canada Pipeline Accessories, Marvin Weiss, Coanda Research & Development Corp. 'Flow Conditioning and Effects on Accuracyfor Fluid Flow Measurement' , 7th South East Asia Hydrocarbon Flow MeasurementWorkshop, March 2008.

Reader-Harris M. J. , MeNaught J. M. , '*Best Pructice Guide, Impulse Lines for Diferential Pressure Flowmeters*' , NEL, 2005.

Rheonik,'RHM160-12 Coriolis Mass Flowmeter' , Page 5 of 5, v6, April 2006.

Rieder A. (Endress+Hauser GmbH), Ceglia P. (Endress+Hauser Flowtec) AG, 'Newgeneration vibrating tube sensor for density measurement under process conditions' ,2017.

Rosemount,'Magnetic Flowmeter Material Selection Guide' , Rosemount Technical Data Sheet TDS3033, June 1993.

Rosemount 3095 MultiVariable Mass Flow Transmitter, Product Specification Sheet: 00815-0100-4716, Rev AA, August 2005.

Rosemount,'Plugged Impulse Line Detection Using Statistical Processing Technology' , Rosemount Technical Note 00840-1800-4801, Rev AA, 2005.

Rosemount 1595 Conditioning Orifice Plate, Product Data Sheet: 00813-0100-4828, RevEB, 2007.

Rosemount,'Installation and Grounding of Magmetersin Typical and Special Applications', Rosemount Technical Note 00840-2400-4727, Rev BA, September 2013.

Rosemount Product Data Sheet,'8800C Series Vortex Flowmeter' ,00813-0100-4003,2006.

Rummel Th. , Ketelsen B. , ' Practical Electromagnetic flow measurement using non-uniform-fields' (trans.) Regelungstecknik, 1966.

SarkerN. R. , Razzaque M. M. , Enam M. K. , ' Numerical investigation on effects of deformationon accuracy of orifice meters' , *Proceedings of the International Conference on Mechanical Engineering*. Department of Mechanical Engineering, BUET, Dhaka, Bangladesh, 2011.

Saunders M. P. , ' High Performance Flow Conditioners' Savant Measurement Corporation, *Procedings of the American School of Gas Measurement Technology*, 2002.

Sawchuk D. , ' Fluid flow conditioning for meter accuracy and repeatability' , Canada Pipeline Accessories, 2014.

Seifert O. , '*A Measuring Principle Comes of Age: Vorter Meren for Liquids, Gas and Steam*' , Endress+Hauser Flowtec AG, 2006.

Shao Z. , ' Numerical and experimental evaluation offlow through Paul freighted plates' , Rand Afrikaans University, 2002.

Siemens AG, ' SITRANS FUHI010 Clamp-on Flow Training' .

Sierra Instruments Inc. , ' 220 series Innova-Flo vortex flowmeter' , data sheet from SieraInstruments Inc. , 2005.

Sparreboom W. , ' Miniaturization to the Extreme: Micro-Coriolis Mass Flow Sensor' , Bronkhorst High-Tech B. V. , January 30, 2018.

SpinkL. K. , '*Principles and Practiceof Flow Merer Engineering*' , Ninth Edition, The Foxboro Company, Foxboro, Massachusetts, USA, 1978.

Spirax-Sarco Limited, ' Orifice plate flowmeters for steam, liquids and gases' , brochure from-Spirax-Sarco Limited, 2000.

Steven R. , ' Orifice plate meter diagnostics' , DP Diagnostics, 2012.

Stobie G. J. , Conoco Phillips, ' The Selecion of Multiphase Meters' , Power Point presentation, 2004.

Swinton Technology, ' Prognosis® Differential Pressure Diagnostics' , and brochure fromSwinton Technology, 2016.

Tanaka M. , Hayashi K. , Tomiyama A. , ' Hybrid multiphase-flow simulation of bubble-driven-flowin complex geometry using animmersed boundary approach' , Multiphase Scienceand Technology, Volume 21, 2009.

Tecfluid S. A. , ' Series FLOMAT Insertion electromag netic flowmeter for conductive liquids' , datasheet from Tecfluid S. A. , 2014.

Technical Guide, ' Daniel™ Liquid Turbine Flow Meters' , Technical Guide, August 2016.

Teniou S. , Meribout M. , 'Multiphase flow meters principles and applications: A review', *Canadian Journal on Scientifc and Industrial Research*, 2(8), November 2011.

The Petroleum Science and Technology Institute PSTI, 'Market Prospects for Multiphase Technology', THERMIE Programme action No: HC6. 3, For the European Commission Offshore Technology Park, Directorate-General for Energy (DGXVII), 1998.

Thom R., Johansen G. A., Hjertaker B. T., 'Three-phase flow measurement in the petroleum-industry'.

Toshiba, 'Capacitance type Electromagnetic flowmeter, model LF511/LF541', datasheet from Toshiba, 2015.

United Kingdom Patent, GB1263614, Published 1972-02-16, Eastech(US) 1, 263, 614. Measuring fluid-flow. Eastech Inc. May 21, 1969(May 27, 1968), No. 25939/69. Heading GIR.

United Kingdom Patent, GB19730015259 19730329 1387380 Measuring fluid-flow Yokogawa Electric Works Ltd, 29 March 1973(27 April 1972) 15259/73. Heading GIR.

Upp E. L., LaNasa P. J., '*Fluid Flow Measurement: A Practical Guide to Accurate Flow Measurement*', 2nd Edition, Gulf Professional Publishing, 2002.

Vermont Technologies, 'Proving Tanks (Tank Provers)', data sheet from Vermont Technologies, 2014.

Vortab, 'Vortab® Flow Conditioners', brochure from Vortab, 2013.

Warburton P., '*Vortex Shedding Meters*', Yokogawa Corp. of America, 2007.

Weatherford, 'Red Eye® 2G Water-cut Meter', Brochure 5313.00, 2008.

Whitman S., Coastal Flow Liquid Measurement, Inc., 'Proving Liquid Meters with Microprocessor-Based Pulse Outputs', 2015.

Williams G., Flow Management Devices, 'Fundamentals of Meter Provers and Proving Methods', 2016.

Yasua O., '*Lining technology for Magneric Flowmeters*', Yokogawa Technical Report English Edition, No 42, 2006.

Yoder J., Flow Research, Inc. 'When Wil the Vortek Flowmeter Market Pick Up Steam?', 2003.

Yoder J., '*The Paradigm Case Method of Selecting Flowmeters*', Flow Research, Inc., 2007.

Yokogawa, 'Digital Vortex Flowmeter Digital YEWFLO', data sheet from Yokogawa, 2007.

Yokogawa, 'Impulse Line Blocking Diagnosis in DP Transmitters', Application Note from Yokogawa 2007.

Yokogawa, 'Magnetic Flowmeter Handbook', brochure from Yokogawa, 2017.

Zhu H., Rieder A., 'An Innovative Technology for Coriolis Metering under Entrained GasConditions', Endress+Hauser Flowtec AG, 2016.

索引

D

E

F

G

H

I

K

L

M

N

O

P

U

V

W

Z